U0620509

空间数据科学  语言实践

卢宾宾 乐 鹏 董冠鹏 秦 昆 编著

科学出版社

北 京

内 容 简 介

本书系统构建了从空间数据管理到建模分析的全流程技术框架. 在数据处理方面, 涵盖数据读写及管道操作, 重点解析了 Spatial 到 sf 空间对象的技术转型; 在可视化方面, 系统性介绍了利用多元函数包实现基础统计与地图可视化; 在空间统计分析方面, 聚焦空间回归分析、空间自相关分析、空间插值等经典技术方法及其应用实践. 为强化知识贯通性, 全书采用统一的地理数据集贯穿案例, 完整呈现数据清洗、模型运算到可视化表达的技术闭环, 形成可复现的标准化操作范式.

本书开放了代码、数据以及 PPT 资料, 既可作为地理信息科学、遥感、地理学、空间计量等专业方向的本科生或研究生课程教材, 也作为相关方面研究的科研参考用书.

审图号: 武汉市 s (2024) 050 号

图书在版编目(CIP)数据

空间数据科学 R 语言实践 / 卢宾宾等编著. —北京: 科学出版社, 2025. 5
ISBN 978-7-03-081230-8

Ⅰ. TP312

中国国家版本馆 CIP 数据核字第 2025UZ4339 号

责任编辑: 李 欣 李月婷 贾晓瑞 / 责任校对: 杨聪敏
责任印制: 张 伟 / 封面设计: 无极书装

科学出版社 出版
北京东黄城根北街 16 号
邮政编码: 100717
http://www.sciencep.com

北京九州迅驰传媒文化有限公司印刷
科学出版社发行 各地新华书店经销
*

2025 年 5 月第 一 版 开本: 720×1000 B5
2025 年 5 月第一次印刷 印张: 23 1/2
字数: 471 000

定价: 158.00 元

(如有印装质量问题, 我社负责调换)

序　言
PREFACE

　　在全球数字化转型与空间智能技术蓬勃发展的交汇点，空间数据科学正以前所未有的深度重塑人类认知地理世界的范式．作为空间数据科学领域首部由中国学者自主编撰的 R 语言教学与科研专著，《空间数据科学 R 语言实践》的出版以鲜明的学术原创性与技术引领性，展现了我国学者在理论与技术融合中的创新能力．该书以统一的地理空间数据案例系统阐述 R 语言在空间数据分析中的实践应用，为国内外学者提供了可借鉴的技术框架．

　　全书内容兼顾基础与前沿，完整覆盖从 R 语言入门到空间统计建模的关键环节：一方面，结合国际主流技术工具与作者团队自主研发的分析方法，构建了"数据处理—模型构建—结果分析"的完整技术体系；另一方面，通过基础地理数据、社会经济数据、遥感影像等多源空间数据案例，详细解析数据处理、空间计算与可视化呈现的全流程操作，帮助读者在具体场景中掌握方法精髓．

　　该书的价值不仅在于技术指导，更体现了学科交叉的创新探索．通过 R 语言这一工具，将地理信息科学、统计学与计算机科学深度融合，应用于空间数据挖掘、城市发展分析等实际问题，为新工科人才培养提供了重要参考．书中对国产技术工具的应用与实践案例的本土化设计，展现了我国学者从技术学习到自主创新的发展路径．期待该书能推动更多研究者利用空间数据处理与分析技术解决实际问题，为地理信息学科发展注入新动力．

武汉大学

2025 年 3 月 12 日

前言
FOREWORD

　　随着空间数据在国土调查、城市规划、环境监测、地理国情等领域的广泛应用，高效处理与分析多源异构地理信息已成为科学研究和工程实践的核心挑战. R 语言凭借其开源生态、丰富的空间分析工具包及强大的统计建模能力，逐渐成为空间数据科学领域的核心技术栈之一. 本书以基础性、系统性、实践性为导向，旨在为读者构建从数据管理到空间建模的全流程技术框架. 本书可作为地理信息工程、地理国情监测、遥感科学与技术等测绘科学与技术专业的本科生或研究生课程教材，也可作为使用 R 语言进行空间数据处理分析、空间统计和可视化等方面的科研参考用书.

　　全书内容遵循"基础操作—空间处理—可视化—统计分析"的渐进式逻辑，从 R 语言环境配置、数据读写与管道操作起步，逐步深入解析空间数据对象的处理方法，尤其针对空间数据 Spatial 对象向 sf 对象这一重大变化；从多函数包介绍了统计可视化和空间可视化，最终聚焦地理加权回归、空间自相关分析等空间统计模型. 为强化实践指导价值，本书尝试使用统一的地理空间数据贯穿案例，系统演示数据处理、模型计算与结果可视化的全链条技术流程，尤其选用了笔者主导开发与维护的函数包 **GWmodel** 和 **GISTools**.

　　本书代码、数据和教学 PPT 将在 OGE Alliance (https://ogeoa.net/discover/detail?id=TrainingCourseMaterials-f7d8efb7-5c70-47f9-83b2-aaec215558be) 社区进行开源共享.

　　本书同时参考了诸多相关书籍、论文和在线资料，笔者对所有作者，尤其是一些开源函数包、资料和教程的无私贡献者一并表示感谢. 最后，笔者对参与本书章节资料整理与校对的张依韵和丁怡彤同学表示衷心感谢！

　　此外，本书由中央高校自主科研教育部空天信息智能服务集成攻关大平台项目 (2042022dx0001)、国家自然科学基金杰出青年科学基金项目

(42425108) 和国家重点研发计划项目 "地理空间智能核心技术与软件系统" (2021YFB3900904) 的联合资助出版.

卢宾宾

2025 年 3 月

目　录

CONTENTS

第 1 章

R 语言基础

1.1　R 语言简介

　　R 语言是当前最流行的统计计算、数据分析和图形可视化的数据科学编程语言之一 (Pebesma and Bivand, 2023), 通过自由软件基金会 (Free Software Foundation) 的 GNU 通用公共许可证 (GNU General Public License) 在全球范围内开源共享. 如图 1-1 所示, 在全球编程语言流行性的 TIOBE 指数 (The Importance Of Being Earnest Index) 和 PYPL 指数 (PopularitY of Programming Language Index) 中其分别排名第 20 位和第 6 位.

TIOBE Index							PYPL Index (Worldwide)				
Apr 2024	Apr 2023	Change	Programming language	Ratings	Change		Apr 2024	Change	Programming language	Share	Trends
1	1		Python	16.41%	+1.90%		1		Python	28.43 %	+0.7 %
2	2		C	10.21%	-4.20%		2		Java	16.04 %	-0.1 %
3	4	↑	C++	9.76%	-3.20%		3		JavaScript	8.72 %	-0.8 %
4	3	↓	Java	8.94%	-4.29%		4	↑	C/C++	6.65 %	+0.2 %
5	5		C#	6.77%	-1.44%		5	↓	C#	6.63 %	-0.2 %
6	7	↑	JavaScript	2.89%	+0.79%		6	↑	R	4.63 %	+0.2 %
7	10	↑	Go	1.85%	+0.57%		7	↓	PHP	4.45 %	-0.7 %
8	6	↓	Visual Basic	1.70%	-2.70%		8		TypeScript	2.96 %	+0.0 %
9	8	↓	SQL	1.61%	-0.06%		9		Swift	2.71 %	+0.4 %
10	20	↑↑	Fortran	1.47%	+0.88%		10		Rust	2.53 %	+0.4 %
11	11		Delphi/Object Pascal	1.47%	+0.24%		11		Objective-C	2.43 %	+0.3 %
12	12		Assembly language	1.30%	+0.26%		12		Go	2.16 %	+0.2 %
13	18	↑↑	Ruby	1.24%	+0.58%		13		Kotlin	1.93 %	+0.0 %
14	17	↑	Swift	1.23%	+0.51%		14		Matlab	1.54 %	-0.1 %
15	15		Scratch	1.14%	+0.35%		15	↑↑↑↑	Dart	1.01 %	+0.2 %
16	14	↓	MATLAB	1.11%	+0.25%		16		Ada	0.99 %	-0.0 %
17	9	↓↓	PHP	1.09%	-0.26%		17	↓↓	Ruby	0.97 %	-0.1 %
18	38	↑↑	Kotlin	1.05%	+0.80%		18	↓	VBA	0.91 %	-0.1 %
19	19		Rust	1.03%	+0.41%		19	↓	Powershell	0.76 %	-0.2 %
20	16	↓↓	R	0.84%	+0.09%		20	↑	Lua	0.61 %	+0.0 %
							21	↑↑	Abap	0.6 %	+0.1 %
							22	↓↓	Scala	0.58 %	-0.1 %
							23	↓	Visual Basic	0.42 %	-0.2 %
							24	↑	Groovy	0.35 %	-0.0 %
							25	↓	Julia	0.33 %	-0.1 %
							26		Perl	0.22 %	-0.1 %
							27	↑	Haskell	0.17 %	-0.1 %
							28	↓	Cobol	0.14 %	-0.2 %
							29		Delphi/Pascal	0.13 %	-0.0 %

图 1-1　2024 年世界上最流行的编程语言排行榜: TIOBE 指数 (左) 和 PYPL 指数 (右)[①]

---

① 数据获取于 2024 年 4 月份, 随着时间变化排名可能出现一定的波动.

R 语言起源于贝尔实验室所开发的统计语言 S, 之后由 StatSci 公司的道格拉斯·马丁 (Douglas Martin) 将其延伸为后来的商业产品 S+. 1993 年, 新西兰奥克兰大学的统计学家罗斯·伊哈卡 (Ross Ihaka) 和罗伯特·杰特曼 (Robert Gentleman) 正式在 S+语言基础上研发了 R 软件, 1995 年 R 语言原型软件源代码首次在互联网上公开发布, 提供了丰富的统计分析 (如线性和非线性建模、经典统计测试、时间序列分析、分类、聚类分析等) 和可视化技术. 1997 年, R 核心开发团队 (R Core Team) 成立, 成员包括约翰·钱伯斯 (John Chambers) 等在统计计算领域有很高声誉的核心开发者, 同年建立了综合 R 档案网络 (Comprehensive R Archive Network, CRAN), 用于存储和分发 R 语言的包, 极大地促进了 R 语言的扩展和使用. 2000 年, R 语言发布了 1.0.0 版本, 标志着 R 语言进入了一个成熟发展的阶段. 而随着时间推移, R 语言社区不断壮大, 贡献者越来越多, 超过 20000 个新的函数包 (Package) 被收录到 CRAN 中, 使 R 语言成为数据分析、统计建模和数据可视化的强大工具, 尤其针对常见的地理空间数据, 从基础的数据处理到高级的空间统计和可视化都得到了良好的支持, 这是本书内容的重点与核心. 近些年, 随着 R 语言与 C/C++、Python、Java、SQL 等编程语言工具逐渐实现无缝集成, R 语言的功能得到了极大的扩展, 使得用户能够非常方便地利用其他编程语言和工具的优势, 构建更加高效和灵活的数据分析流程, 使其成为数据科学、统计分析和机器学习领域的强大工具.

从本章开始, 本书将依次介绍 R 语言的相关基础知识、空间数据处理、可视化、空间分析和统计方面的操作与函数, 为相关领域的读者全面掌握 R 语言进行地理空间数据处理与分析奠定良好的基础.

1.1.1 R 软件安装

如果这个时候你的电脑上还没有 R, 还犹豫什么, 在浏览器中输入 CRAN 网址: https://cran.r-project.org, 如图 1-2 所示. 映入眼帘的是三个链接, 分别对应了 Linux、macOS 和 Windows 操作系统, 选择一个 "对"(合适) 的版本, 进入对应版本 R 软件的下载页面.

以下载 Windows 版本的 R 软件为例, 下载页面如图 1-3 所示. 其中 base 链接对应为 R 安装软件的下载链接, 此处大家可暂时无视其他链接. 下载完毕后, 大家可按照 Step-by-Step 安装向导进行安装, 在此不再详述.

安装完毕后, 能够在桌面或系统启动项列表中发现 R 软件的 2 个启动快捷方式 (32bit 版本和 64bit 版本), 如图 1-4 所示为 R 软件启动界面, 显示 R 的版本信息和 R 软件开发团队的基本信息.

图 1-2　R CRAN 网站

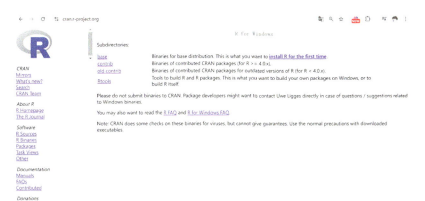

图 1-3　R 软件下载页面

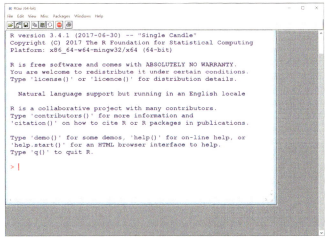

图 1-4　R 软件启动界面

1.1.2 R 辅助编程软件

R 软件仅提供了命令行输入和对应输出界面, 而对于 **R** 语言代码脚本编辑仅提供了一个普通文本编辑器, 这非常不利于长时间的 **R** 语言编程. 为了使 **R** 语言编程更加方便、提升编程时的愉悦感, 本节将介绍若干当前较流行的 **R** 语言辅助编程软件工具, 供大家择优选择.

1.1.2.1 RStudio

RStudio 是一个功能强大的集成开发环境 (IDE), 专为 **R** 语言开发设计. 它提供智能代码编辑器、项目管理、调试工具和数据查看器等功能, 极大地提升了 **R** 代码编写和管理的效率, 是当前 **R** 语言编程辅助工具的第一利器, 最受用户欢迎. RStudio 分为桌面版和服务器版, 其中桌面版又分为免费版和专业版, 分别适用于个人和企业用户. RStudio 服务器版则可在服务器端提供远程计算服务. 其各种版本可到其官网 (https://www.rstudio.com) 下载使用.

如图 1-5 所示, 个人用户常用的免费版本 RStudio 提供了一个类似于 MATLAB 软件的界面, 包含以下四个部分:

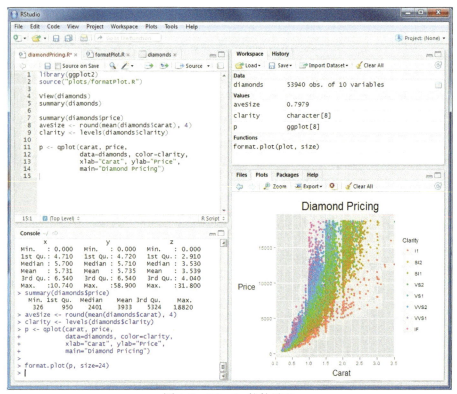

图 1-5 RStudio 软件界面

(1) 左上窗口: 代码编辑器, 提供了最常用的 **R** 语言脚本编辑器, 最新版的 RStudio 已经融入了代码提示和补全功能, 而且能够让用户灵活地定义代码编辑风格;

(2) 左下窗口: **R** 软件控制台程序入口, 提供 **R** 命令输入和控制台结果输出;

(3) 右上窗口: 工作空间和历史命令信息, 尤其在工作空间中可实时查看当前包含的变量情况;

(4) 右下窗口: 主要包括文件管理、可视化窗口、函数包管理和帮助文档管理界面.

RStudio 支持版本控制、单元测试和数据导入向导, 使得数据分析和统计建模更加高效, 并内置了支持 ggplot2 等高级绘图功能的绘图窗口, 极大地方便了用户进行更为高级数据的可视化, 本书也将针对此项功能进行详细介绍.

此外, RStudio 支持创建和编辑 R Markdown 文件, 通过结合 Markdown 和 **R** 的能力, 用于将 **R** 代码、文本和输出整合到一个文件中, 从而生成动态报告、文档和演示文稿, 更易于用户进行代码重现. 如表 1-1 所示, **R** Markdown 文件主要包含文本和代码两个部分, 支持生成 HTML、PDF 和 Word 三种格式的文档.

表 1-1   R Markdown 文件编辑基本语法

文件模块	常见语法
文本	● 标题: `# 一级标题`、`## 二级标题`、`### 三级标题` 等 ● 粗体: `**粗体**` ● 斜体: `*斜体*` ● 列表: `- 无序列表项`、`1. 有序列表项` ● 链接: `[链接文本](URL)` ● 图片: `![替代文本](图片 URL)`
代码	使用三个反引号 (```) 和 `{r}` 开头, 然后在代码块中编写 **R** 代码, 可以通过设置代码块选项来控制代码的显示和输出: ● `echo=FALSE` 隐藏代码, 但显示结果 ● `results="hide"` 隐藏代码执行结果
结果输出	RStudio 支持以下格式的文档输出: ● HTML 输出: 生成一个交互式的 HTML 文件, 适合在浏览器中查看 ● PDF 输出: 需要安装 LaTeX 发行版, 如 TeX Live 或 MiKTeX, 以生成 PDF 文件 ● Word 输出: 生成一个 `.docx` 文件, 适合在 Microsoft Word 中查看和编辑

总之, RStudio 提供了全面的编程工具和代码资源, 满足不同用户在数据分析、建模和可视化等方面的需求, 也是本书所推荐的 **R** 语言代码编辑工具.

1.1.2.2   Tinn-R 编辑器

Tinn-R 编辑器是一款开源、免费、纯粹的 **R** 代码编辑器, 安装文件可在

sourceforge 网站 (https://sourceforge.net/projects/tinn-r/) 下载. Tinn-R 界面如图 1-6 所示, 其能够提供便捷、标准的 R 语言代码编辑功能. 通过图 1-6 中红框处的 R 图标和控制台图标, 可直接启动对应的 Rgui 程序和 Rterm 控制台, 之后通过工具栏中的代码传递工具实现 Tinn-R 与 Rgui 或 Rterm 之间的代码传递, 即可直接在 R 控制台中执行编辑器中的对应代码.

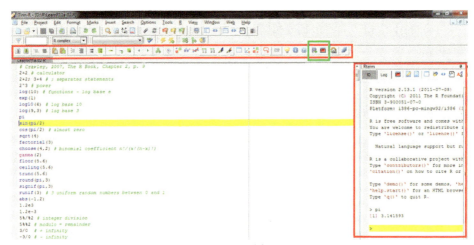

图 1-6　Tinn-R 编辑器界面

　　除了 RStudio 和 Tinn-R 之外, 其他多种编辑器也可用于辅助 R 编程, 如 Notepad++、ConTEXT、Vim、Sublime、Visual Studio Code、Jupyter Notebook、Eclipse 和 RKWard 等工具, 请有兴趣的读者自行搜索与进一步了解. 具体选择哪一种编辑器, 仁者见仁, 在此本书建议选择最熟悉的那一款, 但为初学者推荐 RStudio 软件.

1.1.3　R 函数包安装

　　近几年里, R 语言之所以能够迅速发展壮大, 进而成为数据分析和可视化的新宠儿, 是因为数以万计的学者和机构贡献了数量庞大的 R 函数包 (Package), 截至 2024 年 6 月, CRAN 网站上可用的 R 函数包的数量达到 20971 个, 提供了涵盖数据导入导出、数据处理、可视化、统计分析、机器学习、时间序列分析和网络分析等丰富、强大的扩展功能, 为数据科学家和统计学家提供了全面的工具支持.

　　在安装的 R 软件中, 仅包含了少数常用的基础函数包, 尤其针对空间数据处理、分析和可视化方面, 需要额外安装对应的函数包.

　　在 R 软件中, R 函数包可通过以下三种方式安装.

1.1.3.1　命令行安装

通过函数 *install.packages* 直接安装对应函数包, 如通过以下命令安装 **GWmodel** 函数包:

```
install.packages("GWmodel")
```

尤其在 macOS 和 Linux 系统中, 一般可直接通过命令进行对应函数包的安装. 这种安装方式较为简单和直接, 但如果函数包名称有误, 就会出现错误, 导致安装不成功.

1.1.3.2　菜单栏工具安装

通过单击菜单栏 "程序包" → "安装程序包", 进行程序包安装. 第一次单击菜单栏工具之后, 会首先出现选择 CRAN 镜像的对话框. 为了快速安装程序包, 请使用标示为 China 的镜像, 如 China (Lanzhou) 为服务器设置在中国兰州大学的 CRAN 镜像, 如图 1-7 所示. 注意, 在打开的当前 Rgui 中, 只需要选择一次 CRAN 镜像, 之后在其未关闭之前均会按照第一次的镜像选择执行, 不需要重新选择.

选择镜像之后等待数秒, 就会出现当前版本的 **R** 可用的[①]CRAN 上的函数包列表 (按照字母顺序排列), 如图 1-8 所示, 找到待安装的函数包名称 (如 **GWmodel**) 后, 选中后单击确定, 该函数包及其关联函数包将会被自动安装. 在选择函数包时, 按住 Ctrl 键可实现多个函数包的安装. 注意, 命令行和菜单栏工具安装均需要在电脑设备联网的前提下进行.

针对 CRAN 未收录的函数包, 如仅在 GitHub, 需要借助函数包 **devtools** 中的函数进行安装, 如 *install_github*, 它同时提供了大量开发工具, 帮助开发者更轻松地创建、测试和发布 **R** 包. 使用上述功能需要安装并加载 **devtools** 函数包, 命令如下:

```
install.packages("devtools")
library(devtools)
```

1.1.3.3　压缩包文件安装

当设备未联网或函数包不在 CRAN 网站的情况下, 只能通过压缩包文件安装对应的函数包. 如在 Windows 版本的 **R** 中, 在下载对应的 ZIP 格式压缩文件之后, 可通过单击菜单栏 "程序包" → "从本地 ZIP 文件安装程序包" 安装该函数包; 而在 macOS 版本的 **R** 中, 可通过选择 "Install from" → "Package Archive File (.tgz; .tar; .gz)" 进行安装. 注意, 如果函数包有其他的必

---

　① 部分函数包可能只能应用特定版本的 **R** 软件, 且也可能只针对不同操作系统下的 **R**, 因此 CRAN 网站上能找到的函数包, 如果未出现在当前 **R** 的列表中, 表示其在当前 **R** 软件中不可使用.

要关联 (Dependencies), 需要提前进行安装.

图 1-7　CRAN 镜像选择　　　　　　图 1-8　函数包列表

通过 *library* 函数可检查函数包是否安装成功, 以 **GWmodel** 函数包为例, 输入以下命令:

```
library(GWmodel)
```

如果顺利出现以下信息, 则说明 **GWmodel** 函数包安装成功.

```
Loading required package: maptools
Checking rgeos availability: TRUE
Loading required package: robustbase
Loading required package: Rcpp
Welcome to GWmodel version 2.0-4.
Note: This verision has been re-built with RcppArmadillo to
improve its performance.
```

1.2　数据类型

与其他脚本语言类似, 数据是 **R** 软件进行计算分析的基础单元, 本节将简要介绍 **R** 语言中的变量类型.

1.2.1　基础数据类型

R 语言中的数据类型包括逻辑型 (logical)、数值型 (numeric)、整数型 (integer)、字符型 (character)、复数型 (complex) 和原始类型 (raw)，而前四种类型的变量是常用的基础数据类型. 函数 *class* 可用于输出数据和变量类型，读者可用以下命令感受一下不同数据类型对应的值域特征：

```
class(TRUE)
class(32.6)
class(2L)
class('a')
class("aaaaa")
class(3+2i)
class(charToRaw("a"))
```

1.2.2　结构体对象数据类型

在 **R** 语言的使用过程中，详细地了解结构体对象数据类型对复杂编程有诸多帮助，见表 1-2.

表 1-2　R 语言结构体对象数据类型

类别	创建方式	元素访问	特点
向量 (vector)	*c()*	V[index]	由同种类型数据构成的一维向量
列表 (list)	*list()*	L[[index]]	由任意类型数据构成的一维结构体
二维矩阵 (matrix)	*matrix()*	M[index1, index2]	由同种类型数据构成的二维矩阵
多维矩阵 (array)	*array()*	A[index1, ..., indexn]	由同种类型数据构成的多维矩阵
数据框 (data frame)	*data.frame()*	DF[index1, index2]	每一列由同种数据类型数据构成的二维表格式结构体
因子 (factor)	*factor()*	F[index]	由同种类型数据构成的一维向量（无重复值）

在接下来的小节中，将分别对上述数据结构进行解释，并展示对应的案例.

1.2.2.1　向量

在 **R** 语言中，向量 (vector) 是最基本的数据结构之一，用于存储同类型元素的序列. 向量可以包含数值、字符、逻辑值或复杂类型的数据. 下面介绍三种常用的创建向量的函数：

(1) 通过普通向量的创建函数 *c*, 通过下面的例子体验该函数的使用方式:

```
x <- c(1, 2, 3, 4, 5)
x
x<- c(1, 2, c(3, 4, 5))
x
```

(2) 等差数值向量的创建函数 *seq*.

通过函数 *seq* 创建等差数列, 其主要参数如表 1-3 所示.

表 1-3 *seq* 函数的主要参数及解释

参数	解释
from	设置首项 (默认为 1)
to	设置尾项
by	设置等差值 (默认为 1 或 −1)
length.out	设置序列长度

此外, 也可以通过 ": " 创建类似的等差向量序列, 用户可运行以下代码, 观察输出结果.

```
1:5
seq(5)
seq(1, 5)
seq(1, 10, 2)
```

(3) 重复的数值向量创建函数 *rep*.

若创建一定长度、向量值重复的向量, 可通过 *rep* 函数进行快速创建, 其主要参数如表 1-4 所示.

表 1-4 *rep* 函数的主要参数及解释

参数	解释
x	要重复的序列
times	设置序列的重复次数
length.out	设置所产生的序列的长度
each	设置每个元素分别重复的次数

用户可通过运行以下代码, 观察输出结果, 体验该函数的用法:

```
x = 1:3
rep(x, 2)
rep(x, c(2, 1, 2))
rep(x, each = 2, length.out = 4)
rep(x, times = 3, each = 2)
```

1.2.2.2　列表

在 **R** 语言中, 列表 (list) 是一种灵活的数据结构, 可以包含不同类型的数据, 包括数值、字符、逻辑值、向量、矩阵、数据框, 甚至是其他列表. 列表非常适合用于存储复杂异构的数据, 广泛应用于数据分析、分组计算和结果存储等场景.

值得注意的是, 列表对象通过 "[]" 进行索引, 但需要 "[[]]" 进行取值操作, 下面是一个简单的例子, 分别实现了创建列表、使用索引获取列表中的值、修改列表中的值、将向量转化为列表以及将列表转化为向量等操作.

```
list.1 <- list(name = "李明", age = 30, scores = c(85, 76, 90))
list.1[2]
list.1[[2]]
list.1$scores
list.1$age <- 45
list.1$age
list.1$age <- list(19, 29, 31)
list.1$age[1]
list.1$age[[1]]
list.2 <- as.list(c(a = 1, b = 2))
list.2
unlist(list.2)
```

1.2.2.3　矩阵

在 **R** 语言中, 矩阵 (matrix) 是一种二维的数据结构, 可以看作是具有相同行和列的向量. 矩阵只能包含同一种类型的数据, 通常用于数值计算和线性代数操作. 在 **R** 语言中, 矩阵本质上是一个一维数组, 按照某种规定好的顺序排列为一个矩阵, 用两个维度来表示和访问, 其具体创建函数如下:

```
matrix(x, nrow, ncol, byrow, dimnames, ...)
```

其中各参数的解释如表 1-5 所示.

表 1-5　*matrix* 函数的主要参数及解释

参数	解释
x	数据向量, 是作为矩阵的元素
nrow	矩阵行数
ncol	矩阵列数
byrow	设置是否按行填充, 默认为 FALSE (按列填充)
dimnames	用字符型向量表示矩阵的行名和列名

运行下面的代码, 熟悉上述参数的用法:

```
matrix(c(1, 2, 3,
         4, 5, 6,
         7, 8, 9), nrow = 3, byrow = FALSE)

matrix(c(1, 2, 3,
         4, 5, 6,
         7, 8, 9), nrow = 3, byrow = TRUE)

matrix(1:9, nrow = 3, byrow = TRUE,
       dimnames = list(c("r1", "r2", "r3"), c("c1", "c2", "c3")))
ml <- matrix(1:9, ncol = 3)
rownames(ml) = c("r1", "r2", "r3")
colnames(ml) = c("c1", "c2", "c3")
ml

diag(1:4, nrow = 4)
```

矩阵构建完成之后, 可以通过行列号等方式获取矩阵中的元素, 运行以下代码, 观察输出结果.

```
ml[1, 2]
ml[1:2, 2:3]
ml[c("r1", "r3"), c("c1", "c3")]
ml[1, ]
ml[, 2:3]
ml[-1, ]
ml[, -c(2, 3)]
```

此外, 可通过函数 *as.vector* 实现矩阵中的元素按列读取转化为向量对象, 尝试运行下面的代码:

```
as.vector(ml)
```

1.2.2.4 数据框

在 **R** 语言中, 数据框 (data frame) 是一种用于存储表格数据的二维数据结构. 数据框可以包含不同类型的数据 (数值、字符、因子等), 每列代表一种数据类型, 每行代表一组观测值. 数据框是数据分析和数据处理中的核心数据结构之一, 通常用 *data.frame* 函数进行创建, 具体操作可参考如下例子:

```
df <- data.frame(
  name = c("Zhang", "Li", "Lu"),
```

```
  age = c(25, 30, 35),
  score = c(85, 90, 95)
)
```

它可以通过行、列名或索引值访问对应的元素, 尝试以下的例子学习如何访问数据框对象对应的元素:

```
df$name
df$age
df["Alice", "age"]
df[1, "score"]
df[1, ]
df[, 2]
df[1, 2]
df[1:2, ]
df[, 1:2]
```

然而, data.frame 在处理大型数据集或复杂数据类型等方面存在一定的局限性. **tibble** 函数包提供了一种现代化的数据框 tibble, 处理方式更人性化、灵活性更强, 具有一些与传统数据框不同的特性:

(1) tibble 比 data.frame 对输入数据改变更少: tibble 不改变输入变量的类型 (注: R 4.0.0 之前默认将字符串转化为因子), 不会改变变量名, 不会创建行名;

(2) tibble 对象的列名包容性更好: tibble 对象列名可以是 **R** 中的 "非法名", 如非字母开头、包含空格字符等, 但定义和使用变量时都需要用引号进行包括;

(3) 输出静默模式: tibble 在输出时不自动显示所有行, 避免数据框较大时显示出很多内容;

(4) 子集对象一致性: 在选取列子集时, 即使只选取一列, 返回结果仍是 tibble, 而不自动简化为向量, 确保子集对象的一致性.

具体而言, 创建 tibble 对象主要有以下三种方式:

(1) 使用 *tibble* 函数创建 tibble 对象.

```
library(tibble)
person <- tibble(
  Name = c("Zhang", "Li", "Lu"),
  Gender = c("Female", "Male", "Male"),
  Age = c("20", "21", "27"),
  Major = c("Remote sensing", "Data science", "Physics"),
  ID = c("203", "301", "096")
)
person
```

(2) 利用 *tribble* 函数通过按行录入数据的方式创建 tibble 对象

```
tribble(
  ~Name, ~Gender, ~Age, ~Major, ~ID,
  "Zhang", "Female", "20", "Remote sensing", "203",
  "Li", "Male", "21", "Data science", "301",
  "Lu", "Male", "27", "Physics", "096")
```

(3) 用 *as_tibble* 函数将 data.frame 和 matrix 转化为 tibble 对象.

```
as_tibble(df)
```

tibble 数据框和 data.frame 一样, 既是列表的特例, 也是广义的矩阵, 因此访问这两类对象的方式都相互适用, 在此不再赘述.

作为数据输入的常见对象, 如何对多个数据框进行处理, 读者需要熟悉下面几个数据框常用的函数.

(1) *rbind* 和 *cbind* 函数: 对数据框进行合并操作, 二者分别用于增加行和增加列, 此外这两个函数也适用于矩阵对象的操作.

```
person <- rbind(person,
              tibble(Name = "Jojo", Gender = "Male",
                    Age = 25, Major = "History", ID = 202))
person <- cbind(person,
              Registered = c(TRUE, TRUE, FALSE, TRUE),
              Class_ID = c(2, 3, 4, 1))
```

(2) *str* 和 *glimpse* 函数, 显示数据框对象的结构, 以更快速、概括性理解数据结构. 运行下面代码, 结果如图 1-9 所示.

```
str(person)
glimpse(person)
```

```
> str(person)
'data.frame':   4 obs. of  7 variables:
 $ Name      : chr  "Zhang" "Li" "Lu" "Jojo"
 $ Gender    : chr  "Female" "Male" "Male" "Male"
 $ Age       : chr  "20" "21" "27" "25"
 $ Major     : chr  "Remote sensing" "Data science" "Physics" "History"
 $ ID        : chr  "203" "301" "096" "202"
 $ Registered: logi  TRUE TRUE FALSE TRUE
 $ Class_ID  : num  2 3 4 1
> glimpse(person)
Rows: 4
Columns: 7
 $ Name       <chr> "Zhang", "Li", "Lu", "Jojo"
 $ Gender     <chr> "Female", "Male", "Male", "Male"
 $ Age        <chr> "20", "21", "27", "25"
 $ Major      <chr> "Remote sensing", "Data science", "Physics", "History"
 $ ID         <chr> "203", "301", "096", "202"
 $ Registered <lgl> TRUE, TRUE, FALSE, TRUE
 $ Class_ID   <dbl> 2, 3, 4, 1
```

图 1-9　*str* 和 *glimpse* 函数结果示例

(3) *summary* 函数: 作用在数据框或者列表上, 生成对应数据列的汇总信息, 如四分位数、最大值、最小值等, 如图 1-10 所示.

```
summary(person)
```

```
        Name              Gender               Age               Major               ID            Registered        Class_ID
 Length:4           Length:4            Length:4           Length:4            Length:4           Mode :logical    Min.   :1.00
 Class :character   Class :character    Class :character   Class :character    Class :character   FALSE:1          1st Qu.:1.75
 Mode  :character   Mode  :character    Mode  :character   Mode  :character    Mode  :character   TRUE :3          Median :2.50
                                                                                                                   Mean   :2.50
                                                                                                                   3rd Qu.:3.25
                                                                                                                   Max.   :4.00
```

图 1-10　*summary* 函数结果示例

1.2.2.5　因子

在 **R** 语言中, 因子 (factor) 是一种用于处理具有分类特征数据的结构化数据对象. 因子用于存储有限数量的不同值 (称为水平, levels), 并且针对这些值进行编码. 因子数据在统计建模和数据分析中非常有用, 特别是在处理定性数据时, 将字符型的分类变量转换为因子型有利于进行后续的描述性统计、可视化、建模等操作. 具体可通过如下命令创建与使用因子:

```
factor(x, levels, labels, ordered, ...)
```

其中对各个参数的解释见表 1-6.

表 1-6　*factor* 函数的主要参数及解释

参数	解释
x	向量
levels	指定各水平值, 不指定时由 x 的不同值来求得
labels	水平的标签, 不指定时用各水平值的对应字符串
ordered	逻辑值, 用于指定水平是否有序

将向量转化为因子型的一个好处是可以规定标签顺序, 例如需要将标签顺序规定为 "中-良-优", 就可以创建因子数据, 并利用 levels 参数指定对应的顺序:

```
x = c(" 优", " 中", " 良", " 优", " 良", " 良")
x
sort(x)
x1 = factor(x, levels = c(" 中", " 良", " 优"))
x1
as.numeric(x1)
```

此外, 因子类对象的另一个好处是, 可以 "识错", 因为因子数据只能识别出现在水平值中的值, 否则将识别为 NA, 运行下面的例子理解本知识点.

```
x <- c("优", "中", "良", "优", "良", "差")
print(x)
x1 <- factor(x, levels = c("中", "良", "优"))
print(x1)
```

此外, 读者需要熟悉几个因子对象数据常用的函数:

(1) *table* 函数: 统计因子各水平 (或向量各元素) 的出现次数 (频数):

```
table(x)
```

(2) *cut (x, breaks, labels, ...)*: 将连续 (数值) 变量离散化, 即切分为若干区间段, 然后返回对应的因子类型数据:

```
Age = c(23, 15, 36, 47, 65, 53)
Age_fac <- cut(Age, breaks = c(0, 18, 45, 100),
               labels = c("Young", "Middle", "Old"))
class(Age_fac)
```

(3) *gl (n, k, length, labels, ordered, ...)*: 生成有规律水平值的组合因子, 可用于多因素的数据对象设计, 运行以下代码:

```
tibble(Sex = gl(2, 3, length=12, labels=c("男", "女")),
       Class = gl(3, 2, length=12, labels=c("甲", "乙", "丙")),
       Score = gl(4, 3, length=12, labels=c("优", "良", "中",
"及格")))
```

另外, **tidyverse** 系列中的 **forcats** 包是专门为处理因子型数据而设计的, 简化了因子数据的创建、修改和排序等操作. 提供了一系列操作因子类型数据的函数, 具体可参考其用户手册进行详细了解, 本书不再赘述.

1.3 变量及运算符号

1.3.1 变量

类似于其他脚本编程语言, 变量的使用是 **R** 语言编程过程中的最基本元素. 一个有效的 **R** 语言中的变量可由字母 (区分大小写)、数字和点或下划线字符组成, 变量名称以字母开头, 但数字不能作为变量名开头或直接跟在 "." 符号后面. 注意, 在变量名称中不要使用计算符号或者与一些特殊字符相同的名称 (如 pi、F、T、c 等). **R** 语言常用的变量函数和符号如表 1-7 所示.

表 1-7　R 语言变量相关的常用函数和符号

函数或符号	作用描述
<-, ->, =	变量赋值符号
cat(), print()	变量输出函数
class()	输出变量类型
ls()	输出当前工作空间下所有变量名称

请在前文的基础上尝试以下示例代码, 掌握变量相关的常用函数的使用:

```
ls()
c(1, 2, 3, 4) -> V
print(V)
cat("The type of variable V is: ", class(V), "\n")
cat("The 3rd element of variable V is: ", V[3], "\n")
V[3] <- 10
cat("The 3rd element of variable V NOW is: ", V[3], "\n")
```

1.3.2　运算符号

在 R 语言中, 运算符号主要包括算术运算符号、关系运算符号、逻辑运算符号和其他杂项符号, 如表 1-8 所示.

表 1-8　R 语言运算符号

符号类型	运算符号	作用描述
算术运算符号	+	加运算
	−	减运算
	*	乘运算
	/	除运算
	%%	取余运算
	%/%	整除运算
	^	幂运算
关系运算符号	>	大于
	<	小于
	>=	大于等于
	<=	小于等于
	==	相等
	!=	不等于
逻辑运算符号	&, &&	与运算
	|, ||	或运算

符号类型	运算符号	作用描述
逻辑运算符号	!	非运算
其他杂项符号	:	创建序列值
	%in%	包含关系运算
	%*%	矩阵乘法运算

运行以下示例代码, 掌握每一种运算符号的作用和效果:

```
2 + 3
2 * 3
2 / 3
2 - 3
2 + 3 * 4
2 + (3 * 4)
2^2
2^0.5
v <- c( 2, 5.5, 6)
s <- c(8, 3, 4)
v^s
v%%s
v%/%s
v <- c(2, 5.5, 6, 9)
s <- c(8, 2.5, 14, 9)
v>s
v>s
v>=s
v<=s
v==s
v!=s
(v>=s)&(v==s)
(v>s)|(v==s)
v <- 1:5
5 %in% v
v*t(v)
v%*%t(v)
```

1.4　R 语言基础编程语法

针对 **R** 语言编程, 本节将从判断体、循环体和函数这三个基础编程结构分别进行介绍, 以完成从脚本编程向函数编程的进阶.

1.4.1　判断体

在 **R** 语言编程中, 判断体语法是基础语法之一, 如表 1-9 所示. 注意, 如果判断体中所执行的语句为单行, {}可缺省.

表 1-9　**R** 语言判断体语法

判断体	语法

if...	if(关系表达式) {
	　# 如果关系表达式为真 (TRUE), 则执行本部分代码
	}

if...else...	if(关系表达式) {
	　# 如果关系表达式为真 (TRUE), 则执行本部分代码
	} else {
	　#如果关系表达式为假 (FLASE), 则执行本部分代码
	}

if...else if...else	if(关系表达式 1) {
	　# 如果关系表达式 1 为真 (TRUE), 则执行本部分代码
	} else if(关系表达式 2) {
	　# 如果关系表达式 2 为真 (TRUE), 则执行本部分代码
	} else if(关系表达式 3) {
	　# 如果关系表达式 3 为真 (TRUE), 则执行本部分代码
	} else {
	　# 如果以上条件均为假 (FALSE), 则执行本部分代码
	}

switch...case...	{如果 expression 返回值为 case1, 则执行冒号对应的代码}

首先运行以下示例代码, 掌握判断体语法的使用, 尤其理解不同判断语句的使用技巧与规则:

```
x <- 30L
if(is.integer(x)) {
  print("X is an Integer")
}

x <- c("what", "is", "truth")
if("Truth" %in% x) {
  print("Truth is found")
}else {
  print("Truth is not found")
}
if("Truth" %in% x) {
  print("Truth is found the first time")
}else if ("truth" %in% x) {
```

```
  print("truth is found the second time")
}else {
  print("No truth found")
}
x <- switch(
  3,
  "first",
  "second",
  "third",
  "fourth"
)
print(x)
```

1.4.2 循环体

在 **R** 语言编程中, 循环体语法是需要掌握的另一基础语法模块, 如表 1-10 所示. 注意, 如果循环体中所执行的语句为单行, {}仍可缺省.

表 1-10 R 语言循环体语法

循环体	语法

repeat 循环	repeat {
	    命令行
	    if(关系表达式) {
	        break #关系表达式为真 (TRUE), 终止循环
	    }
	}

while 循环	while (关系表达式) {
	    #关系表达式为真 (TRUE), 执行循环体代码
	}

for 循环	for (value in vector) {
	    #循环体代码
	}

运行以下示例代码, 掌握不同循环体语法的使用方法:

```
v <- c("Hello", "loop")
cnt <- 2
repeat {
  print(v)
  cnt <- cnt+1
  if(cnt > 5) {
    break
  }
}
```

```
v <- c("Hello", "while loop")
cnt <- 2
while (cnt < 7) {
  print(v)
  cnt = cnt + 1
}

v <- LETTERS[1:4]
for ( i in v) {
  print(i)
}
```

1.4.3　函数

函数是 **R** 语言编程过程中的基础单元, 通过关键词 function 进行定义, 如表 1-11 所示.

表 1-11　R 语言函数定义语法

```
function_name <- function(arg_1, arg_2, ...) {
    Function body
}
```

在 **R** 中编写、使用函数时需要注意以下几点:

(1) 函数的返回值为函数体代码中的最后一个表达式对应的值, 因此部分函数会将返回的变量在函数末尾处单独写出来;

(2) 编写一个函数后, 需要将函数添加到当前工作空间后才能使用, 一般可通过 *source* 函数载入代码文件或者将函数体输入到 **R** 控制台中;

(3) **R** 基础软件中的函数, 可直接调用, 如 *print*、*sum*、*seq* 等;

(4) 如果需要调用其他函数包中的函数, 首先需要通过 *library* 或 *require* 函数载入函数包后才能使用;

(5) 一般的基础函数或函数包中的函数均提供了详细的用户手册, 可通过 "?+函数名称" 或 "??+函数名称" 调出关于函数的使用说明, 以供参考.

运行以下示例代码, 掌握如何创建、调用函数:

```
new.function1 <- function() {
  for(i in 1: 5) {
    print(i^2)
  }
}
new.function1()
```

```
new.function2 <- function(a, b, c) {
  result <- a * b + c
  print(result)
}
new.function2(5, 3, 11)
new.function2(a = 11, b = 5, c = 3)

new.function2 <- function(a = 3, b = 6) {
  result <- a * b
  print(result)
}
new.function2()
new.function2(5)
new.function2(b=5)
```

1.5 本章练习与思考

本章介绍了 **R** 语言的相关准备、基础构成和语法. 请读者通过实践和查阅相关资料, 思考以下问题并完成下述编程任务 (编程任务不能使用已有的阶乘、排列组合等相关函数):

(1) 在定义字符型数据时, 单引号和双引号均可使用, 试回答它们的区别在哪儿?

(2) 在 **R** 语言中, 运算符号优先级顺序是什么? 请列出它们的优先级顺序.

(3) 掌握编写函数和循环体结构, 分别采用 2 种不同的循环体实现以下两个函数:

a. 请采用 **R** 语言实现 n 的阶乘 ($n!$) 函数;

b. 在上述函数的基础上, 实现排列组合 $A(n, m)$ 的计算函数;

(4) 输入 N(N ⩽ 26) 个字母组成的字符向量, 输出 (采用 *print* 或 *cat* 函数) 由 m(m ⩽ N) 个字母组成的所有可能词组, 要求输出时按照字母顺序, 例如输入为 ('a', 'b'), 则输出结果为

```
a
ab
b
>
```

第 2 章
R 语言基础数据文件操作处理

基础数据文件是数据科学的基石, 在数据科学中扮演着至关重要的角色, 由于其标准化和广泛的兼容性, 为数据的存储、管理、预处理、共享、追溯、分析和建模提供了坚实的基础. 常见的文件格式如 csv、JSON、Excel 等, 能够以结构化的方式存储数据, 便于后续的数据处理和分析. 本章将描述在 **R** 中如何创建、读取、存储和处理基础数据, 熟悉一些基础的函数包, 开始 **R** 数据处理之旅.

2.1　本章 R 函数包准备

2.1.1　tidyverse 包

tidyverse 包 (https://CRAN.R-project.org/package=tidyverse) 是由 Hadley Wickham 及其团队开发的数据科学 **R** 语言工具函数包集合. 它基于整洁数据原则, 采用管道操作和函数式编程技术, 提供了一种现代、优雅的方式进行数据分析与挖掘操作. 在此框架下的函数包涵盖了整个数据科学流程, 包括数据导入、清洗、操作、可视化、建模以及生成易于复现的交互式报告等, 为数据科学工作者提供了一整套高效、便捷和灵活的工具框架.

在 **tidyverse** 中, 操作数据的方式非常直观, 每一步都清晰地表达了 "做什么". 通过使用管道操作符 "%>%", 可以流畅地链式调用各种数据处理函数, 使得按照此种风格书写的 **R** 代码读起来像一篇自然流畅的叙述, 毫无滞涩之感, 本章将在 2.4 节中重点介绍这种操作模式.

在 **tidyverse** 框架下囊括了一系列数据科学和数据分析功能相关的包, 包括 **ggplot2**、**dplyr**、**tidyr**、**readr**、**purrr**、**tibble** 等 (图 2-1), 本章以及后续的章节中将陆续针对这些函数包进行介绍. 如前章介绍, 外部函数包的使用均需要提前安装以及加载, 而 **tidyverse** 框架下的众多函数包在使用时只需主动安装和加载它一个包, 其他关联函数包会被自动安装与加载, 这也是它能够为数据科学工作者带来便捷的一个优势. **tidyverse** 函数包可通过下面命令进行安装与调用:

```
install.packages("tidyverse")
library(tidyverse)
```

总的来说, 通过这种简洁而一致的工作流, **tidyverse** 提供强大而灵活的工具进行数据导入、清理、操作以及可视化操作, 使 **R** 语言在数据科学领域的应用变得更加简洁和直观, 也受到了更大程度的欢迎与接受.

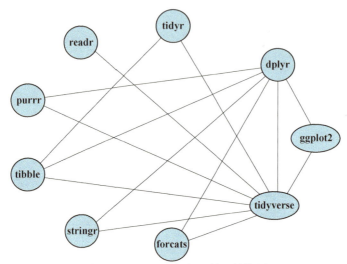

图 2-1　**tidyverse** 框架函数包结构图

2.1.2　readr 函数包

readr 函数包 (https://CRAN.R-project.org/package=readr) 提供了面向特殊分隔符标识的文本文件的读写功能, 包括常见的 csv (Comma-Separated Values)和 tsv (Tab-Separated Values) 格式, 同时支持序列化的 RDS 格式 **R** 二进制序列化存储数据. 在 **readr** 函数包中, 提供了相关数据读取函数实现对应格式数据的存取, 并以数据框 (data.frame) 对象的形式在 **R** 工作空间 (Workspace) 中呈现.

具体来说, **readr** 函数包中常用的数据读写函数如下:

(1) 读入数据到数据框: *read_csv* 和 *read_tsv*;

(2) 读入欧式格式数据: *read_csv2* 和 *read_tsv2*;

(3) 读写 RDS 数据: *read_rds* 和 *write_rds*;

(4) 写出数据到文件: *write_csv*、*write_tsv*、*write_csv2*、*write_tsv2*;

(5) 转化数据类型: *parse_number*、*parse_logical*、*parse_factor* 等.

其中, 在欧洲一些国家, 小数点通常表示为逗号 (,), 而不是点号 (.), 因此欧式格式数据特指此类规则下的数据. 使用 **readr** 包的相关函数, 可以轻松地读取和处理这种欧式格式的数据.

2.1.3　readxl 函数包

readxl 函数包 (https://CRAN.R-project.org/package=readxl) 专门用于读取 Excel 格式的数据文件, 包括同一个工作簿中的不同工作表. 如果需要处理

Excel 文件, **readxl** 包是一个非常方便的选择. 它主要提供了以下函数:

(1) *read_excel*: 自动检测 xls 或 xlsx 文件;

(2) *read_xls*: 读取 xls 文件;

(3) *read_xlsx*: 读取 xlsx 文件.

需要注意的是, **readxl** 函数包并未包含在 **tidyverse** 框架下, 因此它的安装与使用需要提前进行:

```
install.packages("readxl")
library(readxl)
```

此外, 还可以考虑使用 **openxlsx** 包, 它也提供了读写 Excel 文件的功能.

2.1.4　haven 函数包

haven 函数包 (https://CRAN.R-project.org/package=haven) 专门用于读写 SPSS、Stata 和 SAS 数据文件. 在数据分析过程中, 如果需要与这些经典的统计软件结合使用, **haven** 包可以帮助读者高效地导入和导出对应类型的数据. 它提供的读写函数如下:

(1) 读数据: *read_spss*、*read_dta*、*read_sas*;

(2) 写数据: *write_spss*、*write_dta*、*write_xpt*.

此外, 它支持将 SPSS、Stata 和 SAS 数据文件无缝转换为 data.frame 对象, 极大程度上拓展了这些数据文件的可操作性和便捷程度.

2.1.5　jsonlite 函数包

JSON (JavaScript Object Notation) 是基于 JavaScript 编程语言的一种轻量级的数据交换格式, 广泛应用于现代应用程序的数据传输, 特别是在 Web 应用程序中. **jsonlite** 函数包 (https://CRAN.R-project.org/package=jsonlite) 提供了读写 JSON 数据的功能, 同时支持将 **R** 数据结构与 JSON 相互转换. 当需要处理 JSON 格式的数据时, **jsonlite** 函数包是一个强大而灵活的工具选择. 该包提供的读写 JSON 数据的函数分别如下:

(1) 读数据: *read_json*、*fromJSON*;

(2) 写数据: *write_json*、*toJSON*.

jsonlite 函数包使得在 **R** 中处理 JSON 数据变得非常容易和高效. 其简洁的 API、自动类型转换、处理嵌套结构的能力以及高效的性能, 使其成为处理 JSON 数据的首选工具.

2.1.6　readtext 函数包

readtext 函数包 (https://CRAN.R-project.org/package=readtext) 专门用于

读取文本格式文件的内容, 支持读取 txt、csv、tab、JSON、xml、html、pdf、doc、docx、rtf、xls、xlsx 等多种格式的文件, 并将其转化为结构化的数据框 (data.frame) 对象. 它的主要函数如下:

readtext: 用于读取文本数据, 并将其转换为 **R** 中的 data.frame 或 tibble 对象.

它在文本分析和自然语言处理等任务中能够发挥较大作用, 读取的文本数据可以直接用于语料库构建和文本分析, 支持一次读取多个文件, 并将其合并为一个数据框, 同时适用于单个文件处理和多文件的批处理.

2.1.7 magrittr 函数包

magrittr 函数包 (https://CRAN.R-project.org/package=magrittr) 由 Stefan Milton Bache 和 Hadley Wickham 等创建和维护, 主要用来提供 "%>%" 等管道操作符以进行高效的管道操作. **magrittr** 函数包的主要目标有两个: 减少代码开发时间, 提高代码的可读性和维护性; 极大地精简代码, 用最少的代码完成工作. 它的使用显著提升了 **R** 代码的可读性和简洁性, 让数据或表达式的传递更高效.

2.1.8 dplyr 函数包

dplyr 函数包由 Hadley Wickham 等创建和维护 (https://CRAN.R-project.org/package=dplyr), 用于处理 **R** 内部或者外部的结构化数据, 它包括了几乎全部可以用来加快数据处理进程的内容, 其中最有名的是数据探索和数据转换功能. 它包括 5 个主要的数据处理函数:

(1) *filter*: 通过条件限制选择数据框对应的数据子集;

(2) *select*: 选出数据集中感兴趣的列;

(3) *arrange*: 按照升序或降序对数据集中的对应变量进行排序;

(4) *mutate*: 添加新列或修改现有列;

(5) *summarise*: 提供常用的操作分析, 如最小值、最大值、均值等;

(6) *group_by*: 按照某个定性属性进行数据分组操作.

函数包 **dplyr** 提供了一套强大且易用的数据操作函数, 使数据操作变得更加直观和高效. 掌握这些核心函数并结合管道操作使用, 可以显著提升数据分析和处理的效率.

2.1.9 tidyr 函数包

tidyr 函数包由 Hadley Wickham 等创建和维护 (https://CRAN.R-project.org/

package=tidyr), 顾名思义, 这个包可以让你的数据看上去 "整洁". 它和 **dplyr** 包一起形成了一个实力强大的组合, 能让你在处理数据时得心应手. 它主要用四个函数来完成这个任务, 这四个函数是:

(1) *gather*: 把多列放在一起, 然后转化为 key:value 对, 这个函数会把宽格式的数据转化为长格式, 它是 **reshape**[①]包中 *melt* 函数的一个替代;

(2) *spread*: 与 *gather* 相反, 把 key:value 对转化成不同的列;

(3) *separate*: 把一列拆分为多列;

(4) *unite*: 与 *separate* 相反, 把多列合并为一列;

(5) *pivot_longer*: 将宽格式数据转换为长格式;

(6) *pivot_wider*: 将长格式数据转换为宽格式;

(7) *fill*: 填充缺失值;

(8) *drop_na*: 删除包含缺失值的行.

tidyr 函数包提供了丰富强大且易用的函数, 帮助用户将数据整理为整洁的格式, 为后续的数据分析和建模提供必要的便利, 显著提升了数据整理和转换的效率.

2.1.10　rlist 函数包

rlist 函数包由任坤创建和维护 (https://CRAN.R-project.org/package=rlist), 针对处理 list 对象中存储的非关系型数据的处理, 提供了映射、过滤、分组、排序、搜索和其他实用的数据处理功能函数. 主要函数如下:

(1) *list.append*: 向 list 对象中追加元素;

(2) *list.prepend*: 在 list 对象前面添加元素;

(3) *list.insert*: 在 list 对象指定位置插入元素;

(4) *list.update*: 更新 list 对象中的元素;

(5) *list.remove*: 移除 list 对象中的元素;

(6) *list.search*: 搜索 list 对象中的元素;

(7) *list.filter*: 过滤 list 对象中的元素;

(8) *list.select*: 从 list 对象中选择元素;

(9) *list.group*: 对 list 对象进行分组;

(10) *list.match*: 匹配 list 对象中的元素;

(11) *list.stack*: 将 list 对象转换为数据框;

(12) *list.unstack*: 将数据框转换为 list 对象;

(13) *list.flatten*: 将嵌套 list 对象展开.

---

① 用于重组和聚合数据的 **R** 函数包: https://cran.r-project.org/package= reshape.

rlist 函数包提供了强大且易用的函数来操作 list 对象, 使得对复杂的 list 对象进行操作变得更加简便和高效, 可以大大提升对应类型的数据处理和分析的效率.

2.1.11 lubridate 函数包

lubridate 函数包由 Vitalie Spinu 等创建和维护 (https://cran.r-project.org/package=lubridate), 极大地减少了在 **R** 中操作时间变量的痛苦. **lubridate** 的内置函数提供了很好的解析日期与时间的方法. 该包主要有两类函数: 一类用于处理时点数据 (Time Instants); 另一类则用于处理时段数据 (Time Spans). 与 **R** 自带的时间数据处理函数相比, **lubridate** 极大地简化了处理时间数据的操作, 速度也相应地有很大的提升. 它的核心函数如下:

(1) *ymd, mdy, dmy*: 将字符转换为对应的日期对象;

(2) *ymd_hms, mdy_hms, dmy_hms*: 将字符转换为对应的日期时间对象;

(3) *year, month, day, hour, minute, second*: 提取日期时间各个对应的部分值以及为对应部分的值进行赋值;

(4) *interval*: 创建时间区间;

(5) *duration*: 创建持续时间对象;

(6) *period*: 创建时间段对象.

lubridate 函数包提供了强大且易用的函数来处理日期和时间数据, 使这些操作变得更加直观和高效, 大大提升了日期时间类型数据变量的处理分析能力.

2.2 基础数据读写

在数据科学中, 读写基础数据是进行数据分析、建模和可视化的基础. 在正式进行数据处理之前, 首先需要掌握如何使用 **R** 语言读写数据. 本节将介绍一些基础的数据读写方法. 在本节开始之前, 为了能够成功运行以下示例代码, 需要提前约定一个工作目录, 如本书约定的目录为: E:/R_course/Chapter2/Data①, 并顺序执行以下操作:

(1) 请按照此工作目录建立对应的文件夹目录;

(2) 将本章所提供的实验数据放到该文件夹下;

---

① 此工作目录是为了之后代码顺利运行而约定的, 如果需要指定其他文件目录作为工作目录, 请在对应代码处修改工作目录路径; 如果使用的是 macOS 或 Linux 操作系统, 请按照对应目录路径格式进行赋值, 此处不再赘述.

(3) 执行下面的代码时, 如果未指定其他特殊路径, 所写出的数据文件也将默认存储到该文件夹目录下.

在此基础上, 执行以下代码:

```
library(tidyverse)
library(readxl)
library(readr)
library(readxl)
library(haven)
library(jsonlite)
library(readtext)
library(magrittr)
library(dplyr)
library(tidyr)
library(rlist)
library(lubridate)
file_path<-"E:/R_course/Chapter2/Data"
setwd(file_path)
getwd()
```

当观察到 *getwd* 的输出结果为指定的文件夹目录路径时, 说明万事俱备, 可以继续下面的练习. 值得注意的是, 之后读者在后面的章节也需要按照这种方式提前指定工作目录, 后续将不再进行详细解释.

2.2.1　基础数据读入

在上述基础数据的读入函数中, *read_csv* 和 *read_tsv* 是 **readr** 包提供的另一个更通用的 *read_delim* 的特殊情况, 用于读取最常见的扁平文件数据类型的数据, 两者分别用于读取字段之间用逗号和制表符进行分隔的文本文件. 而 *read_csv2* 则用于读取使用分号作为字段分隔符、逗号作为小数点的格式的数据, 这种格式在一些欧洲国家很常见.

下面以 *read_delim*、*read_csv* 和 *read_excel* 为例, 介绍在 **R** 中读入基础数据的方法, 它们的用法如下:

(1) *read_delim (file, delim, quote, escape_backslash, escape_double, col_names, col_types, locale, na, quoted_na, quote, comment, trim_ws, skip, n_max, guess_max, progress)*: 读取数据, 根据参数 "delim" 指定数据分隔符, 将数据对象读入为 data.frame 对象;

(2) *read_csv (file, col_names, col_types, locale, na, quoted_na, quote, comment, trim_ws, skip, n_max, guess_max, progress)*: 读取 csv (以逗号分割的文本文件)

数据, 将数据对象读入为 data.frame 对象;

(3) *read_excel (path, sheet, range, col_names, col_types, na, trim_ws, skip, n_max, guess_max)*: 读取 xls 或 xlsx 数据, 将数据对象读入为 tibble[①]对象.

以上函数中的参数定义如表 2-1 所示. 通过上述函数, 函数包 **readr** 和 **readxl** 构建了多种格式数据的便捷读取方式, 自动在 **R** 当前工作空间 (Workspace) 中生成对应类型的 data.frame 或 tibble 对象. 在读取数据时, 如果出现解析错误, 可以使用 *problems* 函数查看错误细节.

表 2-1 函数包 readr 和 readxl 中空间数据读取函数参数表

参数	描述
file	字符串型或向量型参数: 表示数据名称, 可以为数据文件的路径、链接或者数据本身 (至少包括一行数据)
delim	字符型参数: 指定分隔符
escape_backslash	逻辑型参数: 是否使用反斜杠转义特殊字符
escape_double	逻辑型参数: 是否通过双写来转义引号, 若为 TRUE, """" 表示 ""
col_names	逻辑型或字符向量型参数: 若为 TRUE, 输入数据的第一行为列名; 若为 FALSE, 自动分配列名为 X1, X2, X3, …; 若为字符向量, 则以该向量作为列名
col_types	NULL, col 指定或字符串型参数: 若为 NULL, 每一列的参数类型由前 1000 行的数据类型决定; 若由 col 指定, 每一列必须包含一个列类型指定字段; 若为字符串类型, 使用规定的字符表示数据类型 (c = character, i = integer, n = number, d = double, …)
locale	字符串型参数: 用于控制数据地区来源, 便于因地制宜地编码
na	字符串型参数: 用于处理缺失值
quoted_na	逻辑型参数: 若为 TRUE, 则把缺失值作为缺失值处理; 否则当作字符串处理
quote	用于引用字符串的单个字符
comment	字符串型参数: 用于指定注释字符, 位于注释字符后的字符都会被忽略
trim_ws	逻辑型参数: 指定是否需要去除首尾空格
skip	整型参数: 指定被跳过的行数
n_max	整型参数: 指定读取的最大记录数
guess_max	整型参数: 用于猜测列数据类型的最大记录数
progress	逻辑型参数: 指定是否显示进度条
path	字符串型参数: 只针对 *read_excel* 函数, 表示 xls/xlsx 文件路径
sheet	字符串型或整型参数: 只针对 *read_excel* 函数, 指定表名或者表的位置
range	字符串型参数: 只针对 *read_excel* 函数, 指定需要读入的数据的格子范围

---

① 一种高效的表格数据结构: https://cran.r-project.org/package=tibble.

利用本章的示例数据，首先将数据移动到工作目录下，执行以下代码，读入示例数据 comp.csv 和 comp.xlsx，可观察到不同格式的数据文件读取为 R 结构化数据对象的情形，数据概览如图 2-2 所示.

```
cp<-read_delim("comp.csv")
cp.csv<-read_csv("comp.csv")
summary(cp.csv)
spec(cp.csv)
cp.xl<-read_excel("comp.xlsx")
summary(cp.xl)
```

```
    Berri1              Boyer              CSC               Dame               Parc
Min.   :  32.0    Min.   :   0     Min.   :   0.0    Min.   :   0.0    Min.   :   3.0
1st Qu.: 456.2    1st Qu.:  81     1st Qu.: 146.0    1st Qu.:  74.5    1st Qu.: 281.5
Median :2381.5    Median :1671     Median : 966.5    Median : 828.5    Median :1559.0
Mean   :2701.1    Mean   :2015     Mean   :1354.4    Mean   :1039.6    Mean   :1713.5
3rd Qu.:4764.0    3rd Qu.:3798     3rd Qu.:2298.2    3rd Qu.:1947.8    3rd Qu.:3044.2
Max.   :7544.0    Max.   :6345     Max.   :5337.0    Max.   :3151.0    Max.   :5290.0
                                   NA's   :  22
    PierDup             Ren              Urbain           University           Viger
Min.   :   0.00   Min.   :   0     Min.   :   0.0    Min.   :   0.0    Min.   :   3.0
1st Qu.:  16.75   1st Qu.: 162     1st Qu.: 211.5    1st Qu.: 286.2    1st Qu.:  58.0
Median : 473.50   Median :1158     Median :1003.0    Median :1386.5    Median : 209.0
Mean   :1003.68   Mean   :1381     Mean   :1033.2    Mean   :1804.4    Mean   : 278.2
3rd Qu.:1888.00   3rd Qu.:2484     3rd Qu.:1762.2    3rd Qu.:3394.5    3rd Qu.: 501.5
Max.   :4692.00   Max.   :7937     Max.   :3458.0    Max.   :5201.0    Max.   : 833.0
```

(a) cp.csv 数据对象概览

```
cols(
  Berri1 = col_double(),
  Boyer = col_double(),
  CSC = col_double(),
  Dame = col_double(),
  Parc = col_double(),
  PierDup = col_double(),
  Ren = col_double(),
  Urbain = col_double(),
  University = col_double(),
  Viger = col_double()
)
```

(b) cp.csv 列信息概览

图 2-2　csv 数据读入

通过与 R 自带的数据读入函数对比，可以发现函数包 readr 和 readxl 读入数据时速度有了极大的提高，如图 2-3 所示.

```
system.time(read_csv("data.csv"))
system.time(read.csv("data.csv"))
```

```
  user  system elapsed
  0.22    0.02     0.27
```

(a) readr 函数包 read_csv 读入速度

```
user   system elapsed
1.00     0.10    1.87
```

(b) **R** 自带函数 *read.csv* 读入速度

图 2-3　数据读入速度对比

2.2.2　基础数据写出

函数包 **readr** 提供数据读入功能的同时，也提供了对应的数据写出工具，即将 data.frame 对象重新写为 csv、xlsx、tsv 等格式的文件，相关函数如下，其中函数参数见表 2-2.

(1) *write_delim (x, path, delim, na, append, col_names)*：data.frame 对象读入 shapefile 文件函数；

(2) *write_csv (x, path, na, append, col_names)*：data.frame 对象读入 csv 文件函数；

(3) *write_excel_csv (x, path, na, append, col_names)*：data.frame 对象读入 Excel 文件函数.

表 2-2　函数包 **readr** 中空间数据读入函数参数表

参数	描述
x	data.frame 对象
path	字符串型参数：表示读入的文件的路径
delim	字符型参数：只针对 write_delim 函数，表示数据分隔符
na	字符串型参数：用于处理缺失值
append	逻辑型参数：若为 FALSE，则覆盖已有文件；否则将数据添加到已有文件中；如果文件不存在，则新建
col_names	逻辑型参数：表示是否需要在文件头处读入列名

下面这段代码演示了如何使用 **R** 中的 *write_delim* 和 *write_csv* 将 data.frame 对象写入文本文件和 csv 文件.

首先，创建一个名为 df 的数据框，其中包含了三列不同类型的数据. 接着，使用 *write_delim* 将这个数据框写入一个文本文件 "df.txt". 在这个过程中，指定将缺失值表示为 "*"，并且设置逗号作为分隔符. 这样就生成了一个文本文件，可以方便地用其他工具打开查看.

接下来，再使用 *write_csv* 将同样的数据框写入一个 csv 文件 "df.csv". 其中，csv 文件是一种常用的数据交换格式，它可以被许多数据分析工具轻松导入. 这个过程非常简单，只需要指定数据框和文件名，就能生成一个包含数据的 csv 文件.

```
df <- data.frame(
  x <- c(1, NA, 2, 3, NA),
  y <- c("A", "B", "C", NA, "D"),
  z <- c(TRUE, FALSE, TRUE, TRUE, NA)
)
write_delim(df, "df.txt", na = "*", delim = ", ")
write_csv(df, "df.csv")
```

代码运行完毕后, 可以在当前工作目录下找到名称为 df.txt 和 df.csv 的数据文件. 总的来说, 函数包 **readr** 和 **readxl** 提供了非常高效地读入写出数据的工具, 能更好地帮助读者处理数据.

2.3　R 工作空间数据文件存储

工作空间 (Workspace) 是当前 **R** 的工作环境, 它存储着用户定义的所有对象 (向量、矩阵、函数、数据框、列表). 在一个 **R** 会话结束时, 使用 *save.image*, 可以将当前工作空间保存到一个 .RData 文件中, 在下次启动 **R** 时可通过 *load* 载入该工作空间 (.RData). **R** 的每次会话结束时均可通过上述操作实现对所有对象的保存和获取.

上述操作每次均保存了所有的变量, 当工作空间中涉及的数据体量较大时, 并不十分方便. 而通过 *save* 可以将对应变量对象的数据存储在单独的文件 (*.rda) 中, 同样可通过 *load* 函数载入已保存的对象文件 (*.rda). 通过这个操作, 可实现不同工作空间下的单个变量数据交互, 而不需要每次将不同工作空间文件同时载入, 这样也避免了因变量名称相同而造成的数据变量覆盖.

在每一次 **R** 会话结束时, 系统都会自动提示 "是否保存工作空间映像?", 若选择 "是", 则系统会同时保存 ".RData" 和 ".Rhistory" 两个文件, 其中 ".RData" 文件为对应的工作空间文件, 而 ".Rhistory" 文件为此次会话所输入的 **R** 命令历史记录. 在下一次打开 **R** 时, 若默认工作目录下包含 ".RData" 文件, 则它会被自动载入到当前会话中. **R** 的这种存储工作空间、数据对象以及历史命令的机制, 为我们复现历史操作命令带来了极大的便利.

下面这段代码演示了如何查看命令历史、设置工作目录、保存和加载当前环境的数据, 以及如何保存和加载特定的变量. 这是管理 **R** 工作环境和数据的基础操作, 有助于在不同的工作会话中保持数据的一致性和可用性. 请逐行运行这段代码, 并查看输出结果, 体会对应存储函数的效果:

```
history(5)
setwd(file_path)
save.image(".RData")
savehistory(".Rhistory")
ls()
rm(x)
ls()
rm(list=ls())
ls()
load(".RData")
loadhistory(".Rhistory")
ls()
save(cp, y, file="objectlist.rda")
rm(list=ls())
ls()
load("objectlist.rda")
ls()
```

2.4 基础数据操作与处理

基础数据操作和处理是数据科学中的核心部分, 涉及对数据进行提取、整理和重塑, 之后才是使用"整齐"的数据来套用模型进行分析并得出结论. **R** 语言提供了丰富的工具和函数来执行这些任务, 本节将介绍一些常见的基础数据操作和处理方法.

2.4.1 基础数据提取

R 基础数据, 如 data.frame 或 vector 类型, 元素提取相对简单, 但是方法繁多而且显得杂乱, 总的来说可以分为三个角度的操作:

(1) 根据元素坐标位置来提取;

(2) 根据数据的行名或列名来提取;

(3) 使用逻辑值判断提取.

其中前两种方式在前章介绍基础数据类型时已经部分介绍, 如针对示例数据中 comp.csv 文件中的内容, 可按照前面两种选取方式, 分别提取 cp 第二行第三列的元素、'Dame' 列第二个元素、'Dame' 列和 'Dame' 列值为 0 的元素. 运行下面的示例代码:

```
element_2_3 <- cp[2, 3]
element_2_3
```

```
element_2_Dame <- cp[2, 'Dame']
element_2_Dame

selected_dame_column <- select(cp, Dame)
selected_dame_column
```

本节将结合 **dplyr** 函数包中提供的元素选取函数, 按照第三种方式对数据进行提取, 以提供更加有效、便捷的数据处理方法.

ifelse 是 **R** 语言中常用的数据选择函数, 它提供了一种简洁的方式来进行基于特定条件的元素级别选择. *ifelse* 函数的基本语法如下:

```
ifelse(test, yes, no)
```

其中每个参数的含义如表 2-3 所示. *ifelse* 函数针对 test 向量中的每个元素, 按照以下规则进行判断:

(1) 如果条件为真 (TRUE), 则 *ifelse* 会从 yes 参数中选择相应的值;

(2) 如果条件为假 (FALSE), 则从 no 参数中选择值;

(3) 最终返回一个与 test 等长的向量.

表 2-3　*ifelse* 函数参数列表及其意义对照表

参数名	意义
test	一个逻辑向量 (或者条件表达式), 用于对每个元素进行测试
yes	当 test 的对应元素为 TRUE 时返回的值
no	当 test 的对应元素为 FALSE 时返回的值

在数据处理中, *ifelse* 经常用于处理缺失值、创建指标变量、替换数据等. 例如, 替换一个数据框中的缺失值:

```
data <- data.frame(values = c(1, NA, 3, NA, 5))
data$values <- ifelse(is.na(data$values), 0, data$values)
data
```

在这个例子中, *ifelse* 用于检查 values 列中的每个元素是否为 NA. 如果是, 就用 0 替换; 如果不是, 就保持原值, 运行上面示例代码以验证结果.

此外, **dplyr** 提供了非常简单的数据提取函数 *select* 和 *filter*. 以前面读取的 csv 数据 cp 为例, 分别提取 cp 第二行第三列元素、'Dame' 列第二个元素、'Dame' 列, 以 "P" 为首字母的列, 以及 'Dame' 列值为 0 的元素, 如图 2-4 所示.

```
cp[2, 3]
```

```
cp[2, 'Dame']
select(cp, Dame)
select(cp, starts_with("p"))
filter(cp, Dame==0)
```

```
> cp[2,3]
# A tibble: 1 × 1
   CSC
  <dbl>
1    0
```

(a) 根据坐标位置提取

```
> cp[2,'Dame']
# A tibble: 1 × 1
  Dame
 <dbl>
1   2
```

(b) 根据行列名提取

```
> select(cp,Dame)
# A tibble: 366 × 1
    Dame
   <dbl>
 1     1
 2     2
 3     0
 4     0
 5     2
 6    11
 7    13
 8    10
 9     0
10    12
# i 356 more rows
# i Use `print(n = ...)` to see more rows
```

(c) select 函数提取 (根据列名)

```
> select(cp,starts_with("p"))
# A tibble: 366 × 2
    Parc PierDup
   <dbl>   <dbl>
 1     5       1
 2    16       6
 3     6       1
 4    46       0
 5   110       5
 6   126       3
 7   164       5
 8   131       3
 9    42       8
10    55      10
# i 356 more rows
# i Use `print(n = ...)` to see more rows
```

(d) select 函数提取 (根据逻辑值判断)

```
> filter(cp,Dame==0)
# A tibble: 4 × 10
  Berri1 Boyer   CSC  Dame  Parc PierDup   Ren Urbain University Viger
   <dbl> <dbl> <dbl> <dbl> <dbl>   <dbl> <dbl>  <dbl>      <dbl> <dbl>
1     78     3     0     0     6       1    25     21         25     5
2    118     6     2     0    46       0    49      4        111    29
3    139     7    34     0    42       8    38     78        100    19
4    264     0    36     0   182       7    30      0        181    32
```

(e) filter 函数提取 (根据逻辑值判断)

图 2-4 基础数据提取

使用 **dplyr** 函数包进行数据操作时, 通常可以将复杂的数据操作拆分为由 *select*、*filter*、*arrange*、*mutate* 和 *summarize* 等核心函数操作的组合. 这些操作可以与 *group_by* 连用, 以改变数据操作的作用范围, 即确定操作是作用在整个数据框上还是分别作用在数据框的每个分组上.

通过这些函数的组合可以完成更加多样的数据选取操作, 它们的共同之处在于:

(1) 函数的第一个参数是数据框, 便于进行下节即将介绍的管道操作;

(2) 可以通过列名访问数据框的列, 而不需要加引号;

(3) 返回结果是一个新的数据框, 不会改变原始数据框.

此外, 如果要同时对所选择的多列应用函数, 可以使用 *across*, 它支持各种选择列的语法, 可搭配 *mutate* 或 *summarise* 使用, 以达到同时修改或汇总多列的效果. 类似地, *if_any* 和 *if_all* 函数可搭配 *filter* 使用, 以达到根据多列值筛选数据的目的.

下面通过一些示例体验上面五个核心函数的综合数据处理方法. 首先, 创建一个包含一些缺失值和异常值的多行多列的数据框, 代码如下:

```
set.seed(123)
data <- tibble(
  id = 1:10,
  age = sample(18:60, 10, replace = TRUE),
  salary = sample(30000:80000, 10, replace = TRUE),
  department = sample(c("HR", "IT", "Finance", "Marketing"),
10, replace = TRUE),
  start_date = sample(seq(as.Date('2010-01-01'), as.Date('2020-
01-01'), by="day"), 10),
  score = round(runif(10, 1, 10), 0),
  bonus = c(NA, runif(9, 500, 2000)),
  hours_worked = c(40, 35, NA, 45, 50, 38, 42, 47, 33, NA),
  region = sample(c("North", "South", "East", "West"), 10,
replace = TRUE),
  performance = c(rnorm(8), -5, 15)
)
```

①使用 *select* 选择列.

根据列名选择感兴趣的列, 例如 id、age、salary 和 department:

```
selected_data <- data %>%
  select(id, age, salary, department)
selected_data
```

②使用 *filter/slice* 筛选行.

筛选出特定条件的行, 例如年龄大于 30 并且工资高于 50000:

```
filtered_data <- data %>%
  filter(age > 30, salary > 50000)
filtered_data
```

③使用 *arrange* 对行进行排序.

按工资升序排列:

```
arranged_data <- data %>%
  arrange(salary)
```

```
arranged_data
```

④使用 *mutate* 修改列或创建新列.

添加一个新列, 例如计算工资与工作小时数的比率:

```
mutated_data <- data %>%
  mutate(salary_per_hour = salary / hours_worked)
mutated_data
```

⑤使用 *summarize* 汇总.

计算每个部门的平均工资:

```
summarized_data <- data %>%
  group_by(department) %>%
  summarize(average_salary = mean(salary, na.rm = TRUE))
summarized_data
```

本书将在下节中介绍管道操作, 读者可尝试通过管道操作符 "%>%", 将这些操作连贯地组合起来, 以实现更复杂数据处理流程的同时减少代码量.

2.4.2 管道操作

管道操作是 R 语言中用于数据处理的强大工具, 它以一种流畅、易读的方式将多个数据处理步骤连接在一起, 从而提高代码的可读性和可维护性. 具体来说, 管道操作按照一定顺序执行一系列数据转换和操作, 每个操作的结果默认传递给下一个操作, 形成一个数据处理流. 这种方式使得代码更加清晰和易于理解, 同时也减少了临时变量的使用.

在 **R** 中, **magrittr** 函数包提供了 4 个用于实现管道操作的运算符, 分别如下:

(1) "%>%": 前向管道操作算子 (Forward Pipe Operator), 将左侧的值传递给右侧函数的第一个参数;

(2) "%T>%": 三通管操算子 (Tee Pipe Operator), 将左侧的值传递给右侧函数, 但返回左侧的值, 适用于在管道操作过程的中间使用, 例如执行打印或绘图等操作而不影响最终结果;

(3) "%<>%": 赋值管道操作算子 (Assignment Pipe Operator), 将左侧的值传递给右侧函数, 并将结果重新赋值给左侧对象;

(4) "%$%": 描述管道算子 (Exposition Pipe Operator), 在管道中展开数据集的列, 从而可以直接在这些列上进行操作.

其中操作符 "%>%" 最为常用, 也已经被 **tidyverse** 包的子包 **dplyr** 包继承, 因此载入这三个包都可以使用该操作符. 另外, **R** 也提供了原生的管道操

作符 "|>", 它与 "%>%" 类似, 但在某些情况下使用稍有不同, 但此处不予详述, 感兴趣的读者可自行查阅相关资料. 下面是利用操作符 "%>%" 将数据向量转化为数据框并整合到管道操作中的例子:

```
numbers <- c(1, 2, 3, 4, 5, 6, 7, 8, 9, 10)
result <- numbers %>%
  as.data.frame() %>%
  mutate(squared = .^2) %>%
  filter(squared %% 2 == 0) %>%
  summarise(sum = sum(squared))
result <- result$sum
result
```

具体而言, 这段代码使用 *as.data.frame* 将数值向量 numbers 转换为数据框, 然后使用管道操作 "%>%" 将一系列数据处理步骤连接在一起, 包括平方、筛选偶数和求和. 具体步骤解释如下:

(1) 使用 *as.data.frame* 将 numbers 向量转换为数据框;

(2) 使用 *mutate* 创建一个新列 squared, 该列包含了每个元素的平方值;

(3) 使用 *filter* 筛选出平方值为偶数的行;

(4) 使用 *summarise* 计算平方后的数字的和;

(5) 通过提取 result 数据框中的 sum 列, 将求和结果保存在 result 变量中.

其他三个操作符在部分特殊的使用场景下会起到更好的效果, 读者可通过下面的综合案例, 感受它们与操作符 "%>%" 的不同作用.

```
df <- data.frame( x = 1:5,  y = c(2, 4, 6, 8, 10))
result <- df %>% mutate(z = y / x) %T>% print() %>% filter(z >
1) %$% x*10
print(result)
print(df)
df %<>% mutate(z = y / x) %<>% filter(z > 1)
print(df)
```

通过上面的例子不难发现, 这种方式将转换步骤整合到管道操作中, 使代码更加简洁和可读. 总之, 管道操作使得代码更加清晰、易读, 同时也方便了在数据处理过程中进行调试和修改. 它是 **R** 语言中非常有用的工具, 特别适用于复杂的数据处理流程.

2.4.3　数据连接

使用 **tidyverse** 函数包来处理数据连接、合并行列、根据值匹配合并数据框数据以及进行集合运算是一个非常有效的方式. 本节将利用一些具体的示例代码对这些操作进行说明.

(1) 合并行与合并列.

在 **tidyverse** 函数包中, 提供了 *bind_rows* 和 *bind_cols* 来分别实现数据框数据按照行和列进行合并, 读者尝试下面这个例子:

```
df1 <- tibble(x = 1:3, y = c("a", "b", "c"))
df2 <- tibble(x = 4:6, y = c("d", "e", "f"))
combined_rows <- bind_rows(df1, df2)
combined_rows
combined_cols <- bind_cols(df1, df2)
combined_cols
```

(2) 根据值匹配合并数据框.

dplyr 函数包提供了多种不同类型的数据连接函数, 包括左连接、右连接、全连接、内连接、半连接和反连接. 下面使用一些具体的例子和代码来介绍不同连接的实现方法.

首先创建两个包含多列和多行数据的数据框 employees_df 和 departments_df, 以更清晰地展示不同连接类型的效果, 代码如下:

```
employees_df <- tibble(
  emp_id = c(101, 102, 103),
  emp_name = c("Alice", "Bob", "Charlie"),
  dept_id = c(1, 2, 1)
)

departments_df <- tibble(
  dept_id = c(1, 2, 3),
  dept_name = c("HR", "Finance", "IT")
)
```

①左连接 (Left Join).

左连接将 employees_df 中的行与 departments_df 中匹配的行合并起来. 如果 departments_df 中没有匹配的行, 则结果中将显示 NA.

```
left_join_df <- left_join(employees_df, departments_df, by =
"dept_id")
left_join_df
```

②右连接 (Right Join).

右连接与左连接相反, 它将保留 departments_df 中的所有行, 并将 employees_

df 中的匹配行添加进来.

```
right_join_df <- right_join(employees_df, departments_df, by =
"dept_id")
right_join_df
```

③全连接 (Full Join).

全连接将合并 employees_df 和 departments_df 中的所有行. 如果某一侧没有匹配行, 则对应的列将显示 NA.

```
full_join_df <- full_join(employees_df, departments_df, by =
"dept_id")
full_join_df
```

④内连接 (Inner Join).

内连接只会合并两个数据框中都有的行.

```
inner_join_df <- inner_join(employees_df, departments_df, by =
"dept_id")
inner_join_df
```

⑤半连接 (Semi Join).

半连接返回 employees_df 中有对应 departments_df 行的所有行, 但不包含 departments_df 的列.

```
semi_join_df <- semi_join(employees_df, departments_df, by =
"dept_id")
semi_join_df
```

⑥反连接 (Anti Join).

反连接返回 employees_df 中没有对应 departments_df 行的所有行.

```
anti_join_df <- anti_join(employees_df, departments_df, by =
"dept_id")
anti_join_df
```

(3) 集合运算.

dplyr 函数包集合运算通常用于比较两个数据框的差异, 常用的函数有 *intersect*、*union* 和 *setdiff* 等. 下面通过一个简单的例子, 观察不同函数的输出结果可以帮助更好地理解对应函数的效果.

```
set1 <- tibble(x = 1:5)
set2 <- tibble(x = 4:8)
```

```
intersect_result <- intersect(set1, set2)
intersect_result

union_result <- union(set1, set2)
union_result

setdiff_result <- setdiff(set1, set2)
setdiff_result
```

总之, 上述三部分示例展示了使用 **tidyverse** 函数包进行数据连接的一些常见函数, 通过这些函数, 可以有效地对数据进行操作和分析.

2.4.4 数据重塑

数据重塑 (Reshaping Data) 是指将数据从一种格式转换为另一种格式的过程. 这通常涉及将 "宽格式" 数据转换为 "长格式", 或反之. 在宽格式数据中, 每个主题的多个观测值被存储在同一行中, 而在长格式数据中, 每行只包含单个观测值.

(1) 宽表变长表和长表变宽表.

这种转变不一定代表数据会有长宽上的变化, 而主要表达的是对数据进行的旋转 (可参考 pivot 这个单词的动词形式释义) 和维度的转变. 早期可由 *gather* 和 *spread* 这两个函数分别进行宽表变长表和长表变宽表, 二者具体的功能如下:

(i) *gather*: 需要多列, 将其聚合为键值对;

(ii) *spread*: 需要两列, 将其传播到多列.

函数包 **tidyr** 提供了 *pivot_longer* 和 *pivot_wider* 两个函数来形象地执行 pivot 这个操作, 两个函数的参数如表 2-4 所示:

表 2-4 *pivot_longer* 和 *pivot_wider* 函数参数列表

函数	参数	类型	描述
pivot_longer	*data*	数据框	需要重塑的数据框
	cols	列/列名	需要变成长格式的列
	names_to	字符串/字符串向量	新的长格式数据框中, 包含原始列名的列的名字
	values_to	字符串	新的长格式数据框中, 包含原始值的列的名字
pivot_wider	*data*	数据框	需要重塑的数据框
	names_from	列/列名	长格式数据框中用于创建新列名的列
	values_from	列/列名	长格式数据框中包含要扩展为宽格式的值的列

下面用一个包含多行和多列的数据框作为示例数据介绍上述几个操作，首先创建数据，代码如下：

```
messy_data <- tibble(
  subject = c("S1", "S2", "S3"),
  test1_score = c(80, 90, 85),
  test2_score = c(88, 92, 84)
)
```

①宽表变长表：

```
long_data <- messy_data %>%
  pivot_longer(
    cols = starts_with("test"),
    names_to = "test",
    values_to = "score"
  )
long_data
```

②长表变宽表：

```
wide_data <- long_data %>%
  pivot_wider(
    names_from = test,
    values_from = score
  )
wide_data
```

(2) 拆分列和合并列.

拆分列和合并列用到的函数分别为 *separate* 和 *unite*，两个函数的参数如表 2-5 所示.

表 2-5　*separate* 和 *unite* 参数列表

函数	参数	类型	描述
separate	*data*	数据框	需要操作的数据框
	col	列/列名	要拆分的列
	into	字符串向量	拆分后的新列的名称
	sep	整数/字符串	指定拆分的位置或分隔符
unite	*data*	数据框	需要操作的数据框
	col	字符串	合并后新列的名称
	cols	列名向量	要合并的列
	sep	字符串	在合并值之间插入的字符

下面用一个例子简单介绍两个函数的用法，首先创建一个数据框：

```
original_data <- tibble(
  subject = c("S1", "S2", "S3"),
  score = c("80-88", "90-92", "85-84")
)
```

①拆分列：

```
separated_data <- original_data %>%
  separate(col = score, into = c("test1_score", "test2_score"),
sep = "-")
separated_data
```

②合并列：

```
united_data <- separated_data %>%
  unite(col = "combined_score", c("test1_score", "test2_score"),
sep = "-")
  united_data
```

上述示例展示了如何在 **R** 中使用 **tidyverse** 框架下的函数包进行数据重塑、拆分列和合并列的操作. 通过这些操作, 可以有效地转换数据格式, 以适应不同的分析需求.

2.4.5　缺失值与异常值的处理

处理缺失值和异常值是数据预处理的重要部分, 因为它们可以对分析结果产生重大影响. 缺失值可能会扭曲统计分析的结果, 而异常值可能是数据录入错误或真实的极端值, 需要特别关注.

其中, 缺失值可以用多种方式处理, 包括:

(1) 移除: 删除含有缺失值的行或列;

(2) 填充: 用统计量 (如均值、中位数) 或其他方法填充缺失值.

而异常值的处理通常包括:

(1) 识别: 首先识别出可能的异常值;

(2) 处理: 处理方法可能包括移除、替换或保留 (如果异常值是合理的).

下面是使用 **dplyr** 包处理缺失值和异常值的示例:

```
data_no_missing <- data %>%
  filter(complete.cases(.))


data_filled <- data %>%
  mutate(hours_worked = ifelse(is.na(hours_worked), mean(hours_
```

```
worked, na.rm = TRUE), hours_worked))

  data_no_outliers <- data %>%
    filter(performance >= -3 & performance <= 3)

  median_performance <- median(data$performance, na.rm = TRUE)
  data_replace_outliers <- data %>%
    mutate(performance = ifelse(performance < -3 | performance >
3, median_performance, performance))
```

也可以使用管道操作对上述步骤进行整合, 代码如下:

```
data_processed <- data %>%
  mutate(
    hours_worked = ifelse(is.na(hours_worked), mean(hours_worked,
na.rm = TRUE), hours_worked),
     bonus = ifelse(is.na(bonus), mean(bonus, na.rm = TRUE),
bonus)
  ) %>%
  mutate(
    performance_error = ifelse(performance < -3 | performance >
3, TRUE, FALSE)
  )
```

上面的管道操作主要分为两个步骤:

(1) 填充缺失值: 使用 *mutate* 与 *ifelse* 组合来填充 hours_worked 和 bonus 列的缺失值. 这里采用的是各自列的均值 (不包括缺失值).

(2) 标记异常值: 通过添加一个新的列 performance_error 来标记异常值, 而不是移除它们. 如果 performance 列的值小于−3 或大于 3, 就将 performance_error 设置为 TRUE, 否则为 FALSE.

这种方法在数据预处理中保留了原始数据的完整性, 并提供了异常值的明确标记, 有助于后续的数据分析和决策制定. 这样可以确保数据的完整性, 同时允许进一步分析识别异常值的原因和性质.

2.4.6   非关系型数据的处理

非关系型数据, 通常也被称为半结构化数据 (Semi-structured Data) 或者嵌套数据 (Nested Data). 这种数据形式不遵循传统关系型数据库的表格结构, 而是使用嵌套的方式将数据组织在一起. 对于非关系型数据来说, 由于元组的字段数量并不一致, 数据结构也不固定, 如图 2-5 所示, 无法使用 **dplyr** 函数包对其进行处理, 因此需要额外调用 **rlist** 函数包. 其中, *list.map* 函数可以将数据映射到某一字段, *list.filter* 函数用于过滤属性值, 简单的提取结果如图 2-6 所示.

```
person <-
  list(
    p1=list(name="Ken", age=24,
            interest=c("reading", "music", "movies"),
            lang=list(r=2, csharp=4, python=3)),
    p2=list(name="James", age=25,
            interest=c("sports", "music"),
            lang=list(r=3, java=2, cpp=5)),
    p3=list(name="Penny", age=24,
            interest=c("movies", "reading"),
            lang=list(r=1, cpp=4, python=2)))
str(person)
list.map(person, age)
list.map(person, names(lang))
p.age25 <- list.filter(person, age >= 25)
str(p.age25)
p.py3 <- list.filter(person, lang$python >= 3)
str(p.py3)
```

```
List of 3
 $ p1:List of 4
  ..$ name   : chr "Ken"
  ..$ age    : num 24
  ..$ interest: chr [1:3] "reading" "music" "movies"
  ..$ lang   :List of 3
  .. ..$ r     : num 2
  .. ..$ csharp: num 4
  .. ..$ python: num 3
 $ p2:List of 4
  ..$ name   : chr "James"
  ..$ age    : num 25
  ..$ interest: chr [1:2] "sports" "music"
  ..$ lang   :List of 3
  .. ..$ r   : num 3
  .. ..$ java: num 2
  .. ..$ cpp : num 5
 $ p3:List of 4
  ..$ name   : chr "Penny"
  ..$ age    : num 24
  ..$ interest: chr [1:2] "movies" "reading"
  ..$ lang   :List of 3
  .. ..$ r   : num 1
  .. ..$ cpp : num 4
  .. ..$ python: num 2
```

图 2-5　非关系型数据

```
> list.map(person, age)                    > p.age25 <- list.filter(person, age >= 25)
$p1                                         > str(p.age25)
[1] 24                                      List of 1
                                             $ p2:List of 4
$p2                                           ..$ name    : chr "James"
[1] 25                                        ..$ age     : num 25
                                              ..$ interest: chr [1:2] "sports" "music"
$p3                                           ..$ lang    :List of 3
[1] 24                                        .. ..$ r   : num 3
                                              .. ..$ java: num 2
> list.map(person, names(lang))               .. ..$ cpp : num 5
$p1                                         > p.py3 <- list.filter(person, lang$python >= 3)
[1] "r"      "csharp" "python"             > str(p.py3)
                                            List of 1
$p2                                          $ p1:List of 4
[1] "r"      "java" "cpp"                     ..$ name    : chr "Ken"
                                              ..$ age     : num 24
$p3                                           ..$ interest: chr [1:3] "reading" "music" "movies"
[1] "r"      "cpp"   "python"                 ..$ lang    :List of 3
                                              .. ..$ r     : num 2
                                              .. ..$ csharp: num 4
                                              .. ..$ python: num 3
          (a) 映射结果                                   (b) 过滤结果
```

图 2-6　非关系型数据提取

此外, 针对部分非关系型数据, 也可结合 **dplyr** 函数包中的核心函数进行处理. 在下面的示例中, 首先创建新的以嵌套的列表和子列表形式进行组织的非关系型数据, 并查看数据的结构, 示例代码如下:

```
person_df <- tibble(
  name = c("Ken", "James", "Penny"),
  age = c(24, 25, 24),
  interest = list(c("reading", "music", "movies"),
                  c("sports", "music"),
                  c("movies", "reading")),
  lang = list(list(r = 2, csharp = 4, python = 3),
              list(r = 3, java = 2, cpp = 5),
              list(r = 1, cpp = 4, python = 2))
)

print(str(person_df))
```

接着对上述非关系型数据, 采用 **dplyr** 函数包中 *mutate*、*select* 和 *filter* 函数的进行映射和过滤, 代码如下:

```
person_df %>%
  mutate(age_list = map(age, ~ .x)) %>%
  select(age_list)

person_df %>%
  mutate(lang_names = map(lang, names)) %>%
  select(lang_names)
```

```
p_age25 <- person_df %>%
  filter(age >= 25)
print(str(p_age25))

p_py3 <- person_df %>%
  filter(map_lgl(lang, ~ ifelse("python" %in% names(.x), .x$python >=
3, FALSE)))
print(str(p_py3))
```

在前面的示例中, 通过 ifelse("python" %in% names(.x), .x$python >= 3,
FALSE)首先检查了 python 是否存在于 lang 列表的每个元素中: 如果存在, 它
将检查 python 等级是否大于等于 3; 如果不存在 python, 则直接返回 FALSE.

2.4.7 关系型数据库文件处理

关系型数据 (Relational Data) 则以表格 (表) 的形式存储数据, 其中数据
被分为不同的表, 每个表包含多行记录 (记录或元组) 和多列字段 (字段或属
性), 这些表之间通过主键和外键建立关系. 关系型数据库是一种常见的用于存
储和管理结构化数据的数据库类型, 例如 MySQL、Oracle、SQLite 等数据库.

它与非关系型数据的主要区别如下:

(1) 数据结构:

①非关系型数据 (如上面的示例) 通常使用嵌套的方式组织数据, 可以包
含各种不同的数据类型和结构, 具有更大的灵活性.

②关系型数据使用表格结构, 数据按照列的方式存储, 每个表格具有预
定义的模式 (Schema) 和列 (字段).

(2) 查询:

①非关系型数据通常需要使用特定的查询语言或工具来查询和处理数据,
例如, 使用列表操作函数来处理嵌套数据.

②关系型数据可以使用 SQL 查询语言来执行各种复杂的查询操作, 例如,
连接 (Join)、过滤、分组等.

(3) 扩展性:

①非关系型数据具有较高的扩展性, 可以轻松地添加或删除字段和嵌套
结构.

②关系型数据的模式通常在设计时需要精心规划, 扩展性相对较差, 需
要更多的工作来适应变化.

(4) 适用场景:

①非关系型数据适用于需要灵活存储和处理半结构化或非结构化数据的

场景, 如 NoSQL 数据库、JSON 数据等.

　　②关系型数据适用于需要确保数据一致性、完整性和规范性的场景, 如企业应用、金融系统等.

　　下面介绍关系型数据的处理方式, 首先创建关系型数据, 并查看数据的结构:

```
people_df <- tibble(
  person_id = c(1, 2, 3),
  name = c("Ken", "James", "Penny"),
  age = c(24, 25, 24)
)

languages_df <- tibble(
  person_id = c(1, 1, 2, 2, 3, 3),
  language = c("R", "C#", "R", "Java", "C++", "Python"),
  skill_level = c(2, 4, 3, 2, 4, 2)
)

print(str(people_df))
print(str(languages_df))
```

　　接着对数据进行连接、过滤、汇总、重塑等操作, 代码如下:

```
joined_df <- left_join(people_df, languages_df, by = "person_id")

print(str(joined_df))

filtered_df <- joined_df %>%
  filter(age > 24)
print(str(filtered_df))

summarized_df <- joined_df %>%
  group_by(name) %>%
  summarize(number_of_languages = n())
print(str(summarized_df))

wide_df <- joined_df %>%
  pivot_wider(
    names_from = language,
    values_from = skill_level,
    values_fill = list(skill_level = 0)
  )
print(str(wide_df))
```

2.4.8 lubridate 概述与时间序列处理

lubridate 是 **tidyverse** 生态系统中的一个 **R** 函数包, 它提供了一组直观的函数来解析、处理和运算日期和时间数据, 简化了许多以前在 **R** 中可能很复杂的日期时间操作. 这些函数的功能包括:

(1) 解析日期和时间: 将字符类型的日期和时间转换为 **R** 可理解的日期和时间对象;

(2) 提取和修改日期时间组件: 获取或设置日期和时间的年、月、日、小时等;

(3) 日期时间的数学运算: 比如日期的加减;

(4) 处理时间间隔、持续时间和周期.

以下是一个使用 **lubridate** 进行时间序列处理的示例. 在这个示例中, 首先创建了两个时间间隔, 检查它们是否重叠后, 执行了其他一些常见的日期时间操作.

```
begin1 <- ymd_hms("2015-09-03 12:00:00")
end1 <- ymd_hms("2016-08-04 12:30:00")
begin2 <- ymd_hms("2015-12-03 12:00:00")
end2 <- ymd_hms("2016-09-04 12:30:00")

date_1 <- interval(begin1, end1)
date_2 <- interval(begin2, end2)

overlap <- int_overlaps(date_1, date_2)

print(date_1)
print(date_2)
print(overlap)

year(begin1)
month(end2)

one_week_later <- begin1 + weeks(1)
day_before_end2 <- end2 - days(1)

print(one_week_later)
print(day_before_end2)
```

在这个示例中, 使用了 *ymd_hms* 解析日期和时间字符串, *interval* 创建时间间隔, 并使用 *int_overlaps* 检查两个时间间隔是否有重叠. 此外, 还展示了如

何提取日期组件 (如年份和月份) 以及如何进行日期的加减运算.

2.5 本章练习与思考

本章是在 **R** 中处理操作基础数据的入门章节. 在学习完本章知识后, 请进行以下思考和练习:

(1) 请使用管道操作重构本章代码.

(2) 请自行搜集数据 (可以使用 **R** 中自带的数据, 输入 data() 即可查看数据列表), 数据需要包含基础属性信息、时间信息以及空间信息, 对搜集到的数据进行探索性数据分析, 要求如下:

a. 对数据进行一致性处理;

b. 剔除无用、冗余数据;

c. 补全缺失数据;

d. 提取数据的有用信息;

e. 建立合适的算法和模型, 探索数据的变化规律;

f. 在时间尺度下, 对数据进行探索分析;

g. 根据空间信息, 找寻数据的空间分布特征, 并分析其成因.

对上述分析结果进行整理、研究时, 可以借助 **R** 强大的可视化功能, 将分析结果可视化表达.

第 3 章

R 语言空间数据处理

空间数据科学是一个跨学科领域，涉及多样的数据类型，主要包括以点、线、面数据为代表的矢量数据和遥感影像数据为代表的栅格数据．本章将描述在 **R** 中如何对基础的空间数据类型，如 ESRI shapefile、遥感影像数据进行读取、存储和处理等操作，熟悉一些基础的空间数据处理函数包，开启属于你的 R-GIS 探索之旅，也是空间数据科学的基础途径．

3.1　本章 R 函数包准备

在开始本章学习之前，首先安装和熟悉本章内容中所需要的 **R** 函数包．

3.1.1　sp 函数包

函数包 **sp** 由 Edzer Pebesma 等开发和维护 (https://cran.r-project.org/package=sp)，提供了标准的空间对象类，用于处理、分析和可视化空间数据，同时为多个空间统计和分析的 **R** 函数包提供统一的空间数据接口和返回值约定．

历经十多年发展，**sp** 函数包已成为空间数据处理与分析的基础函数包，在它的基础上开发出了数以百计的 **R** 函数包，如图 3-1 所示．函数包 **sp** 提供了空间数据和 **R** 软件之间的标准数据接口，使得我们能够在 **R** 中便捷、有效地处理和分析空间数据．其核心功能主要包括以下几个方面：

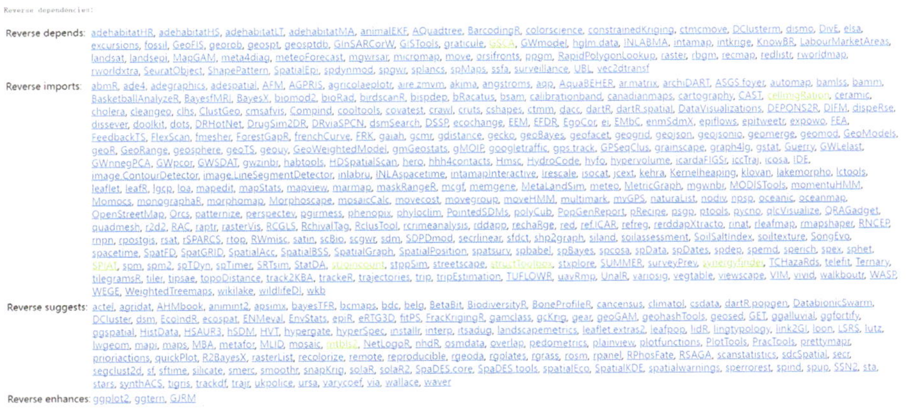
Reverse dependencies:

Reverse depends: adehabitatHR, adehabitatHS, adehabitatLT, adehabitatMA, animalEKF, AQuadtree, BarcodingR, colorscience, constrainedKriging, ctmcmove, DClusterm, dismo, DivE, elsa, excursions, fossil, GeoFIS, georob, geospt, geosptdb, GInSARCorW, GISTools, graticule, GSCA, GWmodel, hglm.data, INLABMA, intamap, intkrige, KnowBR, LabourMarketAreas, landsat, landsepi, MapGAM, meta4diag, meteoForecast, mgwrsar, micromap, move, orsifronts, ppgm, RapidPolygonLookup, raster, rbgm, recmap, redlistr, rworldmap, rworldxtra, SeuratObject, ShapePattern, SpatialEpi, spdynmod, spgwr, splancs, spMaps, ssfa, surveillance, UBL, vec2dtransf

Reverse imports: abmR, ade4, adegraphics, adespatial, AFM, AGPRIS, agricolaeplotr, aire.zmvm, akima, angstroms, aqp, AquaBEHER, ar.matrix, archiDART, ASGS.foyer, automap, bamlss, bamm, BasketballAnalyzeR, BayesfMRI, BayesX, biomod2, bioRad, birdscanR, bispdep, bRacatus, bsam, calibrationband, canadianmaps, cartography, CAST, cellmigRation, ceramic, cholera, cleangeo, clhs, ClustGeo, cmsafvis, Compind, cooltools, covatest, crawl, cruts, cshapes, ctmm, dacc, dartR, dartR.spatial, DataVisualizations, DEPONS2R, DIFM, dispeRse, dissever, doolkit, dots, DRHotNet, DrugSim2DR, DRviaSPCN, dsmSearch, DSSP, ecochange, EEM, EFDR, EgoCor, ei, EMbC, enmSdmX, epiflows, epitweetr, expowo, FEA, FeedbackTS, FlexScan, fmesher, ForestGapR, frenchCurve, FRK, gaiah, gcmr, gdistance, gecko, geoBayes, geofacet, geogrid, geojson, geojsonio, geomerge, geomod, GeoModels, geoR, GeoRange, geosphere, geoTS, geouy, GeoWeightedModel, gmGeostats, gMOIP, googletraffic, gps.track, GPSeqClus, grainscape, graph4lg, gstat, Guerry, GWLelast, GWnnegPCA, GWpcor, GWSDAT, gwzinbr, habtools, HDSpatialScan, hero, hhh4contacts, Hmsc, HydroCode, hyfo, hypervolume, icardaFIGSr, iccTraj, icosa, IDE, image.ContourDetector, image.LineSegmentDetector, inlabru, INLAspacetime, intamapInteractive, lrescale, isocat, jcext, kehra, Kernelheaping, klovan, lakemorpho, lctools, leaflet, leafR, lgcp, loa, mapedit, mapStats, mapview, marmap, maskRangeR, mcgf, memgene, MetaLandSim, meteo, MetricGraph, mgwnbr, MODISTools, momentuHMM, Momocs, monographaR, morphomap, Morphoscape, mosaicCalc, movecost, movegroup, moveHMM, multimark, myGPS, naturaList, nodiv, npsp, oceanic, oceanmap, OpenStreetMap, Orcs, patternize, perspectev, pgirmess, phenopix, phyloclim, PointedSDMs, polyCub, PopGenReport, pRecipe, psgp, ptools, pycno, qlcVisualize, QRAGadget, quadmesh, r2d2, RAC, raptr, rasterVis, RCGLS, RchivalTag, RclusTool, rcrimeanalysis, rddapp, rechaRge, red, ref.ICAR, refreg, rerddapXtracto, rinat, rleafmap, rmapshaper, RNCEP, rnpn, rpostgis, rsat, rSPARCS, rtop, RWmisc, satin, scBio, scgwr, sdm, SDPDmod, secrlinear, sfdct, shp2graph, siland, soilassessment, SoilSaltIndex, soiltexture, SongEvo, spacetime, SpatFD, SpatGRID, SpatialAcc, SpatialBSS, SpatialGraph, SpatialPosition, spatsurv, spbabel, spBayes, spcosa, spData, spDates, spdep, spemd, sperich, spex, sphet, SPIAT, spm, spm2, spTDyn, spTimer, SRTsim, StatDA, stjoincount, stppSim, streetscape, structToolbox, stxplore, SUMMER, surveyPrev, synergyfinder, TCHazaRds, telefit, Ternary, tilegramsR, tiler, tipsae, topoDistance, track2KBA, trackeR, trajectories, trip, tripEstimation, TUFLOWR, uavRmp, UnalR, variosig, vegtable, viewscape, VIM, vivid, walkboutr, WASP, WEGE, WeightedTreemaps, wikilake, wildlifeDI, wkb

Reverse suggests: actel, agridat, AHMbook, animint2, apsimx, bayesTFR, bcmaps, bdc, belg, BetaBit, BiodiversityR, BoneProfileR, cancensus, climatol, csdata, dartR.popgen, DatabionicSwarm, DCluster, dsm, EcoIndR, ecospat, ENMeval, EnvStats, epiR, eRTG3D, fitPS, FracKrigingR, gamclass, gcKrig, gear, geoGAM, geohashTools, geosed, GET, ggalluvial, ggfortify, ggspatial, HistData, HSAUR3, hSDM, HVT, hypergate, hyperSpec, installr, interp, itsadug, landscapemetrics, leaflet.extras2, leafpop, lidR, lingtypology, link2GI, loon, LSRS, lutz, lwgeom, mapi, maps, MBA, metafor, MLID, mosaic, mtbls2, NetLogoR, nhdR, osmdata, overlap, pedometrics, plainview, plotfunctions, PlotTools, PracTools, prettymapr, prioriactions, quickPlot, R2BayesX, rasterList, recolorize, remote, reproducible, rgeoda, rgplates, rgrass, rosm, rpanel, RPhosFate, RSAGA, scanstatistics, sdcSpatial, secr, segclust2d, sf, sftime, silicate, smerc, smoothr, snapKrig, solaR, solaR2, SpaDES.core, SpaDES.tools, spatialEco, SpatialKDE, spatialwarnings, sperrorest, spind, spup, SSN2, sta, stars, synthACS, tigris, trackdf, trajr, ukpolice, ursa, varycoef, via, wallace, waver

Reverse enhances: ggplot2, ggtern, GJRM

图 3-1　基于 **sp** 函数包所开发的空间数据处理与分析的 **R** 函数包

(1) 创建和便捷点、线、面等空间对象；

(2) 实现空间数据坐标系和投影的定义与编辑；

(3) 提供基础的空间对象的操作和分析．

通过掌握 **sp** 函数包的核心功能, 可以大大提升空间数据处理和地理信息系统分析的能力. 与其他相关的空间数据分析函数包结合使用, 能够完成复杂和高级的空间分析任务.

3.1.2　sf 函数包

函数包 **sf** 全称是 "Simple Features for R", 是一个在 **R** 语言中广泛使用的函数包, 由 Edzer Pebesma 等开发和维护 (https://CRAN.R-project.org/package= sf), 提供了标准的空间对象类, 并与 **tidyverse** 框架中的核心函数包, 如 **ggplot2**、**dplyr** 等函数包实现了无缝集成, 用于空间数据处理、分析和可视化, 同时为多个空间统计和分析 **R** 函数包提供了统一的空间数据接口和返回值约定, 其主要功能如下:

①空间数据导入与导出: 支持丰富的空间数据格式, 包括但不限于 shapefile、GeoJSON、KML 等, 使读者能够方便地导入和导出不同种类的空间数据;

②空间数据编辑: 提供了基本的空间数据编辑功能, 包括空间连接、裁剪、叠加等, 使读者能够对空间数据进行灵活而高效的数据编辑和处理;

③数据管理: 支持与常用的空间数据库 (如 PostGIS) 的交互, 使读者能够直接在 R 软件中与空间数据库进行交互和分析, 实现更灵活和高效的空间数据管理和查询;

④空间数据变换: 支持丰富的空间数据变换方法, 如坐标转换、投影等, 帮助读者在不同坐标系统之间无缝切换, 为复杂和高级空间分析提供基础辅助;

⑤空间分析: 提供了丰富的空间分析工具, 读者可以计算面积、长度、距离等空间属性, 同时进行复杂的空间连接、叠加分析和拓扑关系的计算, 满足各种空间分析需求;

⑥空间数据可视化: 与 **ggplot2** 函数包相结合, 为读者提供了强大的地图可视化工具, 能够创建复杂、美观的地图, 以展示空间数据的分布特征和规律, 具体相关功能将在第 6 章进行详细介绍.

值得注意的是, 伴随着 **maptools** 等传统空间数据函数包的退役, **sf** 函数包已成为空间数据处理与分析的核心函数包, 提供了空间数据和 **R** 软件之间的标准数据接口, 在其基础上开发出了数以百计的 **R** 函数包, 如图 3-2 所示.

图 3-2　基于 **sf** 函数包开发的空间数据处理与分析的 **R** 函数包

3.1.3　terra 函数包

函数包 **terra** 是 **R** 语言中一个新兴且强大的空间数据函数包, 由 Hijmans 等开发和维护 (https://cran.r-project.org/package=terra), 提供了空间数据导入、导出和处理功能, 特别支持大型栅格数据的存取与处理功能. 与传统的 **raster** 包不同, **terra** 包采用了一种新的架构, 具有高性能和可扩展性. 除此之外, **terra** 包还提供了栅格数据和矢量数据的代数运算、空间操作、统计分析等功能. 总之, **terra** 包是 **R** 语言中一个强大的地理空间数据处理工具, 本书中主要介绍其栅格数据的导入、导出和裁剪、掩膜等基础处理功能.

3.1.4　maptools 函数包

函数包 **maptools** 由 Roger Bivand 等开发和维护, 提供了空间数据导入、导出和处理的函数集合, 特别针对 ESRI shapefile 的格式, 提供了便捷的读写工具. 将它与函数包 **sp** 配合使用, 相得益彰, 帮助读者在 **R** 中更好地操作空间数据. 需要注意的是, 该包目前已停止维护, 可以从 CRAN 上下载其历史版本到 **R** 中进行安装和载入.

3.1.5　rgdal 函数包

函数包 **rgdal** (https://cran.r-project.org/package=rgdal) 是开源 C++地理空间数据抽象库 (Geospatial Data Abstraction Library, GDAL) 在 **R** 中的集成函数工具包, 支持多种常见矢量和栅格格式的空间数据文件读取、处理和写入操作. 虽然其相关功能不是本书介绍的重点, 而且该包目前也已停止维护, 但是作为重要的延伸阅读部分, 希望读者能够自行查阅相关资料对其进行了解.

请按照前述方式, 安装并检查是否成功:

```
install.packages("sp")
install.packages("sf")①
install.packages("terra")
install.packages("D:/R/rgdal_1.6-7.tar.gz", repos = NULL, type
= "source")②
install.packages("D:/R/maptools_1.1-8.tar.gz", repos = NULL,
type = "source")
library(sp)
library(sf)
library(terra)
library(rgdal)
library(maptools)
```

3.1.6　R 语言空间数据函数包进化

值得注意的是, 近几年内 **R** 语言空间数据函数包出现了重大的变动与改变. 截至 2023 年底, 传统的 **rgdal**、**rgeos** 和 **maptools** 函数包均已退役, 不再被维护, 并逐渐从 CRAN 网站移除. 载入 **rgeos** 函数包, 将看到以下信息:

```
Please note that rgeos will be retired during October 2023,
plan transition to sf or terra functions using GEOS at your
earliest convenience.
```

载入 **rgdal** 包, 同样可以看到

```
Please note that rgdal will be retired during October 2023,
plan transition to sf/stars/terra functions using GDAL and PROJ
at your earliest convenience.
```

上述包退役的主要原因是其维护者 Roger Bivand 教授的退休. 虽然其他人可以继续维护, 但在以下几个方面面临巨大困难:

①**rgdal**、**rgeos** 和 **maptools** 函数包关联了较多的外部 **R** 函数包, 特别是 GEOS、GDAL 和 PROJ, 需要持续监测并实时进行调整;

②编译适用 Windows、macOS 等不同版本的函数包, 需要频繁地与 CRAN 团队进行交流, 以适应不断改变的 CRAN 函数包维护规则;

③上述几个函数包的开发时间都超过了 20 年, 包含了繁杂的历史代码, 难以阅读与继承. 但它们的核心功能能够在许多新的函数包中找到替代, 例如

---

① 注意在安装函数包 **sf** 之前, 需要提前安装对应版本的 Rtools.
② 请将第一个参数修改为实际存放 **maptools** 包的文件路径.

sf (2016)、**stars** (2018) 和 **terra** (2016) 等.

表 3-1 列出了目前依赖 **rgdal** 包和 (或) **rgeos** 包和 (或) **maptools** 包的 **R** 包的数量. 其中需要注意的是, 强相关函数包也包含了其他依赖上述三个函数包的内容.

表 3-1　依赖 **rgdal** 包和 (或) **rgeos** 包和 (或) **maptools** 包的 **R** 包的数量

	rgdal	rgeos	maptools
Direct strong	213	140	93
Recursive strong	265	190	641
Direct most	358	225	180

针对这种情况, 为了继续使用 **R** 语言进行空间数据处理与分析, 以下转移计划也在有序进行:

(1) 将合适的功能从 **rgeos**、**rgdal** 和 **maptools** 函数包移动到具有活跃维护者的函数包中;

(2) 针对相关依赖函数包, 联系它们的维护者, 提供如何迁移到现代替代方案的指导;

(3) 修改 **sp**、**raster** 等函数包, 使其不再依赖于 **rgeos** 或 **rgdal** 包;

(4) 为 **rgeos** 和 **rgdal** 等函数包开发代理包, 并通过警告已弃用的函数和提供指向问题解决方案的指针, 引导读者顺利迁移到新的解决方案, 避免由于底层依赖问题而导致代码错误.

3.2　R 中空间数据基本类型

3.2.1　Spatial 对象

在函数包 **sp** 中, 定义了一个空间对象基础类 Spatial, 由两个插槽 (Slot) 构成:

①*bbox*: 定义了空间对象的二维边界矩形, 即二维矩形中最大-最小 x-y 坐标;

②*proj4string*: 定义坐标参考系 (Coordinate Reference System, CRS) 类的字符串 (参数定义详见 http://proj4.org).

在 Spatial 类的基础上, 分别扩展为点、线、面和栅格四种类型的空间数据对应的 SpatialPoints、SpatialLines、SpatialPolygons 和 SpatialGrid 亚类. 可通过以下代码查询其派生类的更多细节 (如图 3-3):

```
library(sp)
getClass("Spatial")
```

```
Class "Spatial" [package "sp"]

Slots:

Name:            bbox proj4string
Class:         matrix              CRS

Known Subclasses:
Class "SpatialPoints", directly
Class "SpatialMultiPoints", directly
Class "SpatialGrid", directly
Class "SpatialLines", directly
Class "SpatialPolygons", directly
Class "SpatialPointsDataFrame", by class "SpatialPoints", distance 2
Class "SpatialPixels", by class "SpatialPoints", distance 2
Class "SpatialMultiPointsDataFrame", by class "SpatialMultiPoints", distance 2
Class "SpatialGridDataFrame", by class "SpatialGrid", distance 2
Class "SpatialLinesDataFrame", by class "SpatialLines", distance 2
Class "SpatialPixelsDataFrame", by class "SpatialPoints", distance 3
Class "SpatialPolygonsDataFrame", by class "SpatialPolygons", distance 2
```

图 3-3　基础类 Spatial 衍生类查询结果

在基础类 Spatial 中, 通过参数 proj4string 对空间数据 CRS 的定义是制图和空间分析等操作过程中的核心. 而如果不熟悉 CRS 类的字符串定义, 准确定义空间数据对象的 CRS 并非易事. 函数包 **rgdal** 中提供了欧洲石油调查组织 (European Petroleum Survey Group, ESPG) 定义的 5078 个 CRS 字符串列表. 在确认 CRS 对应的 ESPG 列表中的 code 之后, 可直接通过 *CRS* 函数调取. 如下代码展示了查询 2000 国家大地坐标系, 而后通过 *CRS* 函数调取, 可用于参数 proj4string 的赋值. 此外, 函数包 **rgdal** 中提供了 *showWKT* 和 *showP4* 函数, 可实现较为通用的空间坐标系名称与 proj4string 字符串之间的互查操作.

```
EPSG <- make_EPSG()
EPSG[grep("China Geodetic Coordinate System", EPSG$note), ]
CRS("+init=epsg:4490")
showWKT("+init=epsg:4490")
showP4(showWKT("+init=epsg:4490"))
```

3.2.1.1　点数据

如图 3-4 所示, 通过对基础类 Spatial 增加用来存储和表示坐标或位置 (coords) 的插槽, 衍生出亚类 SpatialPoints. 而在空间数据的使用过程中, 属性数据也是空间数据处理与分析的重要基础. 通过对亚类 SpatialPoints 增加一个 data.frame 对象作为属性数据 (data) 插槽, 便派生出亚类 SpatialPoints-DataFrame. 它与我们所习惯的空间点数据格式 (如 shapefile) 较为类似, 既包含空间数据部分, 又包含属性数据部分. *coords.nrs* 插槽为逻辑指示符, TRUE 值表示当创建 SpatialPointsDataFrame 对象时空间点的坐标来自于属性数据 data.frame 对象. 注意, 属性数据 data.frame 对象的行数必须与 SpatialPoints 对象中的点数一致, 一一对应.

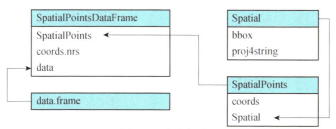

图 3-4　点数据类[①]

为了更好地理解点数据构成, 请输入以下代码, 采用不同方式制作一个空间点数据对象:

```
x = c(1, 2, 3, 4, 5)
y = c(3, 2, 5, 1, 4)
Spt <- SpatialPoints(cbind(x, y))
class(Spt)
plot(Spt)
Spt <- SpatialPoints(list(x, y))
class(Spt)
plot(Spt)
Spt <- SpatialPoints(data.frame(x, y))
class(Spt)
plot(Spt)
```

通过上述三种不同方式均可产生相同的 SpatialPoints 对象, 如图 3-5 所示.

在上述代码基础上, 我们可以尝试制作一个 SpatialPointsDataFrame 对象, 代码如下:

```
Spt_df <- SpatialPointsDataFrame(Spt, data=data.frame(x, y))
class(Spt_df)
str(Spt_df)
Spt_df@data
```

通过查看 SpatialPointsDataFrame 对象的组成结构, 如图 3-6 所示, 并对比图 3-4, 观察它的组成部分与取值方式, 如代码中 Spt_df@data 可直接输出

---

① 　图片援引于 (Bivand R S, et al., 2008, p. 35, Fig. 2.2)

SpatialPointsDataFrame 对象的属性数据部分, 如图 3-7 所示. 根据这个示例, 思考如何获取其他部分数据, 并检验不同部分的数据类型分别是什么.

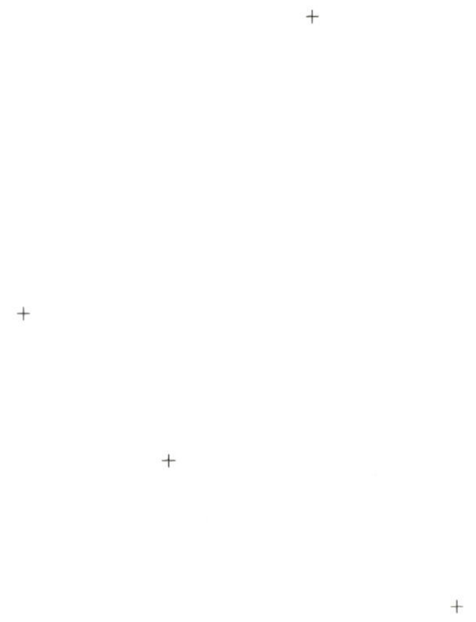

+

+

+

+

+

图 3-5　SpatialPoints 对象结果

```
Formal class 'SpatialPointsDataFrame' [package "sp"] with 5 slots
 ..@ data        :'data.frame': 5 obs. of  2 variables:
 .. ..$ x: num [1:5] 1 2 3 4 5
 .. ..$ y: num [1:5] 3 2 5 1 4
 ..@ coords.nrs : num(0)
 ..@ coords      : num [1:5, 1:2] 1 2 3 4 5 3 2 5 1 4
 .. ..- attr(*, "dimnames")=List of 2
 .. .. ..$ : NULL
 .. .. ..$ : chr [1:2] "x" "y"
 ..@ bbox        : num [1:2, 1:2] 1 1 5 5
 .. ..- attr(*, "dimnames")=List of 2
 .. .. ..$ : chr [1:2] "x" "y"
 .. .. ..$ : chr [1:2] "min" "max"
 ..@ proj4string:Formal class 'CRS' [package "sp"] with 1 slot
 .. .. ..@ projargs: chr NA
```

图 3-6　SpatialPointsDataFrame 对象的组成结构

```
> Spt_df@data
  x y
1 1 3
2 2 2
3 3 5
4 4 1
5 5 4
```

图 3-7　SpatialPointsDataFrame 对象属性数据输出

3.2.1.2　线数据

在 **R** 中, 基础类 *Line* 定义了线对象 (实质上为折线), 由一系列的二维坐标点 (表示为两列的数值矩阵) 顺次连接而成. 由若干个 Line 对象与标识符 (ID) 共同构成线对象集合类 Lines. 而将 Spatial 对象与 Lines 对象结合在一起, 便构成空间线数据亚类 SpatialLines, 如图 3-8 所示. 类似地, 添加 data.frame 对象的属性数据后, 构成 SpatialLinesDataFrame 类. 同样, data.frame 对象的每一行必须与 Lines 对象中的 Line 对象一一对应.

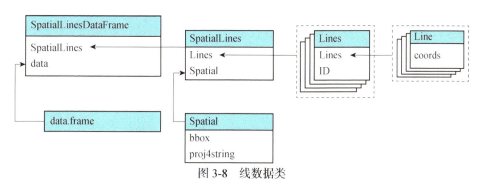

图 3-8　线数据类

为了更好地理解线数据构成, 请输入以下代码, 制作空间线数据对象:

```
l1 <- cbind(c(1, 2, 3), c(3, 2, 2))
l1a <- cbind(l1[, 1]+.05, l1[, 2]+.05)
l2 <- cbind(c(1, 2, 3), c(1, 1.5, 1))
Sl1 <- Line(l1)
Sl1a <- Line(l1a)
Sl2 <- Line(l2)
S1 = Lines(list(Sl1, Sl1a), ID="a")
S2 = Lines(list(Sl2), ID="b")
Sl = SpatialLines(list(S1, S2))
cols <- data.frame(c("red", "blue"))
Sl_df <-SpatialLinesDataFrame(Sl, cols, match.ID = F)
summary(Sl_df)
```

通过以下代码, 可进一步了解 SpatialLinesDataFrame 对象的组成结构, 结果如图 3-9 和图 3-10 所示.

```
str(Sl_df)
plot(Sl_df, col=c("red", "blue"))
```

```
Formal class 'SpatialLinesDataFrame' [package "sp"] with 4 slots
  ..@ data        :'data.frame': 2 obs. of  1 variable:
  .. ..$ c..red....blue..: chr [1:2] "red" "blue"
  ..@ lines       :List of 2
  .. ..$ :Formal class 'Lines' [package "sp"] with 2 slots
  .. .. .. ..@ Lines:List of 2
  .. .. .. .. ..$ :Formal class 'Line' [package "sp"] with 1 slot
  .. .. .. .. .. ..@ coords: num [1:3, 1:2] 1 2 3 3 2 2
  .. .. .. .. ..$ :Formal class 'Line' [package "sp"] with 1 slot
  .. .. .. .. .. ..@ coords: num [1:3, 1:2] 1.05 2.05 3.05 3.05 2.05 2.05
  .. .. .. ..@ ID   : chr "a"
  .. ..$ :Formal class 'Lines' [package "sp"] with 2 slots
  .. .. .. ..@ Lines:List of 1
  .. .. .. .. ..$ :Formal class 'Line' [package "sp"] with 1 slot
  .. .. .. .. .. ..@ coords: num [1:3, 1:2] 1 2 3 1 1.5 1
  .. .. .. ..@ ID   : chr "b"
  ..@ bbox        : num [1:2, 1:2] 1 1 3.05 3.05
  .. ..- attr(*, "dimnames")=List of 2
  .. .. ..$ : chr [1:2] "x" "y"
  .. .. ..$ : chr [1:2] "min" "max"
  ..@ proj4string:Formal class 'CRS' [package "sp"] with 1 slot
  .. .. ..@ projargs: chr NA
```

图 3-9　SpatialLinesDataFrame 对象的组成结构

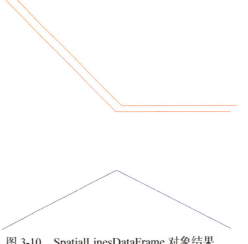

图 3-10　SpatialLinesDataFrame 对象结果

3.2.1.3　面数据

　　与空间线数据对象类似, 在 **R** 中可定义表达空间面 (多边形) 数据的亚类 SpatialPolygons 和 SpatialPolygonsDataFrame 对象, 如图 3-11 所示. 而面状多边形数据与线数据的本质区别在于, 多边形对象是由闭合折线构成的, 即在多边形对象的两列坐标序列矩阵中, 起始点和终点的坐标是相同的. 对比图 3-8 中线数据对象类的定义, 针对面数据的插槽结构定义:

　　①*labpt*: 标签点位置, 多为多边形对象的质心, 针对复杂多边形对象时为

面积最大的构成多边形的标签点位置;

②*area*: 多边形面积;

③*hole*: 多边形对象中是否包含空洞的逻辑标识符;

④*ringDir*: 多边形对象坐标的方向;

⑤*plotOrder*: 多边形对象的绘制顺序.

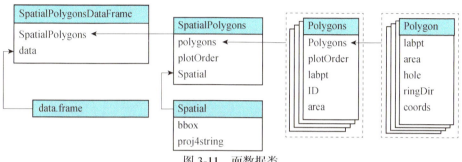

图 3-11　面数据类

为了更好地理解线数据构成,请输入以下代码,制作面数据对象:

```
Poly1 = Polygon(cbind(c(2, 4, 4, 1, 2), c(2, 3, 5, 4, 2)))
Poly2 = Polygon(cbind(c(5, 4, 2, 5), c(2, 3, 2, 2)))
Poly3 = Polygon(cbind(c(4, 4, 5, 10, 4), c(5, 3, 2, 5, 5)))
Poly4 = Polygon(cbind(c(5, 6, 6, 5, 5), c(4, 4, 3, 3, 4)), hole
= TRUE)
Polys1 = Polygons(list(Poly1), "s1")
Polys2 = Polygons(list(Poly2), "s2")
Polys3 = Polygons(list(Poly3, Poly4), "s3/4")
SPoly = SpatialPolygons(list(Polys1, Polys2, Polys3), 1:3)
SPoly_df <- SpatialPolygonsDataFrame(SPoly, data.frame
(coordinates(SPoly)), match.ID = F)
```

通过以下代码,可进一步了解 SpatialPolygonsDataFrame 对象的组成结构,结果如图 3-12 和图 3-13 所示.

```
str(SPoly_df)
plot(SPoly_df, col = 1:3, pbg="white")
```

3.2.1.4　栅格数据

栅格数据是与点、线、面矢量数据对应的另一基础空间数据类型,在函数包 **sp** 中被定义为 SpatialGrid 和 SpatialPixels 亚类,如图 3-14 所示. 首先,从图 3-3 "SpatialPixels 派生于 SpatialPoints 类" 中可以看出,栅格数据类的定义与 SpatialPoints 对象相关性非常强. 而栅格数据对象类 SpatialGrid 和

```
Formal class 'SpatialPolygonsDataFrame' [package "sp"] with 5 slots
  ..@ data       :'data.frame': 3 obs. of 2 variables:
  .. ..$ X1: num [1:3] 2.7 3.67 6.13
  .. ..$ X2: num [1:3] 3.55 2.33 3.93
  ..@ polygons   :List of 3
  .. ..$ :Formal class 'Polygons' [package "sp"] with 5 slots
  .. .. .. ..@ Polygons :List of 1
  .. .. .. .. ..$ :Formal class 'Polygon' [package "sp"] with 5 slots
  .. .. .. .. .. .. ..@ labpt  : num [1:2] 2.7 3.55
  .. .. .. .. .. .. ..@ area   : num 5.5
  .. .. .. .. .. .. ..@ hole   : logi FALSE
  .. .. .. .. .. .. ..@ ringDir: int 1
  .. .. .. .. .. .. ..@ coords : num [1:5, 1:2] 2 1 4 4 2 2 4 5 3 2
  .. .. .. ..@ plotOrder: int 1
  .. .. .. ..@ labpt    : num [1:2] 2.7 3.55
  .. .. .. ..@ ID       : chr "s1"
  .. .. .. ..@ area     : num 5.5
  .. ..$ :Formal class 'Polygons' [package "sp"] with 5 slots
  .. .. .. ..@ Polygons :List of 1
  .. .. .. .. ..$ :Formal class 'Polygon' [package "sp"] with 5 slots
  .. .. .. .. .. .. ..@ labpt  : num [1:2] 3.67 2.33
  .. .. .. .. .. .. ..@ area   : num 1.5
  .. .. .. .. .. .. ..@ hole   : logi FALSE
  .. .. .. .. .. .. ..@ ringDir: int 1
  .. .. .. .. .. .. ..@ coords : num [1:4, 1:2] 5 2 4 5 2 2 3 2
  .. .. .. ..@ plotOrder: int 1
  .. .. .. ..@ labpt    : num [1:2] 3.67 2.33
  .. .. .. ..@ ID       : chr "s2"
  .. .. .. ..@ area     : num 1.5
  .. ..$ :Formal class 'Polygons' [package "sp"] with 5 slots
  .. .. .. ..@ Polygons :List of 2
  .. .. .. .. ..$ :Formal class 'Polygon' [package "sp"] with 5 slots
  .. .. .. .. .. .. ..@ labpt  : num [1:2] 6.13 3.93
  .. .. .. .. .. .. ..@ area   : num 10
  .. .. .. .. .. .. ..@ hole   : logi FALSE
  .. .. .. .. .. .. ..@ ringDir: int 1
  .. .. .. .. .. .. ..@ coords : num [1:5, 1:2] 4 10 5 4 4 5 5 2 3 5
  .. .. .. .. ..$ :Formal class 'Polygon' [package "sp"] with 5 slots
  .. .. .. .. .. .. ..@ labpt  : num [1:2] 5.5 3.5
  .. .. .. .. .. .. ..@ area   : num 1
  .. .. .. .. .. .. ..@ hole   : logi TRUE
  .. .. .. .. .. .. ..@ ringDir: int -1
  .. .. .. .. .. .. ..@ coords : num [1:5, 1:2] 5 5 6 6 5 4 3 3 4 4
  .. .. .. ..@ plotOrder: int [1:2] 1 2
  .. .. .. ..@ labpt    : num [1:2] 6.13 3.93
  .. .. .. ..@ ID       : chr "s3/4"
  .. .. .. ..@ area     : num 10
  ..@ plotOrder : int [1:3] 1 2 3
  ..@ bbox      : num [1:2, 1:2] 1 2 10 5
  .. ..- attr(*, "dimnames")=List of 2
  .. .. ..$ : chr [1:2] "x" "y"
  .. .. ..$ : chr [1:2] "min" "max"
  ..@ proj4string:Formal class 'CRS' [package "sp"] with 1 slot
  .. .. ..@ projargs: chr NA
```

图 3-12　SpatialPolygonsDataFrame 对象的组成结构

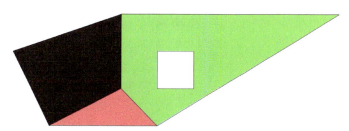

图 3-13 SpatialPolygonsDataFrame 对象结果

SpatialPixels 与 SpatialPoints 对象构成实质区别之处, 在于 SpatialGrids 利用了 GridTopology 对象定义任意维度下的规则格网单元. GridTopology 主要包含以下 3 个插槽:

①*cellcentre.offset*: 单元格中心坐标;

②*cellsize*: 每个维度下单元格大小;

③*cells.dim*: 每个维度下单元格数量.

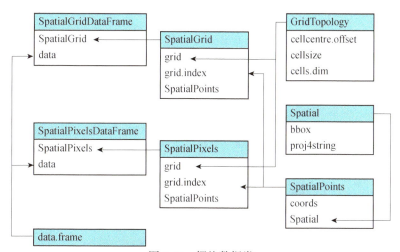

图 3-14 栅格数据类

请通过以下代码体会 SpatialPixelsDataFrame 类栅格数据的构造与使用, SpatialPixelsDataFrame 对象的组成结构如图 3-15 所示. 而针对 SpatialPixels-DataFrame 对象中的单元进行属性验证 (如值为 NA 时的效果), 结果验证如图 3-16 所示.

```
sp_df = data.frame(z = c(1:6, NA, 8, 9),
                xc = c(1, 1, 1, 2, 2, 2, 3, 3, 3),
                yc = c(rep(c(0, 1.5, 3), 3)))
coordinates(sp_df) <- ~xc+yc
gridded(sp_df) <- TRUE
```

```
str(sp_df)
image(sp_df["z"])
cc = coordinates(sp_df)
z=sp_df[["z"]]
zc=as.character(z)
zc[is.na(zc)]="NA"
text(cc[, 1], cc[, 2], zc)
```

```
Formal class 'SpatialPixelsDataFrame' [package "sp"] with 7 slots
  ..@ data        :'data.frame': 9 obs. of  1 variable:
  .. ..$ z: num [1:9] 1 2 3 4 5 6 NA 8 9
  ..@ coords.nrs : num(0)
  ..@ grid        :Formal class 'GridTopology' [package "sp"] with 3 slots
  .. .. ..@ cellcentre.offset: Named num [1:2] 1 0
  .. .. ..- attr(*, "names")= chr [1:2] "xc" "yc"
  .. .. ..@ cellsize         : Named num [1:2] 1 1.5
  .. .. ..- attr(*, "names")= chr [1:2] "xc" "yc"
  .. .. ..@ cells.dim        : Named int [1:2] 3 3
  .. .. ..- attr(*, "names")= chr [1:2] "xc" "yc"
  ..@ grid.index : int [1:9] 7 4 1 8 5 2 9 6 3
  ..@ coords      : num [1:9, 1:2] 1 1 1 2 2 2 3 3 3 0 ...
  .. ..- attr(*, "dimnames")=List of 2
  .. .. ..$ : chr [1:9] "1" "2" "3" "4" ...
  .. .. ..$ : chr [1:2] "xc" "yc"
  ..@ bbox        : num [1:2, 1:2] 0.5 -0.75 3.5 3.75
  .. ..- attr(*, "dimnames")=List of 2
  .. .. ..$ : chr [1:2] "xc" "yc"
  .. .. ..$ : chr [1:2] "min" "max"
  ..@ proj4string:Formal class 'CRS' [package "sp"] with 1 slot
  .. .. ..@ projargs: chr NA
```

图 3-15　SpatialPixelsDataFrame 对象的组成结构

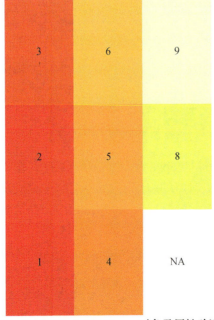

图 3-16　SpatialPixelsDataFrame 对象及属性验证结果

通过以下代码, 可进一步了解 SpatialGridsDataFrame 对象, 对象结构和结果分别如图 3-17 和图 3-18 所示.

```
grd <- GridTopology(c(1, 1), c(1, 1), c(10, 10))
sg_df <- SpatialGridDataFrame(grid = grd, data = data.frame
(coordinates(grd)))
str(sg_df)
plot(sg_df)
text(coordinates(sg_df), labels=row.names(sg_df))
```

```
Formal class 'SpatialGridDataFrame' [package "sp"] with 4 slots
  ..@ data       :'data.frame': 100 obs. of  2 variables:
  .. ..$ s1: num [1:100] 1 2 3 4 5 6 7 8 9 10 ...
  .. ..$ s2: num [1:100] 10 10 10 10 10 10 10 10 10 10 ...
  ..@ grid       :Formal class 'GridTopology' [package "sp"] with 3 slots
  .. .. ..@ cellcentre.offset: num [1:2] 1 1
  .. .. ..@ cellsize         : num [1:2] 1 1
  .. .. ..@ cells.dim        : int [1:2] 10 10
  ..@ bbox       : num [1:2, 1:2] 0.5 0.5 10.5 10.5
  .. ..- attr(*, "dimnames")=List of 2
  .. .. ..$ : NULL
  .. .. ..$ : chr [1:2] "min" "max"
  ..@ proj4string:Formal class 'CRS' [package "sp"] with 1 slot
  .. .. ..@ projargs: chr NA
```

图 3-17　SpatialGridsDataFrame 对象的组成结构

图 3-18　SpatialGridsDataFrame 对象结果

3.2.2 Simple Feature 对象

函数包 **sf** 采用 Simple Feature 标准, 将 Simple Feature 作为在 **R** 语言的空间对象组织方式, 包括空间属性和非空间属性两个部分, 其中空间属性即为地理对象的空间几何特征. 在 **sf** 函数包中, Simple Feature 对象主要分为三个子类:

①sf (Simple Feature): 一个数据框 (data.frame) 对象, 由包含一到多列非空间属性和一列空间属性 (Geometry);

②sfc (Simple Feature Geometry List-column): 一个由空间几何属性组成的列表 (list) 列;

③sfg (Simple Feature Geometry): 一个地理对象的空间几何属性.

其中, sf 包含 sfc 对象, 而 sfc 由若干个 sfg 构成.

以本章提供的示例数据 WHSWZZ_ZZQ.shp 为例, 通过以下代码可以更直观地观察到三者的关系, 注意此处只需要观察输出结果即可, 导入空间数据的具体方法将在本章 3.3 节详细介绍.

```
setwd("E:/R_course/Chapter3/Data")
getwd()
WHZZQ_sf <- read_sf("WHSWZZ_ZZQ.shp")
print(WHZZQ_sf, n=3)
```

如图 3-19 所示, sf 是数据框 (data.frame) 中的一行, 代表一个空间对象, 即一个 Simple Feature; sfc 是数据框中的 geometry 列, 由数据框中所有空间对象的空间几何属性构成; 而 sfg 则是该列中的组成元素, 即对应每个空间对象的空间几何属性.

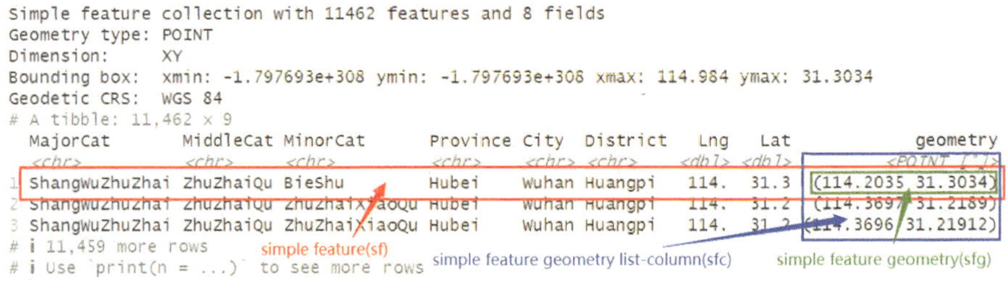

图 3-19 sf、sfc 和 sfg 之间的关系

在函数包 **sf** 中, sfg 的存储类型共有 17 种, 其中最常见的有 7 类, 主要包括:

①POINT: 点对象, 由一个二维或三维的数值型向量构成;

②LINESTRING: 线对象, 由一系列的单点坐标组成的数值矩阵;

③POLYGON: 面对象, 由一系列首尾相同坐标的坐标矩阵组成的列表, 注意多边形边界内部可能嵌套若干个孔洞;

④MULTIPOINT: 复杂点对象, 由多个单点构成的坐标矩阵;

⑤MULTILINESTRING: 复杂线对象, 由多个线对象坐标矩阵构成的列表;

⑥MULTIPOLYGON: 复杂面对象, 由多个面对象构成的列表;

⑦GEOMETRYCOLLECTION: 几何对象集合, 由一个或多个不同类型几何对象构成的列表.

下面的各个小节中将分别介绍上述 7 种类型的对象, 并补充介绍栅格数据的构造和生成方法.

3.2.2.1　点数据

点数据是基础的矢量数据之一, 也是其他类型矢量数据的基础构成, 其他类型的矢量数据, 如线数据和面数据是基于单独的点数据构造而成. 点数据是二维、三维或四维空间中的坐标, 除了 X 和 Y 二维平面坐标或经纬度以外, 还有另外两个可选的坐标维度:

①Z 坐标: 一般代表高度;

②M 坐标: 一般代表与空间对象相关的其他度量值, 例如时间.

相应地, 点数据对象的四种可能形式则分别是: XY 形式的二维数据、XYZ 形式的三维数据、XYM 形式的三维数据以及 XYZM 形式的四维数据.

为了更好地理解点数据的构成, 请输入以下代码, 生成不同形式的空间点数据对象, 并通过输出结果观察 POINT 对象的组成结构:

```
p1<-st_point(c(1, 2))
str(p1)
p2<-st_point(c(1, 2, 3))
str(p2)
p3<-st_point(c(1, 2, 3), "XYM")
str(p3)
p4<-st_point(c(1, 2, 3, 4))
str(p4)
```

上述代码输出结果如图 3-20 所示, 每一个点数据对象是一个数值型的向量, 且在不指定形式为 XYM 的情况下, 会默认生成为 XYZ 形式的三维数据.

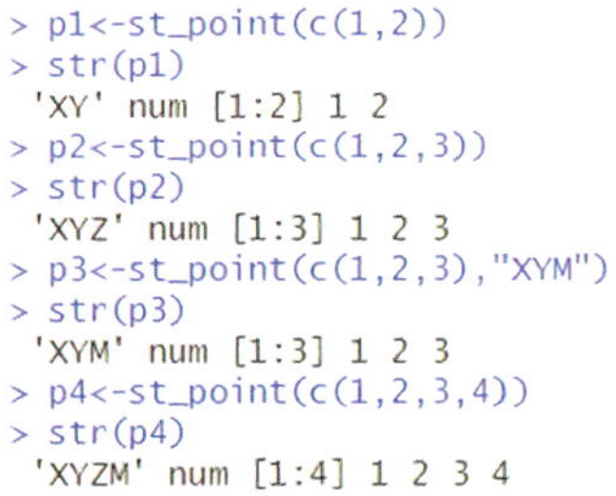

```
> p1<-st_point(c(1,2))
> str(p1)
 'XY' num [1:2] 1 2
> p2<-st_point(c(1,2,3))
> str(p2)
 'XYZ' num [1:3] 1 2 3
> p3<-st_point(c(1,2,3),"XYM")
> str(p3)
 'XYM' num [1:3] 1 2 3
> p4<-st_point(c(1,2,3,4))
> str(p4)
 'XYZM' num [1:4] 1 2 3 4
```

图 3-20　POINT 的组成结构

在此基础上, 通过建立由若干个点对象坐标构成的矩阵 (matrix) 可以生成 MULTIPOINT 类型的数据. 其中该矩阵的每一行代表一个点对象, 整体代表复杂的 MULTIPOINT 对象. 尝试如下示例代码, 并观察图 3-21 与图 3-22 中的结果.

```
graphics.off()
mp<-st_multipoint(rbind(c(1, 3), c(2, 2), c(3, 5), c(4, 1),
c(5, 4)))
mp
str(mp)
plot(mp)
```

```
> mp
MULTIPOINT ((1 3), (2 2), (3 5), (4 1), (5 4))
> str(mp)
 'XY' num [1:5, 1:2] 1 2 3 4 5 3 2 5 1 4
```

图 3-21　MULTIPOINT 的组成结构

图 3-22　生成的 MULTIPOINT 结果

3.2.2.2　线数据

与 MULTIPOINT 对象类似, 每一个线数据 (LINESTRING) 对象也是单点数据构成的矩阵 (matrix), 而复杂线数据 (MULTILINESTRING) 对象则是线数据对象构成的列表 (list), 通过以下示例代码可以生成上述两种类型的数据:

```
s1<-rbind(c(1, 3), c(2, 2), c(3, 2))
ls<-st_linestring(s1)
```

```
s2<-rbind(c(2, 3), c(3, 3), c(4, 2), c(4, 1))
s3<-rbind(c(0, 1), c(1, 1))
mls<-st_multilinestring(list(s1, s2, s3))
```

通过以下代码, 可以进一步了解 LINESTRING 和 MULTILINESTRNG 数据对象的组成结构, 结果如图 3-23 和图 3-24 所示.

```
ls
str(ls)
mls
str(mls)
plot(mls, col="red")
```

```
> ls
LINESTRING (1 3, 2 2, 3 2)
> str(ls)
 'XY' num [1:3, 1:2] 1 2 3 3 2 2
> mls
MULTILINESTRING ((1 3, 2 2, 3 2), (2 3, 3 3, 4 2, 4 1), (0 1, 1 1))
> str(mls)
List of 3
 $ : num [1:3, 1:2] 1 2 3 3 2 2
 $ : num [1:4, 1:2] 2 3 4 4 3 3 2 1
 $ : num [1:2, 1:2] 0 1 1 1
 - attr(*, "class")= chr [1:3] "XY" "MULTILINESTRING" "sfg"
```

图 3-23　LINESTRING 和 MULTILINESTRING 的组成结构

图 3-24　生成的 LINESTRING 结果

3.2.2.3　面数据

面数据 (POLYGON) 对象主要由首尾相连的多边形边界构成, 部分情况下可能还有若干个内部的孔洞. 外层多边形和内部孔洞结构与线数据对象类似, 都是点坐标序列构成的矩阵 (matrix), 但要求起始点和终点相同, 即边界闭合. POLYGON 数据是外层多边形和内部孔洞构成的列表 (list), 而复杂面数

据 (MULTIPOLYGON) 数据则是若干个 POLYGON 数据构成的列表 (list).

通过以下示例代码分别生成一般的面数据和带孔洞的面数据以及复杂面数据对象:

```
p<-st_polygon(list(rbind(c(4, 2), c(4, 3), c(5, 3), c(4, 2))))

p1<-rbind(c(0, 0), c(1, 0), c(3, 2), c(2, 4), c(1, 4), c(0, 0))
p2<-rbind(c(1, 1), c(1, 2), c(2, 2), c(1, 1))
p3<-rbind(c(1, 2), c(2, 3), c(2, 2), c(1, 2))
pol<-st_polygon(list(p1, p2, p3))

p4<-rbind(c(3, 0), c(4, 0), c(4, 1), c(3, 1), c(3, 0))
p5<-rbind(c(3.3, 0.3), c(3.3, 0.8), c(3.8, 0.8), c(3.8, 0.3),
c(3.3, 0.3))
p6<-rbind(c(3, 3), c(4, 2), c(4, 3), c(3, 3))
mpol<-st_multipolygon(list(list(p1, p2, p3), list(p4, p5),
list(p6)))
```

通过以下代码, 可以进一步了解 POLYGON 和 MULTIPOLYGON 数据的组成结构, 结果如图 3-25 和图 3-26 所示.

```
p
str(p)
pol
str(pol)
mpol
str(mpol)
plot(mpol, col="red")
```

```
> p
POLYGON ((4 2, 4 3, 5 3, 4 2))
> str(p)
List of 1
 $ : num [1:4, 1:2] 4 4 5 4 2 3 3 2
 - attr(*, "class")= chr [1:3] "XY" "POLYGON" "sfg"
> pol
POLYGON ((0 0, 1 0, 3 2, 2 4, 1 4, 0 0), (1 1, 1 2, 2 2, 1 1), (1 2, 2 3, 2 2, 1 2))
> str(pol)
List of 3
 $ : num [1:6, 1:2] 0 1 3 2 1 0 0 0 2 4 ...
 $ : num [1:4, 1:2] 1 1 2 1 1 2 2 1
 $ : num [1:4, 1:2] 1 2 2 1 2 3 2 2
 - attr(*, "class")= chr [1:3] "XY" "POLYGON" "sfg"
> mpol
MULTIPOLYGON (((0 0, 1 0, 3 2, 2 4, 1 4, 0 0), (1 1, 1 2, 2 2, 1 1), (1 2, 2 3, 2 2, 1 2)), ((3 0, 4 0, 4 1, 3 1, 3 0), (3.3 0.3,
3.3 0.8, 3.8 0.8, 3.8 0.3, 3.3 0.3)), ((3 3, 4 2, 4 3, 3 3)))
> str(mpol)
List of 3
 $ :List of 3
  ..$ : num [1:6, 1:2] 0 1 3 2 1 0 0 0 2 4 ...
  ..$ : num [1:4, 1:2] 1 1 2 1 1 2 2 1
  ..$ : num [1:4, 1:2] 1 2 2 1 2 3 2 2
 $ :List of 2
  ..$ : num [1:5, 1:2] 3 4 4 3 3 0 0 1 1 0
  ..$ : num [1:5, 1:2] 3.3 3.3 3.8 3.8 3.3 0.3 0.8 0.8 0.3 0.3
 $ :List of 1
  ..$ : num [1:4, 1:2] 3 4 4 3 3 2 3 3
 - attr(*, "class")= chr [1:3] "XY" "MULTIPOLYGON" "sfg"
```

图 3-25 POLYGON 和 MULTIPOLYGON 的组成结构

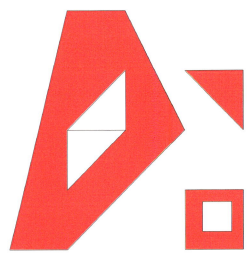

图 3-26　生成的面数据绘制结果

3.2.2.4　几何对象集合

几何对象集合 (GEOMETRYCOLLECTION) 数据指的是点数据、线数据或面数据等多种不同类型数据的集合, 在 **R** 语言中由对应不同类型数据的列表(list)对象表示. 通过如下示例代码生成该类型的数据, 由点数据、面数据和线数据共同构成的几何对象集合, 并查看其组成结构, 结果如图 3-27 和 3-28 所示.

```
p <- rbind(c(3.2, 4), c(3, 4.6), c(3.8, 4.4), c(3.5, 3.8),
c(3.4, 3.6), c(3.9, 4.5))
mp <- st_multipoint(p)
p1 <- rbind(c(0, 0), c(1, 0), c(3, 2), c(2, 4), c(1, 4), c(0,
0))
p2 <- rbind(c(1, 1), c(1, 2), c(2, 2), c(1, 1))
p3 <- rbind(c(3, 0), c(4, 0), c(4, 1), c(3, 1), c(3, 0))
p4 <- rbind(c(3.3, 0.3), c(3.8, 0.3), c(3.8, 0.8), c(3.3, 0.8),
c(3.3, 0.3))[5:1, ]
p5 <- rbind(c(3, 3), c(4, 2), c(4, 3), c(3, 3))
mpol <- st_multipolygon(list(list(p1, p2), list(p3, p4),
list(p5)))
s1 <- rbind(c(0, 3), c(0, 4), c(1, 5), c(2, 5))
ls <- st_linestring(s1)
gc <- st_geometrycollection(list(mp, mpol, ls))
gc
str(gc)
plot(gc, col="red")
```

```
> gc
GEOMETRYCOLLECTION (MULTIPOINT ((3.2 4), (3 4.6), (3.8 4.4), (3.5 3.8), (3.4 3.6), (3.9 4.5)), MULTIPOLYGON ((((0 0, 1 0, 3 2, 2 4, 1
4, 0 0), (1 1, 1 2, 2 2, 1 1)), ((3 0, 4 0, 4 1, 3 1, 3 0), (3.3 0.3, 3.3 0.8, 3.8 0.8, 3.8 0.3, 3.3 0.3)), ((3 3, 4 2, 4 3, 3 3))),
LINESTRING (0 3, 0 4, 1 5, 2 5))
> str(gc)
List of 3
 $ : 'XY' num [1:6, 1:2] 3.2 3 3.8 3.5 3.4 3.9 4 4.6 4.4 3.8 ...
 $ :List of 3
  ..$ :List of 2
  .. ..$ : num [1:6, 1:2] 0 1 3 2 1 0 0 0 2 4 ...
  .. ..$ : num [1:4, 1:2] 1 1 2 1 1 2 2 1
  ..$ :List of 2
  .. ..$ : num [1:5, 1:2] 3 4 4 3 3 0 0 1 1 0
  .. ..$ : num [1:5, 1:2] 3.3 3.3 3.8 3.8 3.3 0.3 0.8 0.8 0.3 0.3
  ..$ :List of 1
  .. ..$ : num [1:4, 1:2] 3 4 4 3 3 2 3 3
  ..- attr(*, "class")= chr [1:3] "XY" "MULTIPOLYGON" "sfg"
 $ : 'XY' num [1:4, 1:2] 0 0 1 2 3 4 5 5
 - attr(*, "class")= chr [1:3] "XY" "GEOMETRYCOLLECTION" "sfg"
```

图 3-27   GEOMETRYCOLLECTION 数据的组成结构

图 3-28   GEOMETRYCOLLECTION 数据绘制结果

3.2.2.5 栅格数据

栅格数据是与点、线、面等矢量数据相对应的另一基础空间数据类型, 特指将空间分割成有规律的网格, 每一个网格称为一个单元, 并在各单元上赋予相应的属性值来表示地理实体的一种数据形式. 影像数据是常见的一种典型栅格数据. 在函数包 **terra** 中栅格数据被定义为 SpatRaster 类, 该类数据的组成结构中主要有以下八个参数:

①class: 数据类型标识;

②dimensions: 网格的行数、列数以及层数;

③resolution: 分辨率, 可以理解为每个单元的大小;

④extent: 数据范围, 由 xmin, xmax, ymin, ymax 组成;

⑤coord．ref.: 坐标参考系 CRS;

⑥names: 每一层的层名;

⑦min value: 所有单元属性值中最小的属性值;

⑧max value: 所有单元属性值中最大的属性值.

请通过以下代码体会 SpatRaster 类栅格数据的构造与结构特征. 首先创建一个 5 行 5 列、空间范围从 (0, 0) 到 (5, 5) 的栅格对象, 并将所有像元值设置为 1, 接着修改不同位置像元的像元值, 然后查看该栅格数据并进行绘制,结果如图 3-29 和图 3-30 所示.

```
graphics.off()
r <- rast(nrows=5, ncols=5, xmin=0, xmax=5, ymin=0, ymax=5)
values(r) <- 1

values(r)[c(1, 3, 5, 7, 9)] <- 2
values(r)[c(11, 13, 15, 17, 19)] <- 3
values(r)[c(21, 23, 25)] <- 4
r
plot(r)
```

```
class       : SpatRaster
dimensions  : 5, 5, 1  (nrow, ncol, nlyr)
resolution  : 1, 1  (x, y)
extent      : 0, 5, 0, 5  (xmin, xmax, ymin, ymax)
coord. ref. : lon/lat WGS 84 (CRS84) (OGC:CRS84)
source(s)   : memory
name        : lyr.1
min value   :     1
max value   :     4
```

图 3-29 SpatRaster 对象的组成结构

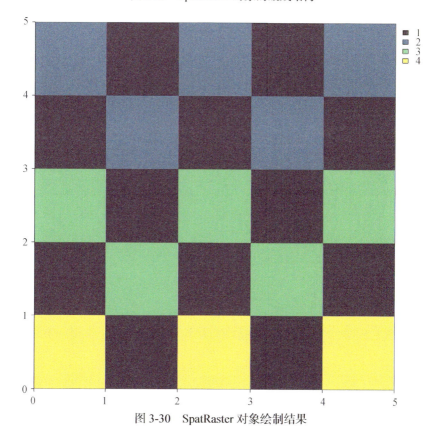

图 3-30 SpatRaster 对象绘制结果

需要注意的是，虽然本节将 SpatRaster 对象与前面的点、线、面对象放在一起，但是它相对独立存在于 **terra** 函数包中，**sf** 函数包中的函数并不适用，这与 3.2.1 节中所介绍的 SpatialGrids 和 SpatialPixels 不同，读者不能想当然而为之. 如获取 SpatRaster 对象的坐标需要采用 *crds* 函数.

3.2.2.6　定义坐标参考系

坐标系的确定是制图和空间分析等操作过程的核心，正确的坐标系能确保地理数据的准确性和一致性，以便在地图上正确地显示和分析地理位置. 一般而言，坐标系的表示方法有两种，一种是 Proj4，由一长串字符串表示，例如通过以下代码可以查看示例数据 WHZZQ 用 Proj4 表示的坐标系；另一种则是 EPSG，由数字编码组成，相较于第一种方法更加简洁和方便，例如 WGS84 坐标系的 EPSG 编码为 4326.

```
st_crs(WHZZQ_sf)$proj4string
```

在上述各种类型 sfg 对象的基础上，可以通过 *st_sfc* 函数以及 *st_sf* 函数生成对应的 sfc 和 sf 对象. 使用 *st_crs* 函数能查看 sf 对象的坐标系，但直接生成的 sf 数据对象一般是未定义坐标系的，需要对其坐标系进行特殊赋值，可以在 *st_sfc* 函数或者 *st_sf* 函数中指定参数 crs，也可以之后使用 *st_set_crs* 函数为 sf 对象指定坐标系. 如果数据本身有坐标系，则可以使用 *st_transform* 函数进行坐标系的转换.

请输入以下代码，生成 sfg 对象和对应的 sfc 对象，并将最终构成的 sf 数据对象坐标系赋值为 WGS84 坐标系.

```
p_sfc<-st_sfc(
  st_point(c(1, 3)),
  st_point(c(2, 2)),
  st_point(c(3, 5)),
  st_point(c(4, 1)),
  st_point(c(5, 4))
)
id<-c(1, 2, 3, 4, 5)
p_sf<-st_sf(id=id, geometry=p_sfc, crs=4326)
p_sf
```

3.2.3　Simple Feature 数据对象与 data.frame 数据的相互转化

如前章所述，data.frame 数据是 **R** 语言数据处理与分析的基础数据类型之一. 针对 sf 对象，后还可以使用 *as.data.frame* 函数将 Simple Feature 对象转换成 data.frame 对象. 请输入以下代码，通过输出结果观察 Simple Feature 和

data.frame 之间的区别和联系, 输出结果如图 3-31 所示.

```
p_df<-as.data.frame(p_sf)
p_df
```

```
> p_sf
Simple feature collection with 5 features and 1 field
Geometry type: POINT
Dimension:     XY
Bounding box:  xmin: 1 ymin: 1 xmax: 5 ymax: 5
Geodetic CRS:  WGS 84
  id     geometry
1  1 POINT (1 3)
2  2 POINT (2 2)
3  3 POINT (3 5)
4  4 POINT (4 1)
5  5 POINT (5 4)
> p_df
  id     geometry
1  1 POINT (1 3)
2  2 POINT (2 2)
3  3 POINT (3 5)
4  4 POINT (4 1)
5  5 POINT (5 4)
```

图 3-31　Simple Feature 和 data.frame 对象的输出结果

3.2.4　Simple Feature 数据与 Spatial 数据的相互转换

在 **R** 语言处理空间数据的过程中, Simple Feature(**sf**) 数据对象和 Spatial **(sp)** 数据对象都是比较常用的数据对象类型, 处理这两种数据对象的主要工具分别为 **sf** 函数包和 **sp** 函数包. 在实际应用案例中, 有时候会遇到需要将两种数据对象相互转换的情况. 具体而言, 如果需要将 Spatial 对象转换为 Simple Feature 对象, 可以使用 **sf** 包中的 *st_as_sf* 函数; 反之, 如果要将 sf 对象转换为 sp 对象, 则可以使用万能的 *as* 函数. 以前面提及的 WHZZQ 数据为例, 通过以下代码, 实现 Simple Feature 和 Spatial 两种数据对象之间的相互转换:

```
WHZZQ_sp<-as(WHZZQ_sf, "Spatial")
class(WHZZQ_sp)
WHZZQ_sf<-st_as_sf(WHZZQ_sp)
class(WHZZQ_sf)
```

在 3.2.2 节中介绍的创建 Simple Feature 对象的方法中, 仅介绍了创建空间数据的几何属性部分, 即其中 sfg 部分. 而如果需要增加 sfg 数据对应的属性数据部分, 即数据框 (data.frame) 对象部分, 也可采用 *st_as_sf* 函数进行操作. 以点对象为例, 运行如下示例代码, 学习如何针对空间对象增加其属性信息部分:

```
pt1 <- st_point(c(0, 1))
pt2 <- st_point(c(1, 1))
sf_pt <- st_sfc(pt1, pt2)
df <- data.frame(at = 1:2)
df$geom <- sf_pt
sf_pt <- st_as_sf(df)
class(sf_pt)
```

值得注意的是, 虽然本节提供了 Simple Feature 数据与 Spatial 对象数据的相互转换的方法, 但本书并不推荐读者进行频繁、直接的数据转换, 尤其当数据体量较大时, 这种直接转换方式效率较低, 甚至可能出现节点堆叠溢出等错误, 希望读者慎重对待.

3.3 空间数据导入导出

在使用 R 进行空间数据处理时, 空间数据及对象的导入导出是需要解决的首要问题. 在本节中, 将重点介绍空间数据的导入导出方法, 以便建立空间数据文件到 R 中空间数据对象的便捷途径. 在本节开始之前, 为了能够成功运行以下的示例代码, 需要约定一个工作目录: E:\R_course\Chapter3\Data①, 注意或执行如下操作:

(1) 请按照此工作目录建立对应文件夹目录;

(2) 将本章所提供实验数据放入该文件夹下;

(3) 执行下面空间数据对象导出代码时, 所导出的数据文件也将自动存储到该文件夹目录下;

(4) 执行以下代码:

```
setwd("E:/R_course/Chapter3/Data")
getwd()
```

当观察到 *getwd* 函数的输出为指定的文件夹目录路径时 (如图 3-32 所示), 说明万事俱备, 可以继续下面的练习.

```
> getwd()
[1] "E:/R_couse/Chapter3/Data"
```

图 3-32 *getwd* 函数返回结果

---

① 此工作目录是为了之后代码顺利运行而约定的, 如果读者需要指定其他目录作为工作目录, 请在对应代码处修改工作目录路径输入值; 如果读者正在使用 macOS 或 Linux 操作系统, 请按照对应目录路径格式进行赋值, 在此不再赘述.

3.3.1　矢量数据导入

3.3.1.1　Spatial*DataFrame 对象

函数包 **maptools** 提供了一系列的空间数据导入功能, 特别是 ESRI 的 shapefile 格式, 主要函数如下:

①*readShapePoints (fn, proj4string, verbose, repair)*: 读取点数据, 将数据对象导入为 SpatialPointsDataFrame 对象;

②*readShapeLines (fn, proj4string, verbose, repair, delete_null_obj)*: 读取线数据, 将数据对象导入为 SpatialLinesDataFrame 对象;

③ *readShapePoly (fn, IDvar, proj4string, verbose, repair, force_ring, delete_null_obj, retrieve_ABS_null)*: 读取多边形数据, 将数据对象导入为 SpatialPolygonsDataFrame 对象;

④ *readShapeSpatial (fn, proj4string, verbose, repair, IDvar, force_ring, delete_null_obj, retrieve_ABS_null)*: 读取空间数据的通用函数, 将对应类型的空间数据导入对应的 Spatial*DataFrame 对象.

函数中的参数定义如表 3-2 所示. 通过上述函数, 函数包 **maptools** 构建了 ESRI shapefile 格式数据的便捷读取方式, 自动在 **R** 当前工作空间(Workspace) 中生成对应类型的 Spatial*DataFrame 对象.

表 3-2　函数包 **maptools** 中空间数据读取函数参数表

参数	描述
fn	字符串型参数: 表示 ESRI shapefile 格式数据名称 (无扩展名)
proj4string	字符串型参数: 有效的坐标参考系 CRS 类字符串
verbose	逻辑型参数: 若为 TRUE, 则会自动返回 shapefile 格式数据类型和对象数量
repair	逻辑型参数: 若为 TRUE, 则会修复 *.shx 文件中的数值
IDvar	字符串型参数: 只针对 *readShapePoly* 函数, 表示 *.dbf 文件中代表对象 ID 的列名称
force_ring	逻辑型参数: 只针对 *readShapePoly* 函数, 若为 TRUE, 则针对非闭合的多边形进行强制闭合操作
delete_null_obj	逻辑型参数: 若为 TRUE, 则自动移除为空的几何对象和属性表 (data.frame) 中的对应行
retrieve_ABS_null	逻辑型参数: 若为 TRUE 并且 *delete_null_obj* 同时为 TRUE, 则所有为空的几何对象替换为 ABS

利用本章的示例数据, 首先将 WHSWZZ_ZZQ (点数据)、WHRD (线数据) 和 WHDistrict (面数据) 复制到文件目录 "E:\R_course\Chapter3\Data"

下，然后执行如下代码，可观察到点数据、线数据和面数据读取为 Spatial*
DataFrame 对象数据对象的情形，如图 3-33—图 3-35 所示. 同时，打开 ArcGIS
或类似地理信息系统（GIS）工具软件，将这三个数据导入到系统中，对比
Spatial*DataFrame 对象与原始空间数据的区别与联系，体会空间数据在 **R** 中
的存储特征.

```
    WHZZQ_sp  <-  readShapePoints("WHSWZZ_ZZQ.shp",  verbose=T,
proj4string=CRS("+proj=longlat +datum=WGS84 +no_defs"))
    summary(WHZZQ_sp)
    plot(WHZZQ_sp)


    WHRD_sp <- readShapeLines("WHRD.shp", verbose=T, proj4string=
CRS("+proj=longlat +datum=WGS84 +no_defs"))
    summary(WHRD_sp)
    plot(WHRD_sp)


    WHDis_sp <- readShapePoly("WHDistrict.shp", verbose=T, proj4string=
CRS("+proj=longlat +datum=WGS84 +no_defs"))
    summary(WHDis_sp)
    plot(WHDis_sp)
```

```
Object of class SpatialPointsDataFrame
Coordinates:
             min       max
coords.x1 113.71646 114.9840
coords.x2  30.09041  31.3034
Is projected: FALSE
proj4string : [+proj=longlat +datum=WGS84 +no_defs]
Number of points: 11422
Data attributes:
          MajorCat         MiddleCat            MinorCat        Province
 ShangWuZhuZhai:11422   ZhuZhaiQu:11422   BieShu       :  65  Hubei:11422
                                          SheQuZhongXin: 288
                                          SuShe        :2355
                                          ZhuZhaiXiaoQu:8714


     City            District         Lng             Lat
 Wuhan:11422   Hongshan:3030   Min.   :113.7   Min.   :30.09
               Wuchang :1996   1st Qu.:114.3   1st Qu.:30.51
               Jiangan :1240   Median :114.3   Median :30.56
               Jianghan: 874   Mean   :114.3   Mean   :30.56
               Hanyang : 692   3rd Qu.:114.4   3rd Qu.:30.61
               Qiaokou : 691   Max.   :115.0   Max.   :31.30
               (Other) :2899
```

(a) WHZZQ_sp 空间数据对象概览

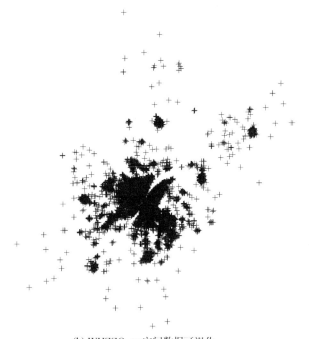

(b) WHZZQ_sp 空间数据可视化

图 3-33　空间点数据导入

```
Object of class SpatialLinesDataFrame
Coordinates:
          min        max
x 113.70479 115.08216
y  30.00241  31.34157
Is projected: FALSE
proj4string : [+proj=longlat +datum=WGS84 +no_defs]
Data attributes:
      osm_id              code              fclass              ref
 1000204335:    1   Min.   :5111   tertiary     :3987   G4221  :  138
 1000204336:    1   1st Qu.:5113   secondary    :2674   G107   :  129
 1000204337:    1   Median :5115   primary      :2155   G318   :  117
 1000204338:    1   Mean   :5118   motorway     :1798   S15    :  110
 1000204339:    1   3rd Qu.:5131   trunk_link   :1394   S13    :  103
 1000204340:    1   Max.   :5135   motorway_link:1229   (Other): 2088
 (Other)   :15862                  (Other)      :2631   NA's   :13183
  oneway       maxspeed             layer          bridge      tunnel
 B: 3871   Min.   :  0.000   Min.   :-3.000   F:12077   F:15591
 F:11912   1st Qu.:  0.000   1st Qu.: 0.000   T: 3791   T:  277
 T:   85   Median :  0.000   Median : 0.000
           Mean   :  1.424   Mean   : 0.286
           3rd Qu.:  0.000   3rd Qu.: 0.000
           Max.   :110.000   Max.   : 5.000
```

(a) WHRD_sp 空间数据对象概览

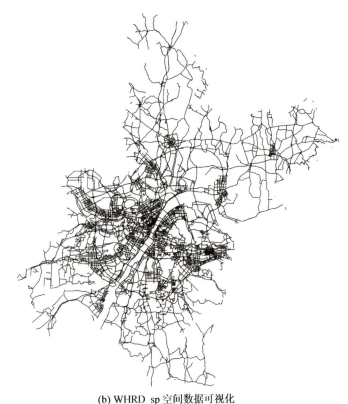

(b) WHRD_sp 空间数据可视化

图 3-34　空间线数据导入

```
Object of class SpatialPolygonsDataFrame
Coordinates:
          min        max
x 113.70228 115.08238
y  29.96913  31.36126
Is projected: FALSE
proj4string : [+proj=longlat +datum=WGS84 +no_defs]
Data attributes:
     adcode             name        center_0          center_1          centroid_0         centroid_1
 Min.   :420102   Caidian :1   Min.   :114.0    Min.   :30.31    Min.   :  0.0    Min.   : 0.00
 1st Qu.:420105   Dongxihu:1   1st Qu.:114.3    1st Qu.:30.55    1st Qu.:114.2    1st Qu.:30.53
 Median :420111   Hannan  :1   Median :114.3    Median :30.58    Median :114.3    Median :30.60
 Mean   :420110   Hanyang :1   Mean   :114.3    Mean   :30.58    Mean   :105.5    Mean   :28.25
 3rd Qu.:420114   Hongshan:1   3rd Qu.:114.4    3rd Qu.:30.62    3rd Qu.:114.4    3rd Qu.:30.64
 Max.   :420117   Huangpi :1   Max.   :114.8    Max.   :30.87    Max.   :114.8    Max.   :30.98
                  (Other) :7
     level        subFeature   acroutes_0        acroutes_1        acroutes_2
 district:13   Min.   : 0   Min.   :1e+05    Min.   :420000    Min.   :420100
               1st Qu.: 3   1st Qu.:1e+05    1st Qu.:420000    1st Qu.:420100
               Median : 6   Median :1e+05    Median :420000    Median :420100
               Mean   : 6   Mean   :1e+05    Mean   :420000    Mean   :420100
               3rd Qu.: 9   3rd Qu.:1e+05    3rd Qu.:420000    3rd Qu.:420100
               Max.   :12   Max.   :1e+05    Max.   :420000    Max.   :420100
```

(a) WHDis_sp 空间数据对象概览

(b) WHDis_sp 空间数据可视化

图 3-35　空间面数据导入

3.3.1.2　Simple Feature 对象

函数包 **sf** 提供了一系列的空间数据导入功能, 主要函数如下:

①*st_read (dsn, layer, query, options, quiet, geometry_column, type, promote_to_multi, stringsAsFactors, int64_as_string, check_ring_dir, fid_column_name, drivers, wkt_filter, optional, use_stream)*: 从文件中读取数据, 并导入为 Simple Feature 对象;

②*st_read (dsn, layer, query, EWKB, quiet, as_tibble, geometry_column)*: 从数据库中读取数据, 并导入为 Simple Feature 对象;

③*read_sf (dsn, layer, quiet, stringsAsFactors, as_tibble)*: 从文件或数据库中读取数据, 并导入为 Simple Feature 对象.

函数中的参数定义如表 3-3 所示. 通过这些参数, 函数包 **sf** 构建了 ESRI shapefile 格式数据的便捷读取方式, 自动在 **R** 当前工作空间 (Workspace) 中生成对应类型的 Simple Feature 对象.

表 3-3 函数包 sf 中空间数据读取函数参数表

参数	描述
dsn	字符型参数: 表示数据源名称, 可以是文件路径、数据库连接等
layer	字符型参数: 对于文件数据源, 指定数据层的名称或索引
query	字符型参数: 对于数据库数据源, 指定 SQL 查询语句
options	字符型参数: 针对特定驱动程序的选项
quiet	逻辑型参数: 指定是否在读取时禁止输出信息
geometry_column	整数或字符型参数: 指定包含几何信息的列的位置或名称
type	整数型参数: 指定要读取的几何类型, 0 表示全部类型
promote_to_multi	逻辑型参数: 指定是否将单一几何对象提升为多几何对象
stringsAsFactors	逻辑型参数: 指定是否将字符列转换为 factors
int64_as_string	逻辑型参数: 指定是否将 64 位整数列读取为字符型
check_ring_dir	逻辑型参数: 指定是否检查环的方向
fid_column_name	字符型参数: 指定要用作 Feature ID 的列名
drivers	字符型参数: 指定要尝试的驱动程序
wkt_filter	字符型参数: 包含要读取的 WKT (Well-Known Text) 几何类型
optional	逻辑型参数: 指定是否将缺失数据视为警告而不是错误
use_stream	逻辑型参数: 指定是否使用数据流读取
EWKB	逻辑型参数: 指定是否使用扩展的 Well-Known Binary (EWKB) 格式, 默认为 TRUE
as_tibble	逻辑型参数: 执行是否返回 tibble 对象, 默认为 FALSE

执行以下代码, 读取本章的示例数据 WHSWZZ_ZZQ (点数据)、WHRD (线数据) 和 WHDistrict (面数据), 可观察到三种数据读取为 **R** 数据对象的情形, 如图 3-36—图 3-38 所示. 注意使用 *plot* 函数对 Simple Feature 进行绘制时, 需通过 "$geometry" 指定对空间属性进行绘制, 否则默认会绘制所有属性. 同时, 可以打开 ArcGIS 或类似 GIS 工具软件, 将这三个数据导入到软件中, 对比 Simple Feature 对象与原始空间数据的区别与联系, 体会空间数据在 **R** 中的存储特征.

```
WHZZQ_sf <- read_sf("WHSWZZ_ZZQ.shp")
summary(WHZZQ_sf)
plot(WHZZQ_sf$geometry, pch=3)

WHRD_sf<-read_sf("WHRD.shp")
summary(WHRD_sf)
plot(WHRD_sf$geometry)
```

```
WHDis_sf<-read_sf("WHDistrict.shp")
summary(WHDis_sf)
plot(WHDis_sf$geometry)
```

```
   MajorCat            MiddleCat            MinorCat            Province            City
Length:11422        Length:11422        Length:11422        Length:11422        Length:11422
Class :character    Class :character    Class :character    Class :character    Class :character
Mode  :character    Mode  :character    Mode  :character    Mode  :character    Mode  :character


   District              Lng                 Lat                  geometry
Length:11422        Min.   :113.7       Min.   :30.09       POINT        :11422
Class :character    1st Qu.:114.3       1st Qu.:30.51       epsg:4326    :    0
Mode  :character    Median :114.3       Median :30.56       +proj=long...:    0
                    Mean   :114.3       Mean   :30.56
                    3rd Qu.:114.4       3rd Qu.:30.61
                    Max.   :115.0       Max.   :31.30
```

(a) WHZZQ_sf 空间数据对象概览

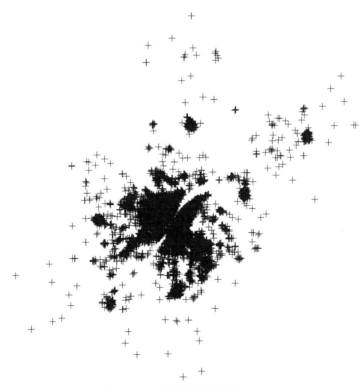

(b) WHZZQ_sf 空间数据可视化

图 3-36　空间点数据导入

```
    osm_id              code           fclass              ref             oneway
 Length:15868      Min.   :5111    Length:15868      Length:15868      Length:15868
 Class :character  1st Qu.:5113    Class :character  Class :character  Class :character
 Mode  :character  Median :5115    Mode  :character  Mode  :character  Mode  :character
                   Mean   :5118
                   3rd Qu.:5131
                   Max.   :5135

    maxspeed            layer             bridge            tunnel                geometry
 Min.   :  0.000   Min.   :-3.000   Length:15868      Length:15868      MULTILINESTRING:15868
 1st Qu.:  0.000   1st Qu.: 0.000   Class :character  Class :character  epsg:4326       :    0
 Median :  0.000   Median : 0.000   Mode  :character  Mode  :character  +proj=long...   :    0
 Mean   :  1.424   Mean   : 0.286
 3rd Qu.:  0.000   3rd Qu.: 0.000
 Max.   :110.000   Max.   : 5.000
```

(a) WHRD_sf 空间数据对象概览

(b) WHRD_sf 空间数据可视化

图 3-37　空间线数据导入

```
    adcode            name            center_0          center_1          centroid_0        centroid_1
 Min.   :420102   Length:13        Min.   :114.0     Min.   :30.31     Min.   :  0.0     Min.   : 0.00
 1st Qu.:420105   Class :character 1st Qu.:114.3     1st Qu.:30.55     1st Qu.:114.2     1st Qu.:30.53
 Median :420111   Mode  :character Median :114.3     Median :30.58     Median :114.3     Median :30.60
 Mean   :420110                    Mean   :114.3     Mean   :30.58     Mean   :105.5     Mean   :28.25
 3rd Qu.:420114                    3rd Qu.:114.4     3rd Qu.:30.62     3rd Qu.:114.4     3rd Qu.:30.64
 Max.   :420117                    Max.   :114.8     Max.   :30.87     Max.   :114.8     Max.   :30.98

    level          subFeature      acroutes_0        acroutes_1        acroutes_2                geometry
 Length:13        Min.   : 0       Min.   :1e+05     Min.   :420000    Min.   :420000    MULTIPOLYGON :13
 Class :character 1st Qu.: 3       1st Qu.:1e+05     1st Qu.:420000    1st Qu.:420100    epsg:4326      : 0
 Mode  :character Median : 6       Median :1e+05     Median :420000    Median :420100    +proj=long...  : 0
                  Mean   : 6       Mean   :1e+05     Mean   :420000    Mean   :420100
                  3rd Qu.: 9       3rd Qu.:1e+05     3rd Qu.:420000    3rd Qu.:420100
                  Max.   :12       Max.   :1e+05     Max.   :420000    Max.   :420100
```

(a) WHDis_sf 空间数据对象概览

(b) WHDis_sf 空间数据可视化

图 3-38　空间面数据导入

3.3.2　矢量数据导出

3.3.2.1　Spatial*DataFrame 对象

函数包 **maptools** 提供空间数据导入功能的同时，也提供了对应的空间数据导出工具，即将 Spatial*DataFrame 对象重新写出为 ESRI shapefile 格式的文件，相关函数如下，其中函数参数见表 3-4.

①*writePointsShape (x, fn, factor2char, max_nchar)*: SpatialPointsDataFrame 对象写入 shapefile 文件函数;

②*writeLinesShape (x, fn, factor2char, max_nchar)*: SpatialLinesDataFrame 对象写入 shapefile 文件函数;

③*writePolyShape(x, fn, factor2char, max_nchar)*: SpatialPolygonsDataFrame 对象数据写入 shapefile 文件函数.

表 3-4 函数包 **maptools** 中空间数据写入函数参数表

参数	描述
x	Spatial*DataFrame 对象
factor2char	逻辑型参数: 若为 TRUE, 则在写入的 shapefile 格式数据中将所有 factor 类型的列强制转化为 character 类型
fn	存储文件路径与文件名
max_nchar	在写入属性数据的过程中, 所允许的字符串最大长度

针对前面小节中导入的空间数据对象, 利用下面代码重新将 Spatial* DataFrame 对象写为新的 ESRI shapefile 文件:

```
writePointsShape(WHZZQ_sp, fn="WHZZQ_sp_w.shp")
writeLinesShape(WHRD_sp, fn="WHRD_sp_w.shp")
writePolyShape(WHDis_sp, fn="WHDistrict_sp_w.shp")
```

在当前的工作目录下, 可以找到名称分别为 WHZZQ_sp_w、WHRD_sp_w 和 WHDistrict_sp_w 的数据文件. 但是仔细观察这三个数据文件之后, 会发现生成的空间数据文件缺少空间参考文件 (*.prj). 因此, 在写入了空间数据之后, 需要对数据文件进行重新赋值空间坐标参考系信息.

3.3.2.2 Simple Feature 对象

函数包 **sf** 提供空间数据导入功能的同时, 也提供了对应的空间数据导出工具, 即将 Simple Feature 对象重新写为 ESRI shapefile 格式的文件, 相关函数如下, 其中函数参数见表 3-5.

①*st_write (obj, dsn, layer, driver, dataset_options, layer_options, quiet, factorsAsCharacter, append, delete_dsn, delete_layer, fid_column_name, config_ options)*: 将 Simple Feature 对象写入 shapefile 文件;

②*write_sf (obj, dsn, layer, quiet, append, delete_layer)*: 将 Simple Feature 对象写入 shapefile 文件.

表 3-5 函数包 **sf** 中空间数据写入函数参数表

参数	描述
obj	sf 对象
dsn	字符串型参数: 目标数据源名称
layer	字符串型参数: 对于文件数据源, 指定数据层的名称
driver	字符串型参数: 指定要使用的驱动程序
dataset_options	列表型参数: 包含底层写入函数的数据集选项
layer_options	列表型参数: 包含底层写入函数的图层选项
quiet	逻辑型参数: 控制是否在写入数据时显示警告消息, 默认为 FALSE

续表

参数	描述
factorsAsCharacter	逻辑型参数: 指定是否将 factors 以字符型形式写入
append	逻辑型参数: 指定是否将数据追加到现有图层
delete_dsn	逻辑型参数: 指定是否在写入前删除数据源
delete_layer	逻辑型参数: 指定是否在写入前删除图层
fid_column_name	字符型参数: 指定要用作 Feature ID 的列名
config_options	字符型参数: 提供其他底层写入函数的配置选项

利用 3.3.1 节中导入的空间数据对象, 可通过下面的代码重新将 Simple Feature 对象写为新的 ESRI shapefile 文件:

```
write_sf(WHZZQ_sf, "WHZZQ_sf_w.shp")
write_sf(WHRD_sf, "WHRD_sf_w.shp")
write_sf(WHDis_sf, "WHDistrict_sf_w.shp")
```

在当前工作目录下, 可以找到名称分别为 WHZZQ_sf_w、WHRD_sf_w 和 WHDistrict_sf_w.shp 的数据文件. 与前面使用 **maptools** 函数包将 Spatial* DataFrame 对象导出为 shapefile 不同的是, 对于 Simple Feature 对象, 运行上述代码得到的导出数据文件是具有空间参考文件 (*.prj) 的, 且将其导入后可以发现其坐标系属性与原本写入的数据的坐标系属性一致, 所以无需再对数据文件重新赋值空间坐标参考系信息.

总的来说, 函数包 **maptools** 和 **sf** 分别提供了 ESRI shapefile 文件与 **R** Spatial*DataFrame 对象和 **R** Simple Feature 对象之间的便捷导入导出工具, 实现了 **R** 与 GIS 工具软件之间的无缝链接. 但由于 **maptools** 函数包被移出 CRAN, **sf** 函数包成为空间数据导入、导出与基础处理的首选.

3.3.3　遥感影像数据导入导出方法

遥感影像数据在环境监测、土地利用、气候变化研究等领域具有广泛的应用, 是一种典型的栅格数据. 在 **R** 语言中, 可以使用 **terra** 函数包提供的 *rast* 函数读入遥感影像数据, 使用 *writeRaster* 函数将对应的对象写出为新的影像数据. 通过这些操作, 可以方便地将遥感数据导入 **R** 进行处理和分析, 也可以将处理后的数据导出为常见的影像格式以供进一步使用. 下面将以本章提供的武汉市局部区域的 MODIS 遥感影像数据为例, 简单介绍遥感影像数据的导入和导出方法.

首先, 使用 *rast* 函数读入影像数据, 并分别使用 *res* 函数和 *names* 函数查看影像数据的分辨率和波段名称, 接着绘制使用第 1、4 和 3 波段的 RGB 图像, 结果如图 3-39 所示.

```
r<-rast("MOD09A1.A2019137.h27v05.061.2020294200410.hdf")
res(r)
names(r)
plotRGB(r, r = 1, g = 4, b = 3, stretch="lin")
```

图 3-39　导入的遥感影像数据

再使用 *writeRaster* 将读入的影像导出, 代码运行后可以在当前工作空间看到生成的影像数据, 代码如下:

```
x <- writeRaster(r, "test_output.tif", overwrite=TRUE)
x
```

3.3.4　其他导入导出方法

对于其他格式的矢量数据和栅格数据, 读者也可以使用函数包 **terra** 中的 *vect* 和 *rast* 函数, 根据具体需求来读取和写入更多格式的矢量数据和栅格数据.

此外, **rgrass** 包 (https://CRAN.R-project.org/package=rgrass) 提供了 **R** 与 GRASS 软件的接口函数和交互界面, 使读者能够非常便捷地使用 CRASS 软件中所提供的空间数据导入导出和处理分析工具函数.

针对上述相关操作函数, 读者可作为延伸阅读部分进行了解与掌握, 在此不再进行详述.

3.4　本章练习与思考

本章是在 **R** 中处理、分析空间数据的入门基础章节. 在学习完本章知识后, 请进行下列思考和练习:

请编写 **R** 函数 *Line2Polygon*, 实现空间线对象 (LINESTRING) 向空间面对象 (POLYGON) 的转换, 要求如下:

a. 若线对象为闭合曲线 (起始点坐标相同), 则直接转换为多边形对象;

b. 若线对象为非闭合曲线 (起始点坐标相同), 则将曲线实现首尾闭合, 转换为多边形对象.

第 4 章

空间数据处理与分析基础

空间数据编辑处理与关系分析是空间数据科学的必要环节, 帮助读者理解、处理和初步分析地理空间数据, 从而支持科学研究、政策制定和商业决策等各个领域的分析与应用. 本章将介绍不同类型空间数据的编辑与基础分析操作, 包括矢量空间数据的属性数据编辑、空间信息编辑、基础分析及空间关系处理算子等.

4.1 本章 R 函数包准备

针对常用的空间矢量数据和遥感影像数据, 本章将介绍如何使用 **sp**、**sf**、**terra**、**rgeos** 等函数包进行编辑与基础分析等操作. 在前章中介绍过的函数包在此不再赘述.

4.1.1 rgeos 函数包

函数包 **rgeos** (https://cran.r-project.org/package=rgeos) 是基于开源几何引擎[①] (Geometry Engine Open Source, GEOS) 所开发的函数工具包. 它主要面向 Spatial 对象, 提供了丰富的空间矢量数据处理函数, 包括常见的空间对象叠加、缓冲区分析、关系判断 (如交、并、补等逻辑操作) 等矢量图层操作工作. 本书将介绍如何利用其相关的空间数据处理与操作函数进行基础的 Spatial 对象分析判断. 但如 3.1.6 节中所介绍的, 函数包 **rgeos** 也已经退役, 无法从 CRAN 中直接进行安装, 需要读者自行从 Archive 中下载并进行本地编译安装.

4.1.2 其他函数包

本章后续的代码中, 还需要加载 **sp**、**sf**、**terra** 等函数包. 这些函数包已经在前面章节中介绍过, 在此不再一一赘述.

通过以下代码加载上述函数包:

```
library(sf)
library(sp)
library(terra)
library(rgeos)
```

---

① https://trac.osgeo.org/geos/.

4.2 属性数据编辑

4.2.1 Spatial 对象

在 **R** 语言中, Spatial 类空间数据对象多以 Spatial*DataFrame 对象存储, 包含空间和属性两个部分. 如果需要对 Spatial*DataFrame 对象属性数据部分进行增加列、删除列、关联等操作, 可通过 Spatial*DataFrame 对象中的 "data" 槽 (slot) 进行便捷的操作.

按照第 3 章中介绍的数据读入方法, 读入本章的示例数据 WHHP_2015, 输出其属性列概览信息, 可观察到其属性列中存在一列重复多余的列 "FID_1_1" 和一列全为 NA 的列 "District" (如图 4-1 所示).

```
library(sp)
library(maptools)
setwd("E:/R_course/Chapter4/Data")
WHHP_sp <- readShapePoly("WHHP_2015.shp", verbose=T, proj4string
= CRS("+proj=tmerc +lat_0=0 +lon_0=114 +k=1 +x_0=500000 +y_0=0
+ellps=GRS80 +units=m +no_defs"))
class(WHHP_sp@data)
summary(WHHP_sp@data)
```

```
    FID_1            FID_1_1          District         X                 Y                Count_
Min.   :  0.0    Min.   :  0.0    NA's:974    Min.   :511958    Min.   :3366837    Min.   : 1.000
1st Qu.:243.2    1st Qu.:243.2                1st Qu.:524807    1st Qu.:3378518    1st Qu.: 1.000
Median :486.5    Median :486.5                Median :528779    Median :3383876    Median : 1.000
Mean   :486.5    Mean   :486.5                Mean   :529554    Mean   :3383082    Mean   : 1.436
3rd Qu.:729.8    3rd Qu.:729.8                3rd Qu.:534965    3rd Qu.:3387457    3rd Qu.: 1.000
Max.   :973.0    Max.   :973.0                Max.   :549551    Max.   :3397870    Max.   :35.000
    Avg_OBJECT        Avg_X_Coor       Avg_Y_Coor       Avg_Pop          Avg_AQI          Avg_Green_
Min.   :   1.0    Min.   :114.1    Min.   :30.44    Min.   :    7    Min.   :1.985    Min.   :0.00000
1st Qu.: 274.2    1st Qu.:114.3    1st Qu.:30.53    1st Qu.: 2148    1st Qu.:2.104    1st Qu.:0.03999
Median : 562.8    Median :114.3    Median :30.58    Median : 4688    Median :2.130    Median :0.09717
Mean   : 618.8    Mean   :114.3    Mean   :30.57    Mean   : 5249    Mean   :2.133    Mean   :0.12367
3rd Qu.: 964.1    3rd Qu.:114.3    3rd Qu.:30.61    3rd Qu.: 7249    3rd Qu.:2.164    3rd Qu.:0.17089
Max.   :1402.0    Max.   :114.5    Max.   :30.70    Max.   :36669    Max.   :2.233    Max.   :0.89177
    Avg_GDP_pe        Avg_Land_r       Avg_Fixed_       Avg_Pro_st       Avg_HP_avg       Avg_Poi_Mi
Min.   :   1.0    Min.   : -0.72    Min.   : 141.2    Min.   :0.0000    Min.   : 4167    Min.   :0.000078
1st Qu.: 257.7    1st Qu.:  0.00    1st Qu.: 141.2    1st Qu.:0.0000    1st Qu.:12747    1st Qu.:0.269672
Median : 658.0    Median :  0.00    Median : 373.7    Median :0.0000    Median :14572    Median :0.372175
Mean   : 970.2    Mean   : 225.19   Mean   : 533.9    Mean   :0.4371    Mean   :14309    Mean   :0.348578
3rd Qu.:1300.4    3rd Qu.: 48.79    3rd Qu.: 763.1    3rd Qu.:1.0000    3rd Qu.:16065    3rd Qu.:0.446312
Max.   :7999.5    Max.   :76131.23  Max.   :3725.9    Max.   :1.0000    Max.   :24306    Max.   :0.766976
    Avg_Commun        Avg_Shape_       Avg_Shap_1       Avg_X             Avg_Y
Min.   :   1.0    Min.   :  150    Min.   :    1672    Min.   :512398    Min.   :3366845
1st Qu.: 274.2    1st Qu.: 1417    1st Qu.:  103457    1st Qu.:524862    1st Qu.:3378532
Median : 562.8    Median : 2124    Median :  216734    Median :528877    Median :3383887
Mean   : 618.8    Mean   : 2952    Mean   :  524735    Mean   :529601    Mean   :3383091
3rd Qu.: 964.1    3rd Qu.: 3214    3rd Qu.:  435560    3rd Qu.:534993    3rd Qu.:3387463
Max.   :1402.0    Max.   :51865    Max.   :17884581    Max.   :547000    Max.   :3397879
```

图 4-1   WHHP_2015 属性数据概览

通过以下简单的代码, 将重复的列和全为空值的列进行去除操作, 效果如图 4-2 所示.

```
new_df <- WHHP_sp@data
new_df$FID_1_1 <- NULL
new_df$District <- NULL
WHHP_sp@data <- new_df
summary(WHHP_sp@data)
```

在上述代码中，可通过另外一种完全不同的方式去除属性数据中的列，结合第 2 章内容，请读者自行尝试.

```
    FID_1            X               Y              Count_          Avg_OBJECT        Avg_X_Coor
Min.   :  0.0   Min.   :511958   Min.   :3366837   Min.   : 1.000   Min.   :   1.0   Min.   :114.1
1st Qu.:243.2   1st Qu.:524807   1st Qu.:3378518   1st Qu.: 1.000   1st Qu.: 274.2   1st Qu.:114.3
Median :486.5   Median :528779   Median :3383876   Median : 1.000   Median : 562.8   Median :114.3
Mean   :486.5   Mean   :529554   Mean   :3383082   Mean   : 1.436   Mean   : 618.8   Mean   :114.3
3rd Qu.:729.8   3rd Qu.:534965   3rd Qu.:3387457   3rd Qu.: 1.000   3rd Qu.: 964.1   3rd Qu.:114.4
Max.   :973.0   Max.   :549551   Max.   :3397870   Max.   :35.000   Max.   :1402.0   Max.   :114.5
   Avg_Y_Coor        Avg_Pop          Avg_AQI          Avg_Green_         Avg_GDP_pe        Avg_Land_r
Min.   :30.44   Min.   :    7    Min.   :1.985    Min.   :0.00000    Min.   :   0.0    Min.   :  -0.72
1st Qu.:30.53   1st Qu.: 2148    1st Qu.:2.104    1st Qu.:0.03999    1st Qu.: 257.7    1st Qu.:   0.00
Median :30.58   Median : 4688    Median :2.130    Median :0.09717    Median : 658.0    Median :   0.00
Mean   :30.57   Mean   : 5249    Mean   :2.133    Mean   :0.12367    Mean   : 970.2    Mean   : 225.19
3rd Qu.:30.61   3rd Qu.: 7249    3rd Qu.:2.164    3rd Qu.:0.17089    3rd Qu.:1300.4    3rd Qu.:  48.79
Max.   :30.70   Max.   :36669    Max.   :2.233    Max.   :0.89177    Max.   :7999.5    Max.   :76131.23
   Avg_Fixed_        Avg_Pro_st        Avg_HP_avg        Avg_Poi_Mi         Avg_Commun        Avg_Shape_
Min.   :   0.0   Min.   :0.0000    Min.   : 4167    Min.   :0.000078   Min.   :   1.0    Min.   :  150
1st Qu.: 141.2   1st Qu.:0.0000    1st Qu.:12747    1st Qu.:0.269672   1st Qu.: 274.2    1st Qu.: 1417
Median : 373.7   Median :0.0000    Median :14572    Median :0.372175   Median : 562.8    Median : 2124
Mean   : 533.9   Mean   :0.4371    Mean   :14309    Mean   :0.348578   Mean   : 618.8    Mean   : 2952
3rd Qu.: 763.1   3rd Qu.:1.0000    3rd Qu.:16065    3rd Qu.:0.446312   3rd Qu.: 964.1    3rd Qu.: 3214
Max.   :3725.9   Max.   :1.0000    Max.   :24306    Max.   :0.766976   Max.   :1402.0    Max.   :51865
   Avg_Shap_1          Avg_X             Avg_Y
Min.   :    1672   Min.   :512398   Min.   :3366845
1st Qu.:  103457   1st Qu.:524872   1st Qu.:3378532
Median :  216734   Median :528877   Median :3383887
Mean   :  524735   Mean   :529601   Mean   :3383091
3rd Qu.:  435560   3rd Qu.:534993   3rd Qu.:3387463
Max.   :17884581   Max.   :547000   Max.   :3397879
```

图 4-2 WHHP_2015 属性数据重复列和空值列去除效果

通过观察，WHHP_2015 属性数据包含 "Avg_Pop" (人口数量) 和 "Avg_Shap_1" (区域面积)，则通过以下代码，可在属性数据中新增加一列 "Pop_Den"，既人口密度，如图 4-3 所示.

```
pop <-new_df$Avg_Pop
area <- new_df$Avg_Shap_1
den <-pop/area
new_df["Pop_Den"] <- den
WHHP_sp@data <- new_df
summary(WHHP_sp@data)
```

新增的 "Pop_Den" 属性列位于属性数据的最后一列，请读者思考并尝试将新增列移至第九列，即位于属性列 "Avg_Pop" 之后.

此外，函数包 **sp** 提供了 *spCbind* 函数，可直接将 Spatial*DataFrame 对象与给定的属性数据 (data.frame) 对象进行直接关联. 因此，以下代码也可实现将 "Pop_Den" 属性添加到 WHHP_2015 属性数据中.

```
den <- data.frame(den)
rownames(den) <- as.character(as.numeric(rownames(den))-1)
names(den) <-"Pop_Den"
WHHP_sp <-spCbind(WHHP_sp, den)
summary(WHHP_sp@data)
```

```
     FID_1              X                Y               Count_           Avg_OBJECT            Avg_X_Coor
Min.   :  0.0   Min.   :511958   Min.   :3366837   Min.   : 1.000   Min.   :    1.0    Min.   :114.1
1st Qu.:243.2   1st Qu.:524807   1st Qu.:3378518   1st Qu.: 1.000   1st Qu.: 274.2    1st Qu.:114.3
Median :486.5   Median :528779   Median :3383876   Median : 1.000   Median : 562.8    Median :114.3
Mean   :486.5   Mean   :529554   Mean   :3383082   Mean   : 1.436   Mean   : 618.8    Mean   :114.3
3rd Qu.:729.8   3rd Qu.:534965   3rd Qu.:3387457   3rd Qu.: 1.000   3rd Qu.: 964.1    3rd Qu.:114.4
Max.   :973.0   Max.   :549551   Max.   :3397870   Max.   :35.000   Max.   :1402.0    Max.   :114.5
  Avg_Y_Coor         Avg_Pop           Avg_AQI           Avg_Green_          Avg_GDP_pe           Avg_Land_r
Min.   :30.44   Min.   :    7   Min.   :1.985   Min.   :0.00000   Min.   :   0.0    Min.   :   -0.72
1st Qu.:30.53   1st Qu.: 2148   1st Qu.:2.104   1st Qu.:0.03999   1st Qu.: 257.7    1st Qu.:    0.00
Median :30.58   Median : 4688   Median :2.130   Median :0.09717   Median : 658.0    Median :    0.00
Mean   :30.57   Mean   : 5249   Mean   :2.133   Mean   :0.12367   Mean   : 970.2    Mean   :  225.19
3rd Qu.:30.61   3rd Qu.: 7249   3rd Qu.:2.164   3rd Qu.:0.17089   3rd Qu.:1300.4    3rd Qu.:   48.79
Max.   :30.70   Max.   :36669   Max.   :2.233   Max.   :0.89177   Max.   :7999.5    Max.   :76131.23
  Avg_Fixed          Avg_Pro_st        Avg_HP_avg        Avg_Poi_Mi          Avg_Commun           Avg_Shape_
Min.   :   0.0   Min.   :0.0000   Min.   : 4167   Min.   :0.000078   Min.   :    1.0    Min.   :  150
1st Qu.: 141.2   1st Qu.:0.0000   1st Qu.:12747   1st Qu.:0.269672   1st Qu.: 274.2    1st Qu.: 1417
Median : 373.7   Median :0.0000   Median :14572   Median :0.372175   Median : 562.8    Median : 2124
Mean   : 533.9   Mean   :0.4371   Mean   :14309   Mean   :0.348578   Mean   : 618.8    Mean   : 2952
3rd Qu.: 763.1   3rd Qu.:1.0000   3rd Qu.:16065   3rd Qu.:0.446312   3rd Qu.: 964.1    3rd Qu.: 3214
Max.   :3725.9   Max.   :1.0000   Max.   :24306   Max.   :0.766976   Max.   :1402.0    Max.   :51865
  Avg_Shap_1          Avg_X             Avg_Y             Pop_Den
Min.   :    1672   Min.   :512398   Min.   :3366845   Min.   :1.161e-05
1st Qu.:  103457   1st Qu.:524872   1st Qu.:3378532   1st Qu.:7.414e-03
Median :  216734   Median :528877   Median :3383887   Median :2.190e-02
Mean   :  524735   Mean   :529601   Mean   :3383091   Mean   :2.765e-02
3rd Qu.:  435560   3rd Qu.:534993   3rd Qu.:3387463   3rd Qu.:4.070e-02
Max.   :17884581   Max.   :547000   Max.   :3397879   Max.   :1.652e-01
```

图 4-3　WHHP_2015 属性数据添加列效果

4.2.2　Simple Feature 对象

类似于 Spatial 对象空间数据, Simple Feature 对象也分为属性和空间两个部分, 其中 geometry 列存储空间信息部分, 其他列存储的则是属性部分. 在函数包 **sf** 中, 使用 *st_drop_geometry* 函数可以获得单独的属性数据, 而如果需要对属性数据部分进行增加列、删除列、关联等编辑, 可直接通过 "$" 符号加属性列名或者使用 **dplyr** 包提供的 *select* 函数引用某列对其进行便捷的操作.

以示例数据 WHHP_2015 为例, 通过输出其属性列概览信息, 同样可观察到其属性列中存在一列重复列 "FID_1_1" 和一列空值列 "District", 如图 4-4 所示.

```
library(sf)
library(dplyr)
WHHP_sf<-read_sf("WHHP_2015.shp")
WHHP_att<-st_drop_geometry(WHHP_sf)
class(WHHP_att)
summary(WHHP_att)
```

```
      FID_1            FID_1_1          District               X               Y                 Count_
 Min.   :  0.0    Min.   :  0.0    Length:974        Min.   :511958    Min.   :3366837    Min.   : 1.000
 1st Qu.:243.2    1st Qu.:243.2    Class :character  1st Qu.:524807    1st Qu.:3378518    1st Qu.: 1.000
 Median :486.5    Median :486.5    Mode  :character  Median :528779    Median :3383876    Median : 1.000
 Mean   :486.5    Mean   :486.5                      Mean   :529554    Mean   :3383082    Mean   : 1.436
 3rd Qu.:729.8    3rd Qu.:729.8                      3rd Qu.:534965    3rd Qu.:3387457    3rd Qu.: 1.000
 Max.   :973.0    Max.   :973.0                      Max.   :549551    Max.   :3397870    Max.   :35.000
   Avg_OBJECT        Avg_X_Coor       Avg_Y_Coor         Avg_Pop           Avg_AQI           Avg_Green_
 Min.   :   1.0   Min.   :114.1    Min.   :30.44     Min.   :    7     Min.   :1.985     Min.   :0.00000
 1st Qu.: 274.2   1st Qu.:114.3    1st Qu.:30.53     1st Qu.: 2148     1st Qu.:2.104     1st Qu.:0.03999
 Median : 562.8   Median :114.3    Median :30.58     Median : 4688     Median :2.130     Median :0.09717
 Mean   : 618.8   Mean   :114.3    Mean   :30.57     Mean   : 5249     Mean   :2.133     Mean   :0.12367
 3rd Qu.: 964.1   3rd Qu.:114.4    3rd Qu.:30.61     3rd Qu.: 7249     3rd Qu.:2.164     3rd Qu.:0.17089
 Max.   :1402.0   Max.   :114.5    Max.   :30.70     Max.   :36669     Max.   :2.233     Max.   :0.89177
   Avg_GDP_pe        Avg_Land_r       Avg_Fixed_         Avg_Pro_st        Avg_HP_avg        Avg_Poi_Mi
 Min.   :   0.0   Min.   : -0.72   Min.   :   0.0    Min.   :0.0000    Min.   : 4167     Min.   :0.000078
 1st Qu.: 257.7   1st Qu.:  0.00   1st Qu.: 141.2    1st Qu.:0.0000    1st Qu.:12747     1st Qu.:0.269672
 Median : 658.0   Median :  0.00   Median : 373.7    Median :0.0000    Median :14572     Median :0.372175
 Mean   : 970.2   Mean   :225.19   Mean   : 533.9    Mean   :0.4371    Mean   :14309     Mean   :0.348578
 3rd Qu.:1300.4   3rd Qu.: 48.79   3rd Qu.: 763.1    3rd Qu.:1.0000    3rd Qu.:16065     3rd Qu.:0.446312
 Max.   :7999.5   Max.   :76131.23 Max.   :3725.9    Max.   :1.0000    Max.   :24306     Max.   :0.766976
   Avg_Commun        Avg_Shape_       Avg_Shap_1          Avg_X             Avg_Y
 Min.   :   1.0   Min.   :  150    Min.   :    1672  Min.   :512398    Min.   :3366845
 1st Qu.: 274.2   1st Qu.: 1417   1st Qu.:  103457  1st Qu.:524872    1st Qu.:3378532
 Median : 562.8   Median : 2124   Median :  216734  Median :528877    Median :3383887
 Mean   : 618.8   Mean   : 2952   Mean   :  524735  Mean   :529601    Mean   :3383091
 3rd Qu.: 964.1   3rd Qu.: 3214   3rd Qu.:  435560  3rd Qu.:534993    3rd Qu.:3387463
 Max.   :1402.0   Max.   :51865   Max.   :17884581  Max.   :547000    Max.   :3397879
```

图 4-4　WHHP_2015 属性数据概览

通过以下简单的代码, 同样将重复列和空值列进行删除操作, 效果如图 4-5 所示.

```
WHHP_att$FID_1_1<-NULL
WHHP_att$District<-NULL
summary(WHHP_att)
```

另外, 也可以通过以下两种不同方式去除属性数据中的这一列, 代码如下:

```
WHHP_att<-WHHP_att[, !names(WHHP_att)%in%c("FID_1_1", "District")]
WHHP_att<-select(WHHP_att, -c(FID_1_1, District))
```

```
      FID_1              X               Y               Count_           Avg_OBJECT        Avg_X_Coor
 Min.   :  0.0    Min.   :511958    Min.   :3366837   Min.   : 1.000   Min.   :   1.0    Min.   :114.1
 1st Qu.:243.2    1st Qu.:524807    1st Qu.:3378518   1st Qu.: 1.000   1st Qu.: 274.2    1st Qu.:114.3
 Median :486.5    Median :528779    Median :3383876   Median : 1.000   Median : 562.8    Median :114.3
 Mean   :486.5    Mean   :529554    Mean   :3383082   Mean   : 1.436   Mean   : 618.8    Mean   :114.3
 3rd Qu.:729.8    3rd Qu.:534965    3rd Qu.:3387457   3rd Qu.: 1.000   3rd Qu.: 964.1    3rd Qu.:114.4
 Max.   :973.0    Max.   :549551    Max.   :3397870   Max.   :35.000   Max.   :1402.0    Max.   :114.5
   Avg_Y_Coor        Avg_Pop           Avg_AQI           Avg_Green_        Avg_GDP_pe        Avg_Land_r
 Min.   :30.44    Min.   :    7     Min.   :1.985     Min.   :0.00000   Min.   :   0.0    Min.   : -0.72
 1st Qu.:30.53    1st Qu.: 2148     1st Qu.:2.104     1st Qu.:0.03999   1st Qu.: 257.7    1st Qu.:  0.00
 Median :30.58    Median : 4688     Median :2.130     Median :0.09717   Median : 658.0    Median :  0.00
 Mean   :30.57    Mean   : 5249     Mean   :2.133     Mean   :0.12367   Mean   : 970.2    Mean   :225.19
 3rd Qu.:30.61    3rd Qu.: 7249     3rd Qu.:2.164     3rd Qu.:0.17089   3rd Qu.:1300.4    3rd Qu.: 48.79
 Max.   :30.70    Max.   :36669     Max.   :2.233     Max.   :0.89177   Max.   :7999.5    Max.   :76131.23
   Avg_Fixed_        Avg_Pro_st        Avg_HP_avg        Avg_Poi_Mi        Avg_Commun        Avg_Shape_
 Min.   :   0.0   Min.   :0.0000    Min.   : 4167     Min.   :0.000078  Min.   :   1.0    Min.   :  150
 1st Qu.: 141.2   1st Qu.:0.0000    1st Qu.:12747     1st Qu.:0.269672  1st Qu.: 274.2    1st Qu.: 1417
 Median : 373.7   Median :0.0000    Median :14572     Median :0.372175  Median : 562.8    Median : 2124
 Mean   : 533.9   Mean   :0.4371    Mean   :14309     Mean   :0.348578  Mean   : 618.8    Mean   : 2952
 3rd Qu.: 763.1   3rd Qu.:1.0000    3rd Qu.:16065     3rd Qu.:0.446312  3rd Qu.: 964.1    3rd Qu.: 3214
 Max.   :3725.9   Max.   :1.0000    Max.   :24306     Max.   :0.766976  Max.   :1402.0    Max.   :51865
   Avg_Shap_1          Avg_X             Avg_Y
 Min.   :    1672  Min.   :512398    Min.   :3366845
 1st Qu.:  103457  1st Qu.:524872    1st Qu.:3378532
 Median :  216734  Median :528877    Median :3383887
 Mean   :  524735  Mean   :529601    Mean   :3383091
 3rd Qu.:  435560  3rd Qu.:534993    3rd Qu.:3387463
 Max.   :17884581  Max.   :547000    Max.   :3397879
```

图 4-5　WHHP_2015 属性数据重复列和空值列去除效果

同样, 可通过以下代码在属性数据中新增 "Pop_Den" 一列, 如图 4-6 所示.

```
pop<-WHHP_att$Avg_Pop
area<-WHHP_att$Avg_Shap_1
den <-pop/area
WHHP_att$Pop_Den<-den
summary(WHHP_att)
```

```
     FID_1           X                Y              Count_          Avg_OBJECT        Avg_X_Coor
 Min.   :  0.0   Min.   :511958   Min.   :3366837   Min.   : 1.000   Min.   : 1.0   Min.   :114.1
 1st Qu.:243.2   1st Qu.:524807   1st Qu.:3378518   1st Qu.: 1.000   1st Qu.: 274.2   1st Qu.:114.3
 Median :486.5   Median :528779   Median :3383876   Median : 1.000   Median : 562.8   Median :114.3
 Mean   :486.5   Mean   :529554   Mean   :3383082   Mean   : 1.436   Mean   : 618.8   Mean   :114.3
 3rd Qu.:729.8   3rd Qu.:534965   3rd Qu.:3387457   3rd Qu.: 1.000   3rd Qu.: 964.1   3rd Qu.:114.4
 Max.   :973.0   Max.   :549551   Max.   :3397870   Max.   :35.000   Max.   :1402.0   Max.   :114.5
   Avg_Y_Coor        Avg_Pop          Avg_AQI          Avg_Green_        Avg_GDP_pe        Avg_Land_r
 Min.   :30.44   Min.   :     7   Min.   :1.985   Min.   :0.00000   Min.   :   0.0   Min.   : -0.72
 1st Qu.:30.53   1st Qu.: 2148   1st Qu.:2.104   1st Qu.:0.03999   1st Qu.: 257.7   1st Qu.:  0.00
 Median :30.58   Median : 4688   Median :2.130   Median :0.09717   Median : 658.0   Median :  0.00
 Mean   :30.57   Mean   : 5249   Mean   :2.133   Mean   :0.12367   Mean   : 970.2   Mean   : 225.19
 3rd Qu.:30.61   3rd Qu.: 7249   3rd Qu.:2.164   3rd Qu.:0.17089   3rd Qu.:1300.4   3rd Qu.:  48.79
 Max.   :30.70   Max.   :36669   Max.   :2.233   Max.   :0.89177   Max.   :7999.5   Max.   :76131.23
   Avg_Fixed_        Avg_Pro_st       Avg_HP_avg       Avg_Poi_Mi        Avg_Commun        Avg_Shape_
 Min.   :   0.0   Min.   :0.0000   Min.   : 4167   Min.   :0.000078   Min.   :  1.0   Min.   :  150
 1st Qu.: 141.2   1st Qu.:0.0000   1st Qu.:12747   1st Qu.:0.269672   1st Qu.: 274.2   1st Qu.: 1417
 Median : 373.7   Median :0.0000   Median :14572   Median :0.372175   Median : 562.8   Median : 2124
 Mean   : 533.9   Mean   :0.4371   Mean   :14309   Mean   :0.348578   Mean   : 618.8   Mean   : 2952
 3rd Qu.: 763.1   3rd Qu.:1.0000   3rd Qu.:16065   3rd Qu.:0.446312   3rd Qu.: 964.1   3rd Qu.: 3214
 Max.   :3725.9   Max.   :1.0000   Max.   :24306   Max.   :0.766976   Max.   :1402.0   Max.   :51865
   Avg_Shap_1          Avg_X            Avg_Y             Pop_Den
 Min.   :    1672   Min.   :512398   Min.   :3366845   Min.   :1.161e-05
 1st Qu.:  103457   1st Qu.:524872   1st Qu.:3378532   1st Qu.:7.414e-03
 Median :  216734   Median :528877   Median :3383887   Median :2.190e-02
 Mean   :  524735   Mean   :529601   Mean   :3383091   Mean   :2.765e-02
 3rd Qu.:  435560   3rd Qu.:534993   3rd Qu.:3387463   3rd Qu.:4.070e-02
 Max.   :17884581   Max.   :547000   Max.   :3397879   Max.   :1.652e-01
```

图 4-6　WHHP_2015 属性数据添加列效果

此外, 还可以使用 *cbind* 函数, 直接将 Simple Feature 对象与给定的属性数据 (data.frame 对象) 进行直接关联. 以下代码可实现将 "Pop_Den" 属性添加到 WHHP_2015 属性数据中.

```
den<-data.frame(den)
names(den)<-"Pop_Den"
WHHP_att<-cbind(WHHP_att, den)
summary(WHHP_att)
```

4.3　空间信息编辑

4.3.1　Spatial*DataFrame 对象

在 **R** 语言中, 能够非常便捷地利用函数包 **sp**、**maptools** 和 **rgeos** 中的相关空间属性信息特征, 本节将介绍其中的一些常用空间操作函数工具.

　　函数包 **sp** 中提供了 *coordinates* 函数, 用于获取 Spatial*DataFrame 对象的坐标信息. 以本章提供的示例数据 WHSWZZ_ZZQ、WHRD 和 WHDistrict 为例, 读入数据后, 分别获取三种数据的坐标信息, 并观察绘制结果. 请运行以下示例代码:

```
WHZZQ_sp    <-    readShapePoints("WHSWZZ_ZZQ.shp",    verbose=T,
proj4string=CRS("+proj=longlat +datum=WGS84 +no_defs"))
    WHRD_sp <- readShapeLines("WHRD.shp", verbose=T, proj4string=
CRS("+proj=longlat +datum=WGS84 +no_defs"))
    WHDis_sp <- readShapePoly("WHDistrict.shp", verbose=T, proj4string=
CRS("+proj=longlat +datum=WGS84 +no_defs"))

coord_spt<- coordinates(WHZZQ_sp)
plot(WHZZQ_sp)
points(coord_spt, col="red")

coord_spl<- coordinates(WHRD_sp)
plot(WHRD_sp)
for(i in 1:length(coord_spl))
  points(coord_spl[[i]][[1]], col="red", cex=0.4)

coord_spol<- coordinates(WHDis_sp)
plot(WHDis_sp)
points(coord_spol, col="red")
```

　　采用 *coordinates* 函数对不同的 Spatial*DataFrame 对象坐标提取结果如图 4-7 所示. 从结果中可看出, 针对 SpatialPointsDataFrame 对象 *coordinates* 函数结果为空间点的二维坐标矩阵; 针对 SpatialLinesDataFrame 对象 *coordinates* 函数的返回结果为其所有线对象的节点坐标 list 对象; 针对 SpatialPolygonsDataFrame 对象 *coordinates* 函数的返回结果为每个多边形的中心点二维坐标矩阵.

　　在函数包 **sp** 中提供了 *bbox* 函数, 用于获取空间数据外包矩形的左上、右下点坐标.

```
bbox(WHZZQ_sp)
bbox(WHRD_sp)
bbox(WHDis_sp)
```

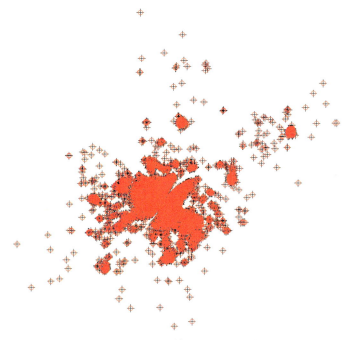

(a) SpatialPointsDataFrame 对象 *coordinates* 函数返回结果

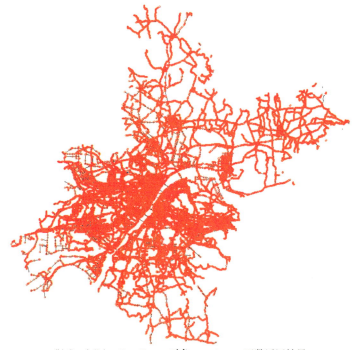

(b) SpatialLinesDataFrame 对象 *coordinates* 函数返回结果

(c) SpatialPolygonsDataFrame 对象 *coordinates* 函数返回结果

图 4-7　Spatial*DataFrame 对象坐标提取结果

4.3.2　Simple Feature 对象

在 **R** 语言中, **sf** 包也提供了许多空间操作函数工具, 能够非常便捷地进行空间信息的编辑, 下面对其中一些常用的函数进行简单介绍.

与函数包 **sp** 中的 *coordinates* 函数类似, 函数包 **sf** 中提供了 *st_coordinates* 函数, 用于获取 Simple Feature 对象的坐标信息, 但二者之间的效果存在一定的差异. 同样以 WHSWZZ_ZZQ、WHRD 和 WHDistrict 为示例数据, 读入为 Simple Feature 对象, 分别获取坐标信息, 并再次观察绘制结果, 如图 4-8 所示. 请运行以下示例代码:

```
WHZZQ_sf <- read_sf("WHSWZZ_ZZQ.shp")
WHRD_sf<-read_sf("WHRD.shp")
WHDis_sf<-read_sf("WHDistrict.shp")

coord_sfpt<-st_coordinates(WHZZQ_sf$geometry)
class(coord_sfpt)
coord_sfpt<-data.frame(coord_sfpt)
plot(WHZZQ_sf$geometry, pch=4)
points(coord_sfpt, col="red")
```

```
coord_sfl<-st_coordinates(WHRD_sf$geometry)
class(coord_sfl)
coord_sfl<-data.frame(coord_sfl)
plot(WHRD_sf$geometry)
for(i in 1:nrow(coord_sfl)){
  points(coord_sfl[i, ], col="red", cex=0.4)
}

coord_sfpol<-st_coordinates(WHDis_sf$geometry)
class(coord_sfpol)
coord_sfpol<-data.frame(coord_sfpol)
plot(WHDis_sf$geometry)
for(i in 1:nrow(coord_sfpol)){
  points(coord_sfpol[i, ], col="red")
}
```

通过观察图 4-8 可以发现, 针对 POINT 对象, *st_coordinates* 函数返回结果为空间点的二维坐标矩阵; 针对 LINESTRING 对象, *st_coordinates* 函数返回结果为其所有线对象的节点坐标矩阵; 针对 POLYGON 对象, *st_coordinates* 函数返回结果为其所有面对象边界的节点坐标矩阵.

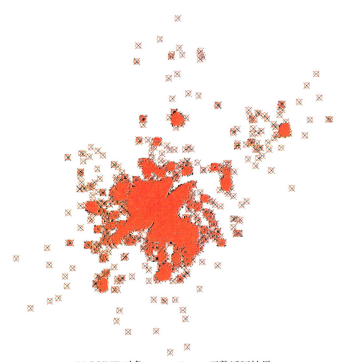

(a) POINT 对象 *st_coordinates* 函数返回结果

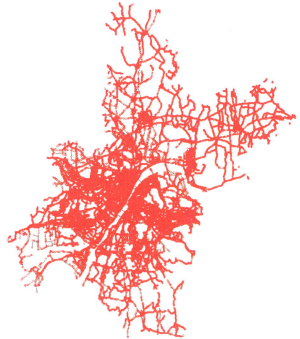

(b) LINESTRING 对象 *st_coordinates* 函数返回结果

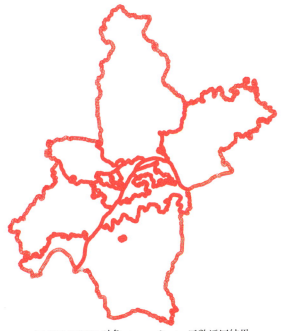

(c) POLYGON 对象 *st_coordinates* 函数返回结果

图 4-8　Simple Feature 对象坐标提取结果

对比观察图 4-8 与图 4-7 的结果不难发现, 尤其是对空间面对象而言, **sp** 包提供的 *coordinates* 函数与 **sf** 包提供的 *st_coordinates* 函数存在着比较明显的差异.

而若想获取 Simple Feature 空间面对象的中心点, 则可使用 **sf** 函数包提供的 *st_centroid* 函数, 运行以下代码并观察绘制结果, 如图 4-9 所示.

```
WHDis_sf$geometry <- st_make_valid(WHDis_sf$geometry)
WHDis_sf_cen<-st_centroid(WHDis_sf$geometry)
plot(WHDis_sf$geometry)
plot(WHDis_sf_cen, col="red", add=TRUE)
```

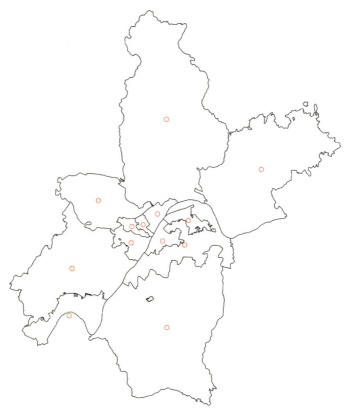

图 4-9 *st_centroid* 函数返回 WHDis_sf 中心点的结果

函数包 **sf** 提供了 *st_bbox* 函数, 用于获取空间数据外包矩形的左下、右上点坐标.

```
st_bbox(WHZZQ_sf)
st_bbox(WHRD_sf)
st_bbox(WHDis_sf)
```

除此之外, 函数包 **sf** 还提供了非常丰富的函数, 如 *st_convex_hull* 函数可自动生成空间数据对象的凸包多边形, 但如需获得空间数据整体的凸包多边形, 则需先使用 *st_union* 函数将 *st_convex_hull* 函数返回的数据合并为一个整体.

运行下面的代码并观察两种结果的差异, 首先, 创建数据, 接着通过 *par* 函数设置在一个图形窗口中水平并排显示 2 个图形, 并分别绘制将两条折线合并为整体数据的凸包多边形, 如图 4-10 所示. 最后再次通过 *par* 函数将图形窗口还原, 以便于后面的绘制.

```
par(mfrow=c(1, 2))

s1<-rbind(c(0, 0), c(1, 1), c(2, 1))
s2<-rbind(c(0, 2), c(1, 3), c(0, 3))
ls_sfc<-st_sfc(
  st_linestring(s1),
  st_linestring(s2)
)
ls_sf<-st_sf(id=c(1, 2), geometry=ls_sfc, crs=4326)
#不合并
ls_hull<-st_convex_hull(ls_sf$geometry)
plot(ls_hull, border="red")
plot(ls_sf$geometry, add=TRUE)
title("不合并")
#合并
ls_sf_un<-st_union(ls_sf$geometry)
ls_un_hull<-st_convex_hull(ls_sf_un)
plot(ls_un_hull, border="red")
plot(ls_sf_un, add=TRUE)
title("合并")
par(mfrow=c(1, 1))
```

函数包 **sf** 提供了 *st_length* 函数计算线对象长度, 以下代码可计算 WHRD 数据中每个线对象的长度.

```
st_length(WHRD_sf$geometry)
```

函数包 **sf** 还提供了 *st_area* 函数计算多边形面积, 以下代码可计算 WHDistrict 数据中每个多边形的面积.

```
st_area(WHDis_sf$geometry)
```

不合并   合并

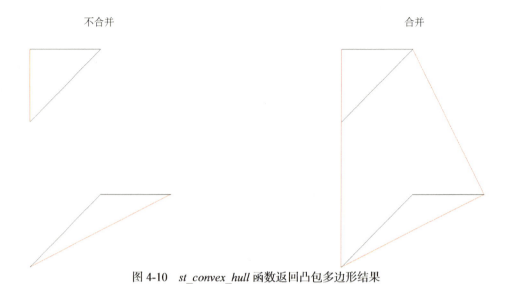

图 4-10　*st_convex_hull* 函数返回凸包多边形结果

4.4　遥感影像数据分析

遥感影像数据是空间数据科学中的基础数据类型之一. 在 **R** 语言中, 提供了多个可以处理和分析遥感影像的函数包, 如 **raster** 和 **terra** 函数包. 读入遥感影像数据, 并通过各种处理得到有价值的分析结果, 进而用于各种环境监测、农业评估和城市规划等应用. 本节将以一幅 MODIS 遥感影像为例, 介绍如何进行影像信息统计、波段信息分析以及归一化植被指数计算.

4.4.1　影像信息统计

首先, 使用 **terra** 函数包提供的 *rast* 函数读入本章提供的遥感影像示例数据 MOD09A1.A2019137.h27v05.061.2020294200410.hdf, 并查看该遥感影像的概览信息, 包括影像的维度 (dimensions)、分辨率 (resolution)、范围 (extent)、坐标参考系 (coord.ref) 以及各波段的名称 (names) 等, 输出结果如图 4-11 所示.

```
library(terra)
r<-rast("MOD09A1.A2019137.h27v05.061.2020294200410.hdf")
r
```

如果需要单独获取某些特定信息, **terra** 函数包提供了一些具体的函数, 如表 4-1 所示.

```
class       : SpatRaster
dimensions  : 2400, 2400, 13  (nrow, ncol, nlyr)
resolution  : 463.3127, 463.3127  (x, y)
extent      : 10007555, 11119505, 3335852, 4447802  (xmin, xmax, ymin, ymax)
coord. ref. : +proj=sinu +lon_0=0 +x_0=0 +y_0=0 +R=6371007.181 +units=m +no_defs
sources     : MOD09A1.A2019137.h27v05.061.2020294200410.hdf:MOD_Grid_500m_Surface_Reflectance:sur_refl_b01
              MOD09A1.A2019137.h27v05.061.2020294200410.hdf:MOD_Grid_500m_Surface_Reflectance:sur_refl_b02
              MOD09A1.A2019137.h27v05.061.2020294200410.hdf:MOD_Grid_500m_Surface_Reflectance:sur_refl_b03
              ... and 10 more source(s)
varnames    : MOD09A1.A2019137.h27v05.061.2020294200410
              MOD09A1.A2019137.h27v05.061.2020294200410
              MOD09A1.A2019137.h27v05.061.2020294200410
              ...
names       : sur_refl_b01, sur_refl_b02, sur_refl_b03, sur_refl_b04, sur_refl_b05, sur_refl_b06, ...
```

图 4-11　遥感影像数据的概览信息

表 4-1　单独获取遥感影像某些信息的函数

函数	对应获取的信息
dim	遥感影像的维度
ncell	栅格单元总数 (行数与列数的乘积)
nlyr	栅格数据的层数 (遥感影像的波段数)
names	波段的名称
res	遥感影像的分辨率
crs	遥感影像的坐标参考系

利用表 4-1 中的函数, 输入以下代码, 输出示例遥感影像数据的属性信息, 结果如图 4-12 所示.

```
dim(r)
ncell(r)
nlyr(r)
names(r)
res(r)
crs(r)
```

```
> dim(r)
[1] 2400 2400   13
> ncell(r)
[1] 5760000
> nlyr(r)
[1] 13
> names(r)
 [1] "sur_refl_b01"        "sur_refl_b02"        "sur_refl_b03"        "sur_refl_b04"
 [5] "sur_refl_b05"        "sur_refl_b06"        "sur_refl_b07"        "sur_refl_qc_500m"
 [9] "sur_refl_szen"       "sur_refl_vzen"       "sur_refl_raz"        "sur_refl_state_500m"
[13] "sur_refl_day_of_year"
> res(r)
[1] 463.3127 463.3127
> crs(r)
[1] "PROJCRS[\"unnamed\",\n    BASEGEOGCRS[\"Unknown datum based upon the custom spheroid\",\n        DATUM[\"Not
specified (based on custom spheroid)\",\n            ELLIPSOID[\"Custom spheroid\",6371007.181,0,\n
LENGTHUNIT[\"metre\",1,\n                ID[\"EPSG\",9001]]]],\n        PRIMEM[\"Greenwich\",0,\n
ANGLEUNIT[\"degree\",0.0174532925199433,\n            ID[\"EPSG\",9122]]]],\n    CONVERSION[\"Sinusoidal\",\n
METHOD[\"Sinusoidal\"],\n        PARAMETER[\"Longitude of natural origin\",0,\n            ANGLEUNIT[\"degree\",
0.0174532925199433],\n            ID[\"EPSG\",8802]],\n        PARAMETER[\"False easting\",0,\n            LENGTH
UNIT[\"metre\",1],\n            ID[\"EPSG\",8806]],\n        PARAMETER[\"False northing\",0,\n            LENGTHU
NIT[\"metre\",1],\n            ID[\"EPSG\",8807]]],\n    CS[Cartesian,2],\n        AXIS[\"(E)\",east,\n
ORDER[1],\n            LENGTHUNIT[\"Meter\",1]],\n        AXIS[\"(N)\",north,\n            ORDER[2],\n
LENGTHUNIT[\"Meter\",1]]]"
```

图 4-12　示例遥感影像数据信息输出

4.4.2 遥感影像波段信息分析

如图 4-12 所示, *nlyr* 和 *names* 函数分别输出了遥感影像数据的波段数以及各波段图层的名称. 在示例的 MODIS 遥感影像数据中, 有 13 个波段信息图层, 分别代表红光 (620—670nm)、近红外 (841—876nm)、蓝光 (459—479nm)、绿光 (545—565nm)、近红外 (1230—1250nm)、短波红外 (1628—1652nm)、短波红外 (2105—2155nm) 波段以及表面反射率质量控制信息 (500m 分辨率)、太阳天顶角、观测天顶角、相对方位角、表面反射率状态信息 (500m 分辨率) 以及年内日序号.

可使用基础的 *plot* 函数绘制遥感影像数据中的红光、蓝光、绿光和近红外波段的单波段图像, 并通过 col 参数指定灰度配色, 图像中越低的数值对应越暗的颜色, 越高的数值则对应越亮的颜色. 运行如下代码:

```
par(mfrow = c(2, 2))
plot(r[[1]], main = "Red", col = gray(0:100 / 100))
plot(r[[3]], main = "Blue", col = gray(0:100 / 100))
plot(r[[4]], main = "Green", col = gray(0:100 / 100))
plot(r[[2]], main = "NIR", col = gray(0:100 / 100))
par(mfrow = c(1, 1))
```

图 4-13 展示了红 (Red)、蓝 (Blue)、绿 (Green) 和近红外 (NIR) 波段的单波段信息. 由于每个波段的数据代表着地表在特定波长范围内对太阳辐射的反射量, 不同地表特征对各波长范围的光反射特性不同, 也导致不同波段的图像之间存在着比较明显的差异. 例如, 植被反射更多的近红外光, 而水体则吸收大部分近红外光. 因此, 在近红外波段的图像中, 植被区域显得较亮, 而水体区域则较暗.

由于能够从单个波段中获取的信息的局限性, 在遥感影像数据处理过程中, 往往需要对多个波段进行组合, 生成彩色合成图像. 单波段影像数据的不同组合方式能够生成不同的彩色合成图像, 突出不同的地表特征, 其中真彩色合成和假彩色合成是两种较为常见的波段组合方式:

①真彩色合成: 将红光、绿光和蓝光波段进行组合. 这种组合与人眼所看到的自然颜色接近, 以生成接近真实世界的真彩色合成图像, 用于可视化和基础分析.

②假彩色合成: 将近红外、红光和绿光波段进行组合. 由于植被对近红外光形成强烈反射, 在这种合成图像中, 健康、茂密的植被通常显示为红色, 而水体通常显示为黑色或深蓝色, 从而增加二者之间的对比效果.

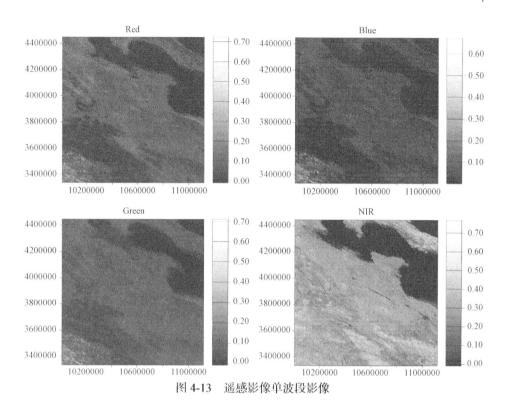

图 4-13　遥感影像单波段影像

　　下面的示例代码分别生成这两种组合方式的彩色合成影像, 其结果绘制如图 4-14 所示.

```
Modis_RGB<-c(r[[1]], r[[4]], r[[3]])
Modis_RGB
plotRGB(Modis_RGB, stretch="lin")

Modis_FCC<-c(r[[2]], r[[1]], r[[4]])
Modis_FCC
plotRGB(Modis_FCC, stretch="lin")
```

　　在对遥感影像数据的分析中, 探究不同波段之间的相关性可以帮助读者更好地理解地表特征. 例如, 相关性分析能够帮助读者筛选出最能代表不同地表特征的波段, 识别数据冗余, 减少数据维度, 并提高遥感数据处理和分析的效率. 尤其在分类和目标检测等任务中, 使用相关性低的波段能够提供更加互补的信息, 有助于提高最终分析结果的准确性.

　　在 **R** 语言的基础函数库 **graphics** 中, 提供了 *pairs* 函数, 能够绘制红光、近红外与蓝光波段之间的散点图矩阵, 既可以展示三个波段各自的分布特征, 也可以观察不同波段数据两两之间的相关性. 运行如下代码:

(a) 真彩色合成

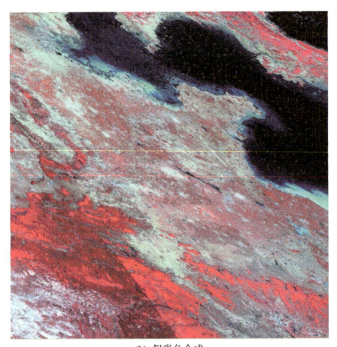

(b) 假彩色合成

图 4-14　对波段进行组合

```
s<-r[[1:3]]
names(s)<-c("Red", "NIR", "Blue")
pairs(s, main = "Red versus NIR versus Blue")
```

单波段影像相关性结果如图 4-15 所示, 在红光与近红外波段之间的散点图中, 存在着一个比较明显的三角形的分布特征, 由于植被在近红外波段的反射率高于红光波段, 因而导致影像区域中存在较多植被时出现三角形特征. 此外, 红光与蓝光波段之间的相关性非常高, 因此为了减少数据维度, 可以仅使用其中一个波段信息.

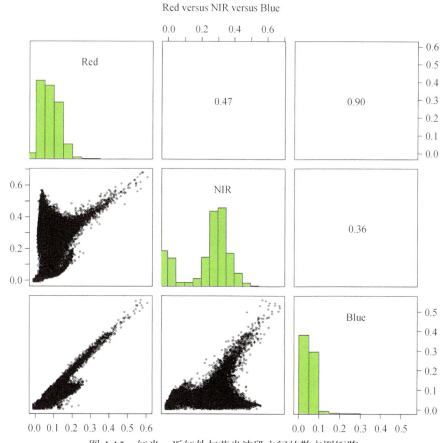

图 4-15　红光、近红外与蓝光波段之间的散点图矩阵

4.4.3　归一化植被指数计算

本节将介绍如何利用 **R** 语言计算归一化植被指数 (NDVI) 的方法, 它是衡量植被生长情况和健康状况的基础指标之一. NDVI 计算公式如下:

$$NDVI = \frac{NIR - RED}{NIR + RED} \qquad (4\text{-}1)$$

其中, NIR 表示近红外波段的反射率值, RED 表示红光波段的反射率值.

在读入遥感影像之后, 先使用 *clamp* 函数将遥感影像的值限制在 0 到 1 之间, 避免可能存在的范围外的异常值的影响, 再按照公式 (4-1) 计算 NDVI, 并进行可视化, 结果如图 4-16 所示.

```
r<-clamp(r, 0, 1)
ndvi <- (r[[2]] - r[[1]]) /(r[[2]] + r[[1]])
plot(ndvi, main="NDVI")
```

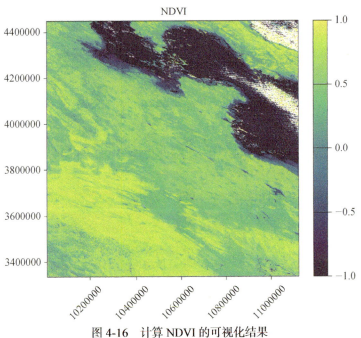

图 4-16　计算 NDVI 的可视化结果

在绘制结果中, NDVI 为正值时, 表明地表反射了较多的近红外光和较少的红光, 通常反映出健康植被的存在, 且该值越接近 1, 说明植被覆盖越密集、健康状况越好. NDVI 值接近 0 时, 表示地表对红光和近红外光的反射大致相同, 通常对应于无植被的裸露地表、城市区域或稀疏植被. 而当 NDVI 值为负时, 表示地表反射了较多的红光和较少的近红外光, 通常指示水体、雪地或云层. 基于此, 观察图 4-16, 可以发现该影像对应区域存在着大面积的健康植被, 且在影像上方区域存在着一定的水体.

虽然在 **terra** 函数包中提供了丰富的分析函数, 本书相对专注于矢量空间数据分析, 其他的分析由读者自行探索, 本书不再进行详述.

4.5　空间数据基础分析

4.5.1　Spatial*DataFrame 对象

函数包 **rgeos** 提供的 *gUnion* 函数实现了空间数据对象的合并功能. 将本章提供的示例数据 WHDistrict_p1 和 WHDistrict_p2 (ESRI shapefile) 放到当前工作目录下 "E:\R_course\Chapter4\Data", 执行下面读取和合并 (Union) 操作示例代码. 合并前数据如图 4-17 所示, 通过 *gUnion* 函数合并后的结果如图 4-18 所示. 其中, 由于两个多边形对象都存在自相交的问题, 所以先使用 *gBuffer* 函数进行修复, 再进行两个多边形的合并.

```
WHDis1_sp <- readShapePoly("WHDistrict_p1.shp", proj4string =
CRS("+proj=longlat +datum=WGS84 +no_defs"))
WHDis2_sp <- readShapePoly("WHDistrict_p2.shp", proj4string =
CRS("+proj=longlat +datum=WGS84 +no_defs"))
plot(WHDis1_sp, border="blue", xlim=bbox(WHDis_sp)[1, ], ylim=
bbox(WHDis_sp)[2, ])
plot(WHDis2_sp, border="red", add=T)

library(rgeos)
WHDis1_sp<-gBuffer(WHDis1_sp, byid = TRUE, width = 0)
WHDis2_sp<-gBuffer(WHDis2_sp, byid = TRUE, width = 0)
WHDis_un_sp <- gUnion(WHDis1_sp, WHDis2_sp, byid=T)
plot(WHDis_un_sp, border="blue")
```

此外, 函数包 **rgeos** 中的 *gUnaryUnion* 函数可将多边形数据对象中指定的若干或全部空间对象进行融合 (Merge) 操作, 如以下代码可实现如图 4-19 所示的效果.

```
plot(WHDis_un_sp, border="grey")
plot(gUnaryUnion(WHDis1_sp), border= "blue", add=T, lwd=2)
plot(gUnaryUnion(WHDis2_sp), border= "red", add=T, lwd=2)
```

而通过对 Spatial*DataFrame 对象中的某些属性值进行判断, 可将某些特定的空间对象子集单独提取为一个新的 Spatial*DataFrame 对象. 如下代码可将位于洪山区内的住宅区点和武汉市类别为 trunk 和 trunk_link 的道路单独提取出来, 如图 4-20 所示.

图 4-17　WHDistrict_p1 和 WHDistrict_p2 数据合并前

图 4-18　WHDistrict_p1 和 WHDistrict_p2 数据通过 *gUnion* 函数（*byid=T*）合并结果

```
WHZZQ_hs_sp<-WHZZQ_sp[WHZZQ_sp$District=="Hongshan", ]
plot(WHZZQ_sp, col="grey")
plot(WHZZQ_hs_sp, col="red", add=T)

WHRD_tuk_sp <- WHRD_sp[WHRD_sp$fclass=="trunk" | WHRD_sp$fclass
== "trunk_link", ]
plot(WHRD_sp, col="grey")
plot(WHRD_tuk_sp, col="red", lwd=1.5, add=T)
```

图 4-19　*gUnaryUnion* 函数对 WHDistrict_p1 和 WHDistrict_p2 数据融合结果

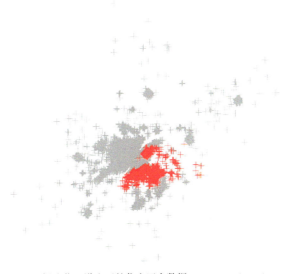

(a) 提取位于洪山区的住宅区点数据 (WHZZQ_hs_sp)

(b) 提取武汉市道路类别为 trunk 和 trunk_link 的道路数据 (WHRD_tuk_sp)

图 4-20　根据属性提取数据

函数包 **rgeos** 中提供了缓冲区生成函数 *gBuffer*, 能够便捷地生成点、线、面对象数据的缓冲区, 返回结果为对应的多边形对象. 其中需要注意的是, 由于数据的原始坐标系为 WGS84 地理坐标系, 其经纬度单位并不直接对应于地面上的实际距离 (如米). 因此, 在使用 *gBuffer* 函数为这些对象生成缓冲区时, 为了能够以米为单位精确地设置缓冲区的宽度 (width), 需要使用 *spTransform* 函数先将它们的坐标系从 WGS84 转换为一种投影坐标系, 比如 UTM (通用横墨卡托投影) 坐标系. 进行坐标转换的代码如下:

```
WHZZQ_sp_utm <- spTransform(WHZZQ_hs_sp, CRS("+proj=utm +zone=
50 +datum=WGS84 +units=m +no_defs"))
    WHRD_sp_utm <- spTransform(WHRD_tuk_sp, CRS("+proj=utm +zone=
50 +datum=WGS84 +units=m +no_defs"))
    WHDis_sp_utm <- spTransform(WHDis_sp, CRS("+proj=utm +zone=50
+datum=WGS84 +units=m +no_defs"))
```

接下来生成缓冲区, 如图 4-21—图 4-23 所示, 通过函数 *gBuffer* 可分别生成对应点、线和面数据指定距离的缓冲区.

```
WHZZQ_hs_buf <- gBuffer(WHZZQ_sp_utm, width=500)
plot(WHZZQ_hs_buf, col="green")
plot(WHZZQ_sp_utm, add=T, cex=0.5)
```

```
WHRD_tuk_buf <- gBuffer(WHRD_sp_utm, width=500)
plot(WHRD_tuk_buf, col="green")
plot(WHRD_sp_utm, add=T)

WHDis_buf <- gBuffer(WHDis_sp_utm, width=1000)
plot(WHDis_buf, col="green")
plot(WHDis_sp_utm, col="grey", add=T)
```

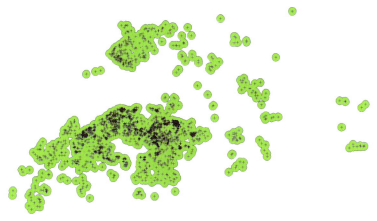

图 4-21　*gBuffer* 生成 WHZZQ_sp_utm 数据 500 米缓冲区

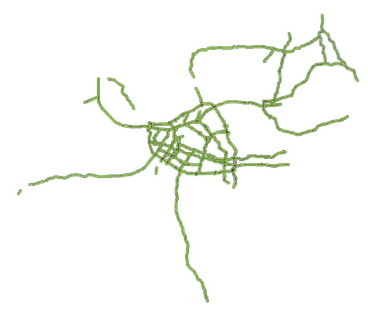

图 4-22　*gBuffer* 生成 WHRD_sp_utm 数据 500 米缓冲区

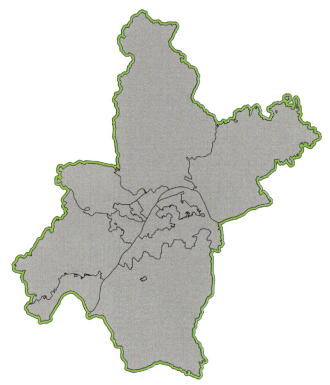

图 4-23 *gBuffer* 生成 WHDis_sp_utm 数据 1000 米缓冲区

针对空间点对象, 函数包 **rgeos** 中 *gDelaunayTriangulation* 函数可生成空间点之间的德洛奈三角剖分 (Delaunay Triangulation). 在下面的代码中, 首先从武汉市边界数据中随机抽取 100 个样点, 然后通过 *gDelaunayTriangulation* 函数生成这些点对应的德洛奈三角剖分, 结果如图 4-24 所示.

```
set.seed(123)
spt_rand <- spsample(WHDis_sp, 100, type="random")
spt_rand_dt <- gDelaunayTriangulation(spt_rand)
plot(WHDis_sp, col="grey")
plot(spt_rand_dt, col="green", add=T)
plot(spt_rand, col="red", add=T)
```

4.5.2 Simple Feature 对象

本节将介绍针对 Simple Feature 空间数据对象的一些基本处理和分析操作, 如合并、缓冲区分析和生成泰森多边形等操作.

函数包 **sf** 提供的 *st_union* 函数除了在前面小节提到的可以将同一个空间数据对象内不同的 Simple Feature 进行合并之外, 还可以实现不同空间数据对

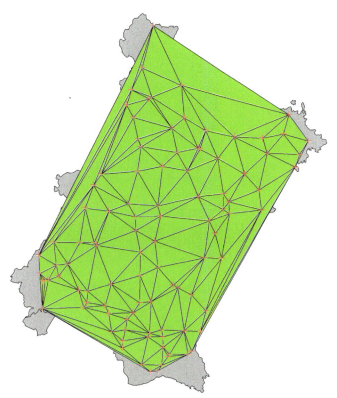

图 4-24　*gDelaunayTriangulation* 函数生成空间点之间的德洛奈三角剖分

象的合并功能. 将本章提供的示例数据 WHDistrict_p1 和 WHDistrict_p2 (ESRI shapefile) 放入当前工作目录 "E:\R_course\Chapter4\Data", 执行下面读取和合并 (Union) 操作示例代码. 合并前数据如图 4-25 所示, 通过 *st_union* 函数合并后的结果如图 4-26 所示.

```
WHDis1 <- read_sf("WHDistrict_p1.shp")
WHDis2 <- read_sf("WHDistrict_p2.shp")
WHDis_bbox<-st_bbox(WHDis_sf)
plot(WHDis1$geometry, border="blue", xlim = c(WHDis_bbox["xmin"],
WHDis_bbox["xmax"]), ylim = c(WHDis_bbox["ymin"], WHDis_bbox["ymax"]))
plot(WHDis2$geometry, border="red", add=TRUE)

WHDis1$geometry <- st_make_valid(WHDis1$geometry)
WHDis2$geometry <- st_make_valid(WHDis2$geometry)
WHDis_un<-st_union(WHDis1, WHDis2)
plot(WHDis_un$geometry, border="blue")
```

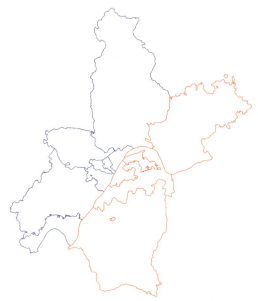

图 4-25　WHDistrict_p1 和 WHDistrict_p2 数据合并前

图 4-26　WHDistrict_p1 和 WHDistrict_p2 数据通过 *st_union* 函数合并结果

　　而通过对 Simple Feature 对象中的某些属性值进行判断, 可将某些特定的空间对象子集单独提取为一个新的 Simple Feature 对象. 如下代码可将位于洪山区的住宅区和武汉市道路数据中 fclass 属性为 trunk 和 trunk_link 的道路单独提取出来, 如图 4-27 所示.

```
WHZZQ_hs_sf<-WHZZQ_sf[WHZZQ_sf$District=="Hongshan", ]
plot(WHZZQ_sf$geometry, col="grey")
plot(WHZZQ_hs_sf$geometry, col="red", add=TRUE)

WHRD_tuk_sf<-WHRD_sf[WHRD_sf$fclass=="trunk"|WHRD_sf$fclass==
"trunk_link", ]
plot(WHRD_sf$geometry, col="grey")
plot(WHRD_tuk_sf$geometry, col="red", lwd=1.5, add=TRUE)
```

函数包 **sf** 中提供了缓冲区生成函数 *st_buffer*，能够便捷地生成点、线、面对象数据的缓冲区，返回结果为对应的多边形对象，如图 4-28—图 4-30 所示，通过函数 *st_buffer* 可分别生成对应点、线和面数据指定距离的缓冲区.

```
WHZZQ_hs_buf<-st_buffer(WHZZQ_hs_sf, dist = 500)
plot(WHZZQ_hs_buf$geometry, col="green")
plot(WHZZQ_hs_sf$geometry, add=TRUE, cex=0.5, pch=3)

WHRD_tuk_buf<-st_buffer(WHRD_tuk_sf, dist=500)
plot(WHRD_tuk_buf$geometry, col="green")
plot(WHRD_tuk_sf$geometry, add=TRUE)

WHDis_sf$geometry <- st_make_valid(WHDis_sf$geometry)
WHDis_buf<-st_buffer(WHDis_sf, dist = 1000)
plot(WHDis_buf$geometry, col="green")
plot(WHDis_sf$geometry, col="grey", add=TRUE)
```

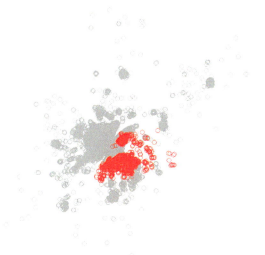

(a) 位于洪山区的住宅区点提取结果 (WHZZQ_hs_sf)

(b) 武汉市 trunk 和 trunk_link 类路网提取结果 (WHRD_tuk_sf)

图 4-27　根据属性提取新 Simple Feature 对象

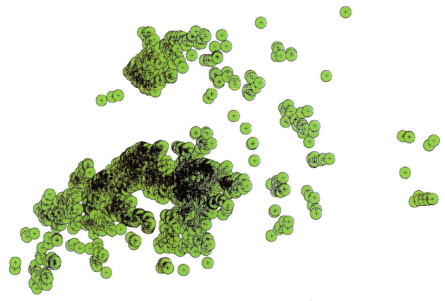

图 4-28　*st_buffer* 生成 WHZZQ_hs_sf 数据 500 米缓冲区

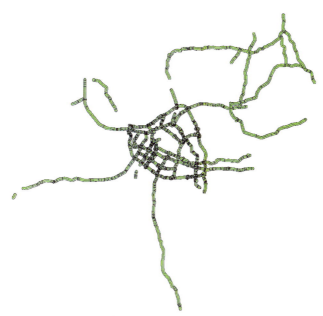

图 4-29　*st_buffer* 函数生成 WHRD_tuk_sf 数据 500 米缓冲区

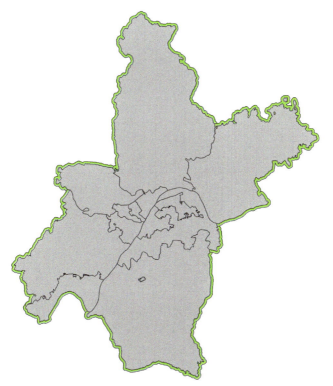

图 4-30　*st_buffer* 函数生成 WHDis_sf 数据 1000 米缓冲区

针对空间点对象, 函数包 **sf** 中的 *st_voronoi* 函数可生成给定点集的泰森多边形 (Voronoi Diagram). 在下面的代码中, 首先在位于洪山区的住宅区点数据中随机抽取 100 个样点, 然后建立所有房价点数据的外包矩形, 并通过 *st_voronoi* 函数生成这些随机点的泰森多边形, 结果如图 4-31(a)所示. 为了显示更清楚, 可以修改泰森多边形的绘制边界, 将以下代码中的第一句 plot 语句注释并取消当前注释行, 重新绘制, 结果如图 4-31(b)所示.

```
set.seed(123)
point<-st_sample(WHZZQ_hs_sf$geometry, 100)
box<-st_bbox(WHZZQ_hs_sf$geometry)
box_polygon<-st_polygon(list(rbind(c(box[1], box[2]), c(box[3],
box[2]), c(box[3], box[4]), c(box[1], box[4]), c(box[1], box[2]))))
v<-st_voronoi(point, box_polygon)
v_box<-st_bbox(v)
new_v_box<-c(v_box[1]+0.25*(v_box[3]-v_box[1]),
             v_box[2]+0.25*(v_box[4]-v_box[2]),
             v_box[3]-0.25*(v_box[3]-v_box[1]),
             v_box[4]-0.25*(v_box[4]-v_box[2]))
new_v_box_polygon<-st_polygon(list(rbind(c(new_v_box[1],
new_v_box[2]), c(new_v_box[3], new_v_box[2]), c(new_v_box[3], new_
v_box[4]), c(new_v_box[1], new_v_box[4]), c(new_v_box[1], new_v_box
[2]))))
plot(v, col=0, border="blue")
#plot(v, col=0, border="blue", xlim=c(new_v_box[1], new_v_box
[3]), ylim=c(new_v_box[2], new_v_box[4]))
plot(point, col="red", add=TRUE)
plot(box_polygon, add=TRUE)
```

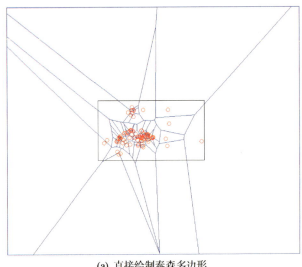

(a) 直接绘制泰森多边形

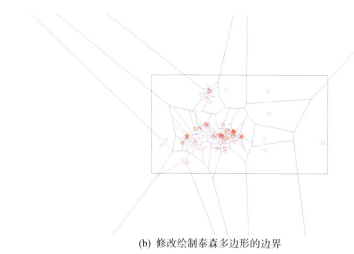

(b) 修改绘制泰森多边形的边界

图 4-31　使用 *st_voronoi* 函数绘制泰森多边形

4.6　基础空间关系分析

4.6.1　Spatial*DataFrame 对象

在空间数据的应用过程中, 经常需要进行基于空间关系的处理与分析, 如距离计算, 邻接关系、相交关系等方面的计算与判断.

函数包 **rgeos** 中提供了 *gDistance* 函数, 用于计算空间对象之间的距离. 其中需要注意的是, 此处为了得到以米为单位的距离, 这里和 4.5.1 小节一样, 使用的是投影到 UTM 坐标系的数据. 下面代码可计算 WHZZQ_sp_utm 数据中 3030 个点之间的距离矩阵.

```
dmat1 <- gDistance(WHZZQ_sp_utm, byid=T)
```

函数包 **rgeos** 同时提供了 *gWithinDistance* 函数, 用于检验对应空间对象位置是否在一定的距离阈值范围之内 (通过参数 *dist* 设定). 因此, 如果面对这样一个问题: 请指出 WHZZQ_hs_sp 数据中哪些点距离武汉市 trunk 类道路不超过 100 米, 可通过以下代码简单快速地实现, 结果如图 4-32 所示. 同样, 为了以米为单位设置 *dist* 参数, 使用的也是投影后的数据 WHZZQ_sp_utm. 请读者思考, 如果用其他 GIS 工具软件实现这个操作替代, 需要哪些工具和步骤?

```
dist100 <- gWithinDistance(WHZZQ_sp_utm, WHRD_sp_utm, dist=100,
byid=T)
bbox_ZZQ_hs<-bbox(WHZZQ_sp_utm)
plot(WHRD_sp_utm, xlim = c(bbox_ZZQ_hs[1, 1], bbox_ZZQ_hs[1,
```

```
2]), ylim = c(bbox_ZZQ_hs[2, 1], bbox_ZZQ_hs[2, 2]))
    plot(WHZZQ_sp_utm[as.logical(apply(dist100, 2, sum)), ], pch=3,
col="red", add=T)
```

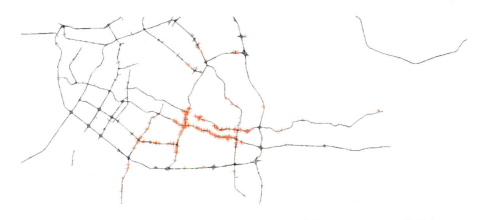

图 4-32   距离武汉市 trunk 类道路距离不超过 100 米的 WHZZQ_hs_sp 数据点

注意, 当 *gDistance* 和 *gWithinDistance* 函数中的参数 *byid* 为 FALSE 时, 计算距离的准则为两个输入空间对象整体之间的距离, 即最临近点之间的距离. 此时, 可通过函数 *gNearestPoints* 查看两个空间对象之间的最临近的两个点. 如下代码展示了对于给定的线对象和多边形对象, 通过 *gNearestPoints* 返回它们之间的最邻近点的功能, 结果如图 4-33 所示.

```
l1 <- Line(cbind(c(1, 2, 3), c(3, 2, 2)))
S1 = SpatialLines(list(Lines(list(l1), ID="a")))
Poly1 = Polygon(cbind(c(2, 4, 4, 1, 2), c(3, 3, 5, 4, 4)))
Polys1 = SpatialPolygons(list(Polygons(list(Poly1), "s1")))
plot(S1, col="blue", xlim=c(1, 4), ylim=c(2, 5))
plot(Polys1, add=T)
plot(gNearestPoints(S1, Polys1), add=TRUE, col="red", pch=7)
lines(coordinates(gNearestPoints(S1, Polys1)), col="red", lty=3)
```

函数包 **rgeos** 中提供了空间对象几何求交函数 *gIntersection*, 用于获取两个输入空间对象的公共部分, 即实现 GIS 中常用的空间剪辑 (Clip) 功能. 例如, 我们可以利用 *gIntersection* 函数实现上节中图 4-24 中武汉市边界与三角剖分之间的求交运算, 示例结果如图 4-34 所示.

```
WHDis_sp<-gBuffer(WHDis_sp, byid = TRUE, width = 0)
WHDis_dt <- gIntersection(WHDis_sp, spt_rand_dt)
plot(WHDis_dt, col="green", xlim=bbox(WHDis_sp)[1, ], ylim=bbox
```

```
(WHDis_sp)[2, ], lwd=3)
    plot(WHDis_sp, lty=2, add=T)
    plot(spt_rand_dt, lty=3, add=T)
```

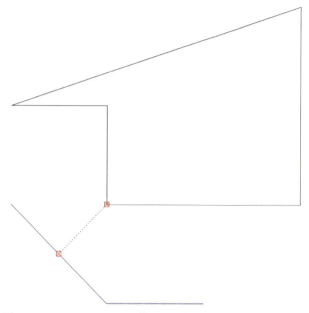

图 4-33　*gNearestPoints* 函数返回空间对象间的最临近点结果

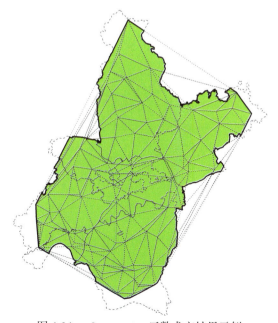

图 4-34　*gIntersection* 函数求交结果示例

此外, 函数包 **rgeos** 提供了空间对象求异运算函数 *gDifference* 和 *gSymdifference*, 可以实现与 *gIntersection* 函数相逆的剪辑操作. 下面我们也将通过一个实例来看函数的具体效果. 首先, 我们将本章所提供的长江的边界数据 (YangtzeRiver.shp) 放到工作目录下, 通过以下代码导入和查看, 结果如图 4-35.

```
river <- readShapePoly("YangtzeRiver.shp", proj4string = CRS
("+proj=longlat +datum=WGS84 +no_defs"))
  plot(WHDis_sp, col="grey")
  plot(river, col="green", add=T)
```

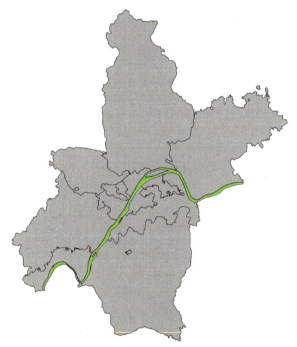

图 4-35　长江数据示意图

例如, 在研究房价变化的过程中, 需要将河流覆盖区域排除在外, 即将这部分区域从武汉市边界数据中进行剪裁. 在以下代码中, 通过分别应用函数 *gDifference* 和 *gSymdifference*, 即可实现图 4-36 和图 4-37 中所示的两种效果. 注意, 这两个函数其实能够实现不同的裁剪效果, 请在延伸学习部分尝试更多实例以验证它们的不同之处.

```
WHDis_dif <- gDifference(WHDis_sp, river, byid=T)
plot(WHDis_dif, col="grey")
WHDis_symdif <- gSymdifference(WHDis_sp, river)
plot(WHDis_symdif , col="grey")
```

图 4-36 函数 *gDifference* 裁剪效果示意图

图 4-37 函数 *gSymdifference* 裁剪效果示意图

除了上述基于空间关系判断的空间数据处理函数外，函数包 **rgeos** 还提供了丰富的空间关系判断函数 (若对象间存在对应空间关系，则返回 TRUE；否则返回值为 FALSE)，包括以下关系特征的判断：

(1) 包含关系：可用函数包括 *gContains*、*gContainsProperly*、*gCovers*、*gCoveredBy*、*gWithin* 等，判断情形如图 4-38 所示；

(2) 交叠关系：可用函数包括 *gCrosses* 和 *gOverlaps*，判断情形如图 4-39 所示；

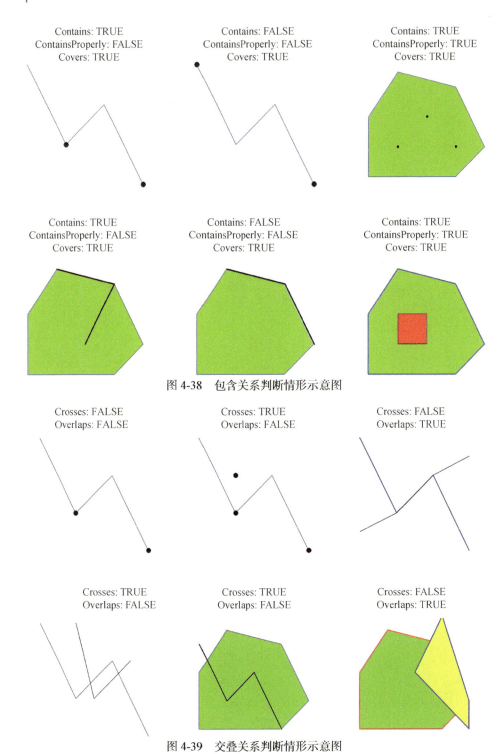

Contains: TRUE
ContainsProperly: FALSE
Covers: TRUE

Contains: FALSE
ContainsProperly: FALSE
Covers: TRUE

Contains: TRUE
ContainsProperly: TRUE
Covers: TRUE

Contains: TRUE
ContainsProperly: FALSE
Covers: TRUE

Contains: FALSE
ContainsProperly: FALSE
Covers: TRUE

Contains: TRUE
ContainsProperly: TRUE
Covers: TRUE

图 4-38　包含关系判断情形示意图

Crosses: FALSE
Overlaps: FALSE

Crosses: TRUE
Overlaps: FALSE

Crosses: FALSE
Overlaps: TRUE

Crosses: TRUE
Overlaps: FALSE

Crosses: TRUE
Overlaps: FALSE

Crosses: FALSE
Overlaps: TRUE

图 4-39　交叠关系判断情形示意图

(3) 相遇关系: 可用函数包括 *gTouches*, 判断情形如图 4-40 所示.

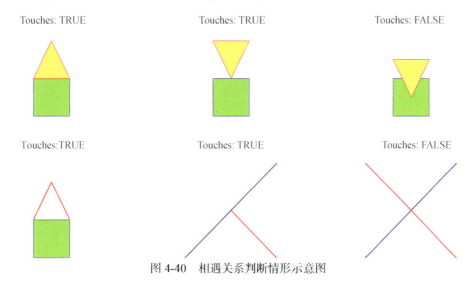

图 4-40 相遇关系判断情形示意图

4.6.2 Simple Feature 对象

作为现役的空间矢量数据分析函数包, **sf** 函数包也提供了丰富的空间关系的处理与分析函数, 如距离计算, 邻接关系、相交关系等方面的分析.

首先, 函数包 **sf** 提供了 *st_distance* 函数, 用于计算空间对象之间的距离. 下面代码可计算 WHZZQ_hs_sf 数据中 3030 个点之间的距离矩阵.

```
dmat1<-st_distance(WHZZQ_hs_sf$geometry, WHZZQ_hs_sf$geometry)
```

同时, 函数包 **sf** 提供了 *st_is_within_distance* 函数, 用于检验对应空间对象位置是否在一定的距离阈值范围之内 (通过参数 *dist* 设定). 因此, 如果需要提取 WHZZQ_sf 数据中距离武汉市 trunk 类道路不超过 100 米的点, 可通过以下代码简单快速地实现, 结果如图 4-41 所示.

```
dist100<-st_is_within_distance(WHZZQ_sf$geometry,
WHRD_tuk_sf$geometry, dist = 100, sparse = FALSE)
    WHZZQ_100<-WHZZQ_sf[as.logical(apply(dist100, 1, sum)), ]
    plot(WHRD_tuk_sf$geometry, col="grey")
    plot(WHZZQ_100$geometry, col="red", pch=3, add=TRUE)
```

另外, 可通过 *st_nearest_points* 函数查看两个空间对象之间的最临近点. 如下代码展示了对于给定的线对象和多边形对象, 通过 *st_nearest_points* 函数可返回二者之间最临近点的信息, 结果如图 4-42 所示.

```
s1<-st_linestring(rbind(c(1, 3), c(2, 2), c(3, 2)))
p1<-st_polygon(list(rbind(c(2, 3), c(4, 3), c(4, 5), c(1, 4),
c(3, 4), c(2, 3))))
n<-st_nearest_points(s1, p1)
plot(s1, col="blue", xlim=c(1, 4), ylim=c(2, 5))
plot(p1, add=TRUE)
plot(n, col="red", lty=3, add=TRUE)
points(st_coordinates(n), pch=7, col="red")
```

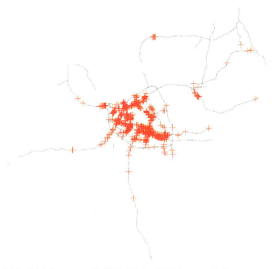

图 4-41   距离武汉市 trunk 类道路距离不超过 100 米的 WHZZQ_sf 数据点

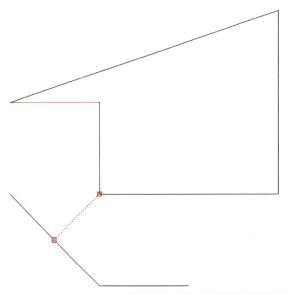

图 4-42   *st_nearest_points* 函数返回空间对象间的最临近点结果

函数包 **sf** 中提供了空间对象几何求交函数 *st_intersection*, 用于获取两个空间对象的公共部分, 即实现 GIS 中常用的空间裁剪 (Clip) 功能. 如可以利用 *st_intersection* 函数实现上节中图 4-31 中泰森多边形与房价点外包矩形之间的求交运算, 示例结果如图 4-43 所示.

```
v_envelope<-st_intersection(st_cast(st_sfc(v)), box_polygon)
plot(v,  col=0,  border="grey",  lty=3,  xlim=c(new_v_box[1],
new_v_box[3]), ylim=c(new_v_box[2], new_v_box[4]))
    plot(v_envelope, col="green", add=TRUE)
    plot(point, col="red", add=TRUE)
```

图 4-43   *st_intersection* 函数求交结果

此外, 函数包 **sf** 也提供了空间对象求异运算函数 *st_difference* 和 *st_sym_difference*, 可以实现与 *st_intersection* 函数相逆的操作. 下面通过一个实例来展示该函数的具体效果. 首先, 将本章所提供的长江边界数据 (YangtzeRiver.shp) 放入工作目录, 通过以下代码导入和查看, 结果如图 4-44.

```
river<-read_sf("YangtzeRiver.shp")
plot(WHDis_sf$geometry, col="grey")
plot(river$geometry, col="green", add=TRUE)
```

例如, 在研究房价变化时, 需要将河流覆盖区域排除在外, 即将这部分区域从武汉市边界数据中进行裁剪. 在下列代码中通过 *st_difference* 函数和 *st_sym_difference* 函数即可实现图 4-45 和图 4-46 所示的效果. 注意, 这两个函数其实能够实现不同的裁剪效果, 请在延伸学习部分尝试更多实例以验证二者的不同之处.

```
WHDis_dif<-st_difference(WHDis_sf$geometry, river$geometry)
plot(WHDis_dif, col="grey")

WHDis_symdif<-st_sym_difference(st_union(WHDis_sf$geometry),
                                st_union(river$geometry))
plot(WHDis_symdif, col="grey")
```

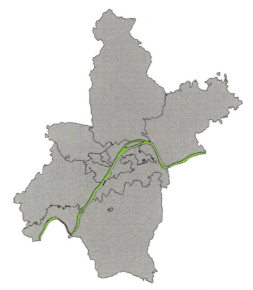

图 4-44　长江边界数据示意图

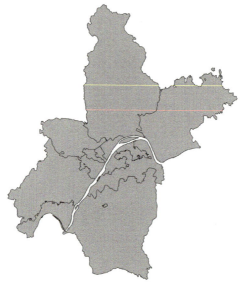

图 4-45　函数 *st_difference* 裁剪效果示意图

图 4-46　函数 *st_sym_difference* 裁剪效果示意图

除了上述基于空间关系判断的空间数据处理函数外, 函数包 **sf** 还提供了丰富的空间关系判断函数 (函数中的 *sparse* 参数为 FALSE 时, 返回由 TRUE/FALSE 组成的二维矩阵, 若对象间存在对应空间关系, 则矩阵中对应位置为 TRUE; 否则返回 FALSE), 包括以下关系特征的判断:

(1) 包含关系: 可用函数包括 *st_contains*、*st_contains_properly*、*st_covers*、*st_covered_by*、*st_within*、*st_equals*、*st_equals_exact* 等, 判断情形如图 4-38 所示;

(2) 交叠关系: 可用函数包括 *st_intersects*、*st_crosses* 和 *st_overlaps*, 判断情形如图 4-39 所示;

(3) 相遇关系: 可用函数包括 *st_touches*, 判断情形如图 4-40 所示;

(4) 相离关系: 可用函数包括 *st_disjoint*, 该函数与交叠关系中的 *st_intersects* 函数的功能相反.

另外, 上述函数除了可以用于两个不同的空间数据对象之间的空间关系判断外, 还可以用于筛选同一个空间数据对象中与某 Simple Feature 对象符合规定空间关系的其他 Simple Feature 对象. 例如通过下列代码可以根据 "name" 属性从武汉市边界数据中筛选出名为 "Hongshan" 的面数据, 再根据空间关系 *st_touches* 筛选出与该面具有相遇关系的其他面数据, 结果如图 4-47 所示.

```
Hongshan<-WHDis_sf[WHDis_sf$name=="Hongshan", ]
Hongshan_touch<-WHDis_sf[Hongshan, op=st_touches]
plot(WHDis_sf$geometry, col="grey")
plot(Hongshan_touch$geometry, col="red", add=TRUE)
plot(Hongshan$geometry, col="blue", add=TRUE)
```

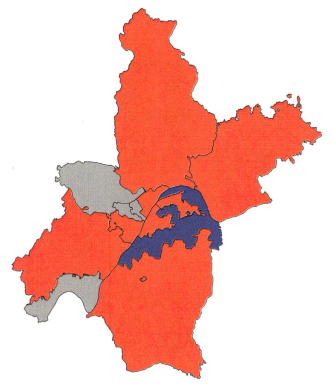

图 4-47 通过空间关系函数筛选同一个空间数据中的 Simple Feature 对象

4.7 属性与空间关联

空间连接 (Spatial Join) 是一种 GIS 操作, 用于根据地理空间关系将两个地理数据集连接在一起, 这通常涉及根据两个数据集的地理位置和空间关系 (如包含、相交或邻近关系) 来传递属性数据. 在 **R** 语言中, **sf** 函数包是执行空间操作和分析的现役工具包, 它所提供的 Simple Feature 对象具备天然的 data.frame 对象属性, 能够高效、便捷地进行连接操作.

下面用一个简单的例子介绍在 R 中进行空间连接的方法, 首先, 选择武汉市住宅区点数据 WHZZQ_sf 和武汉市边界面数据 WHDis_sf 作为进行空间连接的示例数据. 接着, 使用 *st_join* 函数对二者进行空间连接, 基于点的位置将面数据的属性连接到点数据集中. 代码如下:

```
joined_data <- st_join(WHZZQ_sf, WHDis_sf)
joined_data
summary(joined_data)
```

在这个例子中, *st_join* 函数将检查每个住宅区点的位置, 并将其与包含该点的面进行连接, 返回一个新的 Simple Feature 对象, 其中包含住宅区点数据的几何和属性, 以及相应的面的属性. 如图 4-48 所示, 连接后得到的新 Simple Feature 对象与住宅区点数据 WHZZQ_sf 一样, 共有 11422 个点, 但每个点都既有 WHZZQ_sf 数据的属性, 也包含了 WHDis_sf 数据的属性.

```
Simple feature collection with 11422 features and 19 fields
Geometry type: POINT
Dimension:     XY
Bounding box:  xmin: 113.7165 ymin: 30.09041 xmax: 114.984 ymax: 31.3034
Geodetic CRS:  WGS 84
# A tibble: 11,422 × 20
   MajorCat    MiddleCat  MinorCat Province City  District  Lng   Lat            geometry  adcode name
   <chr>       <chr>      <chr>    <chr>    <chr> <chr>     <dbl> <dbl>        <POINT [_]>   <dbl> <chr>
 1 ShangWuZhuZ… ZhuZhaiQu ZhuZhai… Hubei    Wuhan Caidian   114.  30.4 (113.7165 30.40612)  420114 Caidian
 2 ShangWuZhuZ… ZhuZhaiQu ZhuZhai… Hubei    Wuhan Hannan    114.  30.2 (113.7744 30.23801)  420113 Hannan
 3 ShangWuZhuZ… ZhuZhaiQu ZhuZhai… Hubei    Wuhan Caidian   114.  30.4 (113.8413 30.44237)  420114 Caidian
 4 ShangWuZhuZ… ZhuZhaiQu ZhuZhai… Hubei    Wuhan Caidian   114.  30.4 (113.8511 30.38496)  420114 Caidian
 5 ShangWuZhuZ… ZhuZhaiQu ZhuZhai… Hubei    Wuhan Hannan    114.  30.3  (113.854 30.26188)  420113 Hannan
 6 ShangWuZhuZ… ZhuZhaiQu ZhuZhai… Hubei    Wuhan Hannan    114.  30.3 (113.8888 30.27274)  420113 Hannan
 7 ShangWuZhuZ… ZhuZhaiQu ZhuZhai… Hubei    Wuhan Hannan    114.  30.3 (113.9161 30.34556)  420113 Hannan
 8 ShangWuZhuZ… ZhuZhaiQu ZhuZhai… Hubei    Wuhan Hannan    114.  30.3  (113.9233 30.3126)  420113 Hannan
 9 ShangWuZhuZ… ZhuZhaiQu ZhuZhai… Hubei    Wuhan Dongxihu  114.  30.7 (113.925 30.74933)  420112 Dongxihu
10 ShangWuZhuZ… ZhuZhaiQu ZhuZhai… Hubei    Wuhan Dongxihu  114.  30.7 (113.9255 30.74738)  420112 Dongxihu
# i 11,412 more rows
# i 9 more variables: center_0 <dbl>, center_1 <dbl>, centroid_0 <dbl>, centroid_1 <dbl>, level <chr>,
#   subFeature <dbl>, acroutes_0 <dbl>, acroutes_1 <dbl>, acroutes_2 <dbl>
# i Use print(n = ...) to see more rows
```

图 4-48　连接得到的新 Simple Feature 对象

为了更好地理解结果, 可以使用在后续章节中即将介绍的 **ggplot2** 函数包进行可视化, 可视化结果如图 4-49 所示.

```
library(ggplot2)
ggplot() +
  geom_sf(data = WHDis_sf, fill = "lightblue", color = "black") +
  geom_sf(data = WHZZQ_sf, color = "red", size = 3) +
  geom_sf(data = joined_data, aes(color = as.factor(District)),
size = 2) +
  labs(color = "Polygon ID") +
  theme_minimal()
```

总之, 空间连接是 GIS 分析中的一个关键工具, 用于基于地理位置将不同数据集的属性合并在一起, 从而达到整合多源数据、传递属性信息、进行空间分析和决策支持等目的.

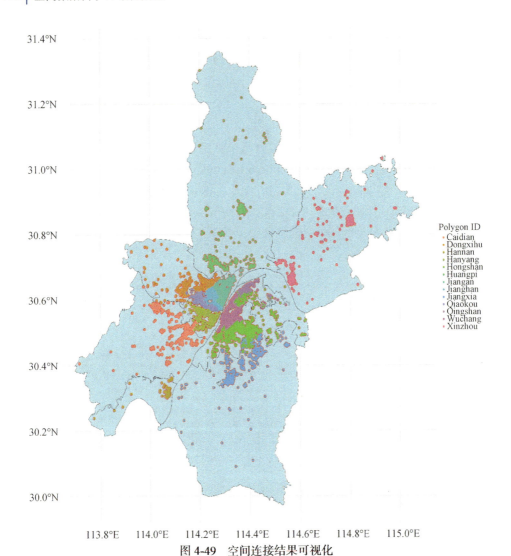

图 4-49   空间连接结果可视化

4.8   本章练习与思考

(1) 如图 4-50 所示，判断"点在多边形中"的依据为从该点向任意方向做一条射线，若射线与多边形边界的交点个数为奇数，则该点在多边形内部；否则，点在多边形外部. 请撰写代码实现下列功能：

a. 编写 *point.In.polygon* 函数，判断当前点是否在多边形中；

b. 利用 *plot* 函数画出多边形数据 (如前面的示例数据 WHDistrict)，采用 *locator* 函数获取鼠标单击位置，高亮显示被选中的多边形单元.

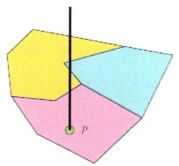

图 4-50　点在多边形内判断准则示意图

(2) 根据本章所述的空间数据操作与处理方法，利用示例数据 WHSWZZ_ZZQ 数据、WHRD 数据和 WHDistrict 数据，按照下列要求提取对应数据：

a. 请单独提取距离武汉市 trunk 和 trunk_link 类道路（class="trunk" 或 fclass="trunk_link"）不超过 100 米的住宅区数据；

b. 针对 a 中提取的数据点，计算武汉市每个 District 单元内数据点的个数.

(3) 在 4.2.1 节和 4.2.2 节中，新增后的 "Pop_Den" 属性列位于属性数据的最后一列，请查阅 *relocate* 函数的用法后，思考并尝试将新增列移至第九列，即位于属性列 "Avg_Pop" 之后.

第 5 章

基础数据统计可视化

可视化技术是数据科学的基础工具, 是数据科学家与数据之间、数据科学家与决策者之间的重要桥梁. 在数据处理和分析过程中, 将数据及其处理结果进行有效、合理的可视化, 能够加深我们对数据的理解, 迅速捕捉数据的本质, 从而推动更深入的理解、发现新的见解、做出更好的决策, 是数据科学价值体现的重要渠道. 本章将介绍如何利用 **R** 中的一些函数包工具, 进行数据的基础表达与可视化.

5.1 本章 R 函数包准备

5.1.1 lattice 函数包

函数包 **lattice** 是 **R** 语言中的基础数据可视化包之一, 由 Deepayan Sarkar 等开发和维护 (https://CRAN.R-project.org/package=lattice). 函数包 **lattice** 的设计理念来自于 Cleveland 的 Trellis 图形, 即根据特定变量将数据分解为若干子集, 并对每个子集在格网单元上画图, 由此展示变量分布或变量关系. **lattice** 函数包提供了丰富的图形函数, 可生成单变量图形 (点图、核密度图、直方图、柱形图和箱线图)、双变量图 (散点图、带状图和平行箱线图) 和多变量图形 (三维图和散点图矩阵).

5.1.2 graphics 函数包

函数包 **graphics** 是 **R** 语言中的一个基础绘图包, 用于创建静态图形和基本的可视化图表. 它包含了 *plot*、*hist*、*boxplot*、*barplot*、*pie* 等基础绘图函数, 能够生成散点图、直方图、折线图、箱线图、条形图等多种基本的统计图形. 由于 **graphics** 函数包是 **R** 的内置函数包, 因此用户在使用时不需要额外安装或加载.

5.1.3 RColorBrewer 函数包

函数包 **RColorBrewer** 由 Erich Neuwirth 开发和维护 (https://CRAN.R-project.org/package=RColorBrewer), 提供了由 Cynthia Brewer 设计的常用颜色调色板 (color palettes) 选项, 在属性数据表达和空间数据专题制图等可视化过程中提供了丰富的颜色和色系的选择 (Harrower and Brewer, 2003). 本章的部分可视化示例中, 将利用它实现复杂、合理的可视化配色效果.

5.1.4 MASS 函数包

函数包 **MASS** 全称是 Modern Applied Statistics with S, 由 Brian Ripley 教

授等开发和维护 (https://CRAN.R-project.org/package=MASS)，是 **R** 语言中一个广泛使用的统计学工具包，专门设计用于现代应用统计学方法的实施和研究，提供了包括线性模型、广义线性模型、非线性回归、时间序列分析、聚类分析等领域的许多统计方法和函数. 本章将介绍如何利用函数包 **MASS** 中的回归分析、非线性拟合等函数实现复杂的统计可视化效果.

5.1.5 ComplexHeatmap 函数包

函数包 **ComplexHeatmap** 由 Zuguang Gu 开发和维护 (https://bioconductor.org/packages/release/bioc/html/ComplexHeatmap.html)，提供了绘制复杂热力图等高级统计可视化工具包. **ComplexHeatmap** 函数包中提供了丰富的可视化函数和灵活的参数定制选项，包括对行和列分组的支持、自定义颜色映射、注释添加和聚类分析等，特别能够用于高维度数据的热力图制作. 因为 **ComplexHeatmap** 函数包未在 CRAN 中上，读者可以通过 BiocManager 函数包将其从另一个重要的资源网站 Bioconductor (https://bioconductor.org/) 进行安装，具体命令如下：

```
install.packages("BiocManager")
require(BiocManager)
BiocManager::install("ComplexHeatmap")
```

此外，读者也可以通过作者在 GitHub 网站上共享的源代码和编译包进行下载和安装 (https://github.com/jokergoo/ComplexHeatmap).

5.1.6 circlize 函数包

函数包 **circlize** 同样由 Zuguang Gu 开发和维护 (https://CRAN.R-project.org/package=circlize)，是 **R** 语言中另一个被广泛使用的高级可视化工具包，专门用于实现复杂的环形图绘制与可视化展示. 在本章中主要使用该函数包提供的 *colorRamp2* 函数，与 **ComplexHeatmap** 函数包的热力图绘制函数搭配使用，以便于设置复杂热力图的颜色映射.

5.1.7 corrplot 函数包

函数包 **corrplot** 由 Taiyun Wei 等开发和维护 (https://CRAN.R-project.org/package=corrplot)，专门用于多元变量相关系数矩阵的展示和分析. **corrplot** 函数包提供了多种相关系数矩阵的可视化图形展示方式，如圆形图、方形图、数字图和热力图等，允许用户对相关系数矩阵进行可视化参数定制，对相关系数的显著性标记、自定义颜色方案、聚类展示等，使用户能够直观、详细地观察多元变量之间的相关关系 (Friendly, 2002).

5.1.8　linkET 函数包

函数包 **linkET** 由 Houyun Huang 开发和维护, 该包基于 **ggplot2** 包开发, 可简单直接地绘制矩阵热力图, 尤其可以用于绘制高级的多元变量相关系数热力图. 因为 **linkET** 函数包也未在 CRAN 中上线, 所以读者需要通过作者在 GitHub 共享的源代码或编译包 (https://github.com/Hy4m/linkET) 进行下载安装.

5.1.9　ggplot2 函数包

函数包 **ggplot2** 由 Hadley Wickham 等开发和维护 (https://CRAN.R-project.org/package=ggplot2), 是当前 **R** 语言中最流行的可视化函数工具包. 与大多数数据可视化函数不同, 函数包 **ggplot2** 是基于 Wilkinson 在 2005 年提出的图形语法 (The Grammar of Graphics) 开发的, 由一系列独立可视化模块构成, 能够进行灵活的可视化图层组合. **ggplot2** 函数包功能非常强大, 可以根据不同的可视化问题和需求, 量身定制不同复杂程度的可视化图形. 本章只涉及其中的基础可视化函数, 关于该函数包的使用将在第 7 章专门进行详细介绍.

5.1.10　GGally 函数包

函数包 **GGally** 由 Barret Schloerke 等开发和维护 (https://CRAN.R-project.org/package=GGally), 是在 **ggplot2** 函数包的基础上开发, 提供了丰富、便捷的多元变量可视化函数, 使用户能够便捷地创建复杂、多维的数据可视化图件. 通过与 **ggplot2** 函数包无缝集成, **GGally** 函数包允许用户在 **ggplot2** 函数包工具函数的基础上, 添加更多可视化功能和定制选项, 从而更加灵活、高效地进行数据探索与可视化展示.

5.1.11　psych 函数包

函数包 **psych** 由 William Revelle 开发和维护 (https://CRAN.R-project.org/package=psych), 是 **R** 语言中的一个综合性统计分析包, 提供了描述性统计、项目分析、因子分析、聚类分析和多维标度分析等可视化分析函数, 以处理和分析复杂的变量数据关系, 使得用户可以更直观地理解数据结构和分析结果.

在本章的学习过程中, 通过以下代码安装上述函数包, 并在 **R** 软件中载入它们.

```
install.packages("lattice")
install.packages("RColorBrewer")
install.packages("MASS")
install.packages("circlize")
install.packages("corrplot")
install.packages("ggplot2")
install.packages("GGally")
install.packages("psych")

library(lattice)
library(RColorBrewer)
library(MASS)
library(ComplexHeatmap)
library(circlize)
library(corrplot)
library(linkET)
library(ggplot2)
library(GGally)
library(psych)
```

5.2 基础统计图表绘制

在 R 语言的基础库 **base** 中, 提供了最为基础的画图函数 *plot*, 可绘制点、线、面等形状. 为了展示部分函数的效果, 在前面章节中部分数据展示过程中使用了该函数, 相信读者已经初步了解.

本节将深入介绍函数 *plot* 的绘制功能和参数特点, 主要从点形状 (大小)、线型 (线宽)、颜色、绘制类型和制图综合等几个方面进行参数赋值与个性化定义, 其基础语法形式如下:

```
plot(x, y, type = "p", main = NULL, xlab = NULL, ylab =
NULL, ...)
```

其中 *x* 对应横轴数据向量; *y* 对应纵轴数据向量; *type* 对应点的类型: "p"(点)、"l"(线)、"b"(点线混合)、"c"(仅线, 不连接点)、"o"(点在线上)、"h"(垂线)、"s"(阶梯线)、"n"(不绘图, 仅设置坐标轴), 后续不同类型的图形也可通过该参数进行灵活控制; *main* 对应制图标题; *xlab* 和 *ylab* 分别对应横轴和纵轴标签. 而如果需要进行更加灵活与复杂的制图, 更需要通过对 "..." 所代表的其他制图参数进行更加精细的控制.

5.2.1　基础绘图参数

在函数 *plot* 中，参数 *pch* 代表点符号的形状，以正整数进行赋值，这里列举了 25 种常用的赋值及形状，效果如图 5-1 所示. 此外，也可用字符或字符串对参数 *pch* 进行直接赋值，如 *pch*="*"、*pch*="p"，则点形状则分别定义为 "*" 和 "p"，以此读者可更加灵活地定义所需绘制的点符号形状，乃至在对应位置绘制指定的字符.

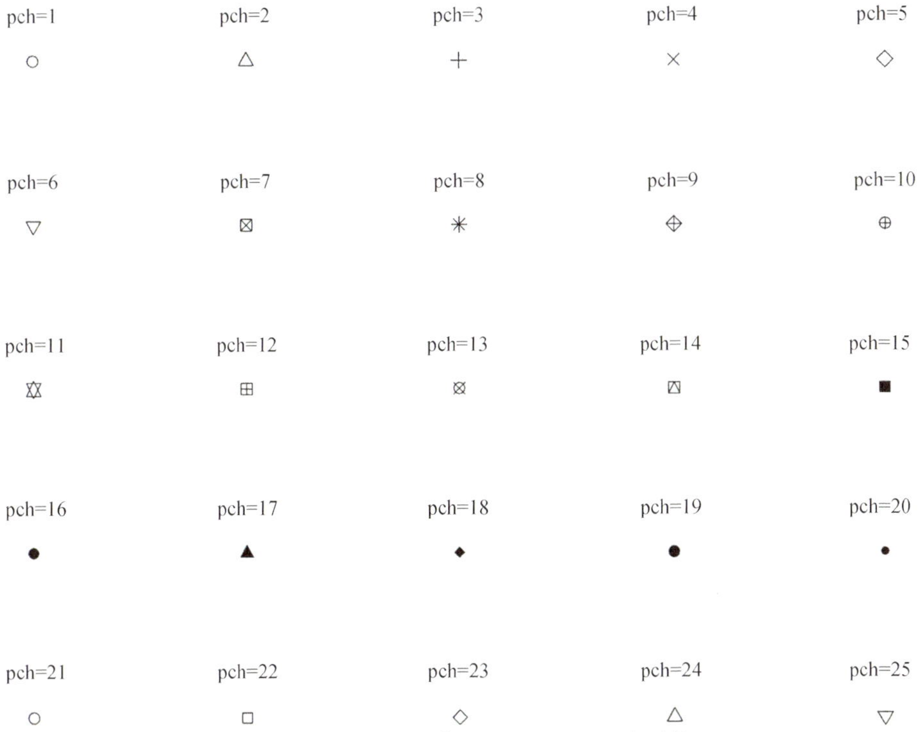

图 5-1　函数 *plot* 中参数 *pch* 对应不同点形状

在函数 *plot* 中，参数 *lty* 用来定义线型特征的绘制，如果从 1 至 6 进行整数赋值，分别对应实线、虚线、点线、点划线、长虚线、长虚点划线，效果如图 5-2 所示.

绘图配色是数据表达与可视化的关键，可从色调和饱和度两个方面进行考虑. 在函数 *plot* 中，参数 *col* 用来定义绘制对象的颜色.

在 **R** 语言中，有多种方式可具体定义具体的颜色. 首先，可直接采用不同颜色 (色调) 对应的英文单词字符串进行赋值，效果如图 5-3 所示. 在不同颜色对应单词后面加上不同的数字, 可以调整对应颜色的饱和度, 随着数字增大颜色也逐渐加深, 效果如图 5-4 所示. 为了便于查询更多颜色的定义, 使用函数 *colors* 可以查看更多的颜色选项, 共计 657 种.

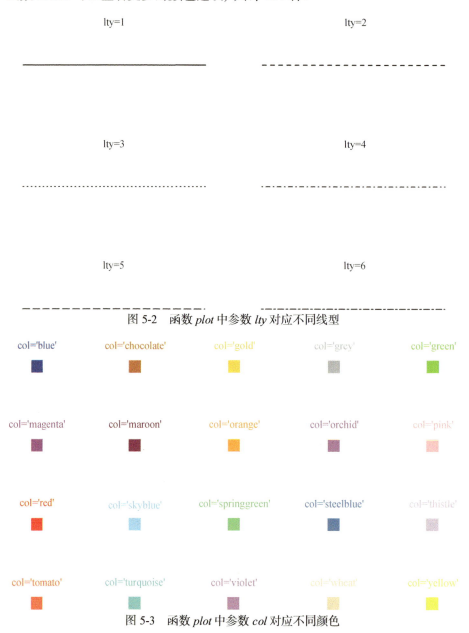

图 5-2　函数 *plot* 中参数 *lty* 对应不同线型

图 5-3　函数 *plot* 中参数 *col* 对应不同颜色

图 5-4　函数 *plot* 中参数 *col* 对应不同饱和度颜色

此外, 还可以通过数值进行精准的颜色赋值, 具体以下面三个函数定义颜色特征:

①*rgb (r, g, b, maxColorValue=255, alpha=255)*: 通过 0—255 范围内的 RGB 三色值定义颜色特征;

②*hsv (h, s, v, alpha)*: 通过色调 (Hue)、饱和度 (Saturation) 和 0—1 之间的值 (Value), 以及透明度 *alpha* 值定义颜色特征;

③*hcl (h, c, l, alpha)*: 通过色调 (Hue)、饱和度 (Chroma) 和亮度 (Luminance), 以及透明度 *alpha* 值定义颜色特征.

此外, 函数包 **RcolorBrewer** 提供了多种现成的配色方案, 可采用函数 *display.brewer.all* 进行查看显示, 如图 5-5 所示. 在图 5-5 中, 配色方案大致分为三类:

(1) 上方部分的方案主要通过颜色饱和度变化进行区分, 可用于序列值或顺序性的区间值可视化案例;

(2) 中间部分的方案主要通过颜色色调变化进行区分, 不同颜色之间具有较强的对比性, 可用于定性属性或类别之间的差异化显示;

(3) 下方部分的方案通过颜色色调和饱和度综合变化形成颜色的综合对比, 能够展示更多的颜色变化, 可用于更加复杂的变量可视化, 如同时区分类别和变量大小或顺序.

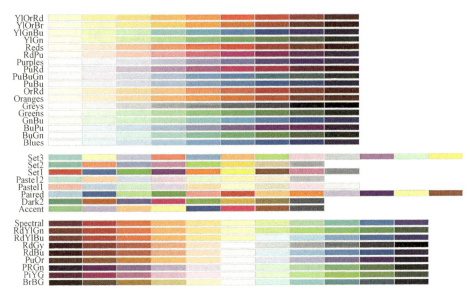

图 5-5　**RcolorBrewer** 调色板

　　形状、大小和颜色是可视化过程中的基础视觉要素, 在使用 *plot* 函数进行绘制时可以通过指定上述参数具体定制图件中的形状、大小和颜色. 此外, 在 **R** 语言中, 还有一些其他用于绘制图表的函数也包含上述参数, 例如 **graphics** 包提供的 *hist*、*barplot*、*boxplot* 函数, 以及 **MASS** 包提供的 *parcoord* 函数等, 可分别用于绘制不同类型的统计图表. 表 5-1 列出了常用的统计图表对应的绘制函数, 在下面的各小节中将分别利用这些函数进行对应类型的统计图表绘制.

表 5-1　不同类型的统计图表对应的绘制函数

统计图表类型	绘制函数
散点图	*plot*
折线图	*plot*
直方图	*plot*、*hist*
条形图	*barplot*
箱线图	*boxplot*
平行坐标图	*parcoord*

　　在进行绘制之前, 首先读入本章的示例数据——武汉市房价数据 WHHP_2015, 获取需要的属性列并进行重命名, 便于后续的绘图示例, 代码如下:

```
setwd("E:/R_course/Chapter5/Data")
getwd()

library(sf)
WHHP<-read_sf("WHHP_2015.shp")
names(WHHP)
WHHP$Pop_Den <- WHHP$Avg_Pop/WHHP$Avg_Shap_1
names(WHHP)
WHHP <- WHHP[, -c(1:9, 19:23)]
names(WHHP)
names(WHHP) <- c("Pop", "Annual_AQI", "Green_Rate", "GDP_per_
Land", "Rev_per_Land", "FAI_per_Land", "TertI_Rate", "Avg_HP",
"Den_POI", "geometry", "Pop_Den")
```

5.2.2　散点图

散点图 (Scatter Plot) 将两个等长的变量一一对应构成二维坐标, 在二维坐标系中进行绘制, 利用观测点的位置分布来展示变量间关系. 以武汉市房价数据为例, 通过以下代码可对房价数据中的地均 GDP 属性和地均固定资产投入之间的关系进行观察, 并通过前述参数改变形状、颜色和大小生成不同的散点图, 效果如图 5-6 所示.

```
par(mfrow=c(1, 2))
plot(WHHP$GDP_per_Land, WHHP$FAI_per_Land, xlab="地均GDP",
ylab="地均固定资产投入")
plot(WHHP$GDP_per_Land, WHHP$FAI_per_Land, xlab="地均GDP",
ylab="地均固定资产投入", cex=0.5, pch=3, col="blue")
par(mfrow=c(1, 1))
```

如果数据中含有其他辅助信息, 如类别型变量, 可利用颜色或形状在散点图中加以区分. 通过以下代码, 首先根据平均房价对数据进行分级, 按照由 "低" 到 "高" 进行划分, 并将其作为新的属性列 "HP_level" 添加到数据中, 根据此属性筛选得到平均房价值处于不同水平的数据. 将该房价级别视为类别, 并在散点图中采用不同颜色和形状对信息进行表达, 效果如图 5-7 所示.

```
library(dplyr)
sum_hp<-summary(WHHP$Avg_HP)
WHHP <- WHHP %>%
  mutate(HP_level = case_when(
    Avg_HP >= sum_hp[[1]] & Avg_HP < sum_hp[[2]] ~ "低",
```

```
    Avg_HP >= sum_hp[[2]] & Avg_HP < sum_hp[[3]] ~ "较低",
    Avg_HP >= sum_hp[[3]] & Avg_HP < sum_hp[[5]] ~ "较高",
    Avg_HP >= sum_hp[[5]] & Avg_HP <= sum_hp[[6]] ~ "高"
  ))
idx1 <- which(WHHP$HP_level=="低")
idx2 <- which(WHHP$HP_level=="较低")
idx3 <- which(WHHP$HP_level=="较高")
idx4 <- which(WHHP$HP_level=="高")
pchs <- c(19, 17, 14, 3)
cols <- c("black", "blue", "red", "purple")
plot(WHHP$Green_Rate[idx1], WHHP$GDP_per_Land[idx1], col=cols
[1], pch=pchs[1], ylim=range(WHHP$GDP_per_Land), xlim=range(WHHP$
Green_Rate), xlab="绿化率", ylab="地均GDP", cex=0.5)
    points(WHHP$Green_Rate[idx2], WHHP$GDP_per_Land[idx2], col=cols
[2], pch=pchs[2], cex=0.8)
    points(WHHP$Green_Rate[idx3], WHHP$GDP_per_Land[idx3], col=cols
[3], pch=pchs[3], cex=0.8)
    points(WHHP$Green_Rate[idx4], WHHP$GDP_per_Land[idx4], col=cols
[4], pch=pchs[4], cex=0.8)
    legend("topright", legend=c("低", "较低", "较高", "高"), title =
"房价水平", col=cols, pch=pchs)
```

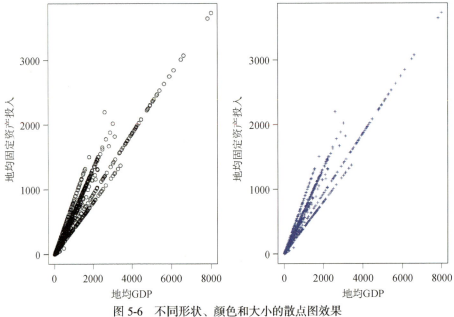

图 5-6 不同形状、颜色和大小的散点图效果

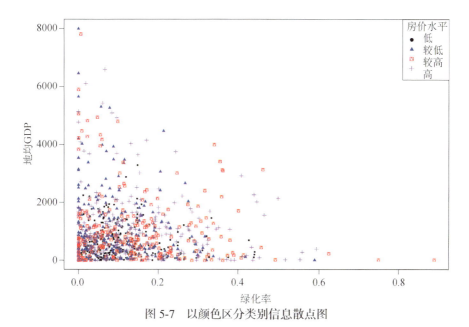

图 5-7　以颜色区分类别信息散点图

在制图过程中, 一般也可通过添加背景网格线辅助识图, 如在上述代码中添加以下两行代码, 可在图 5-7 中添加对应背景网格线, 使得读者更加便于观察, 效果如图 5-8 所示. 添加网格线代码如下:

```
grid(nx=20, ny=20, col="grey")
grid(nx=5, ny=5, col="grey", lty=1, lwd=1)
```

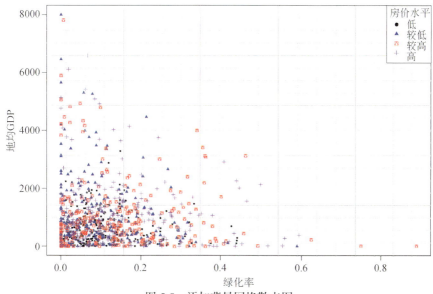

图 5-8　添加背景网格散点图

从图 5-7 和图 5-8 可发现, 武汉市高房价区域对应的绿化率和地均 GDP 也较高. 散点图是观察二元变量关系的基础工具, 读者可根据此示例代码, 对数据中的其他变量关系进行进一步的可视化分析.

5.2.3 折线图

折线图 (Line Chart) 是一种通过连接数据点来显示数据变化趋势的可视化手段, 通常用来展示纵轴变量随横轴变量 (如时间) 变化而变化的趋势分析. 函数 *plot* 不仅便于做散点图, 还可通过定义参数 *type* 分别为 "*l*" 和 "*b*", 则绘制对应折线图和点线图, 如图 5-9 所示. 从绘制结果中可以看出, 折线图突出了值域变化趋势, 而点线结合的图形更加易于展示相邻数值之间的跳跃, 尤其是相邻点之间存在较大变化时.

```
par(mfrow=c(1, 2))
x <- seq(0, 2*pi, len=100)
y<- sin(x)+rnorm(100, 0, 0.1)
plot(x, y, type="l", col="darkblue", lwd=3)
plot(x, y, type="b", col="darkblue", pch=16)
```

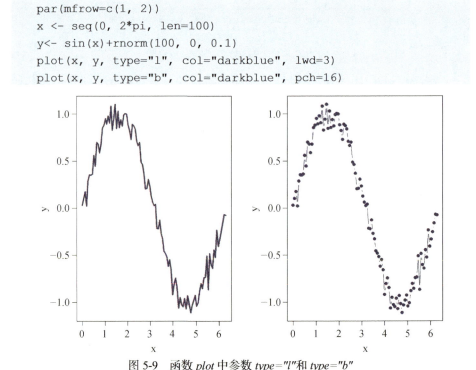

图 5-9 函数 *plot* 中参数 *type*="*l*"和 *type*="*b*"

利用函数 *plot* 绘制折线图时, 通常与 *points*、*lines* 和 *polygons* 等函数结合使用, 在已有绘制要素的基础上, 分别添加点、线和面要素特征, 达到综合表达的效果. 如利用下面几行代码, 对相同的数据, 使用 *plot* 函数分别与 *points* 函数和 *lines* 函数结合, 可以达到相同的效果, 结果如图 5-10 所示.

```
par(mfrow=c(1, 2))
plot(x, sin(x), type="l", col="darkblue", lwd=5)
points(x, y, col="darkred", pch=16)
title("plot+points")

plot(x, y, col="darkred", pch=16)
lines(x, sin(x), col="darkblue", lwd=5)
title("plot+lines")
```

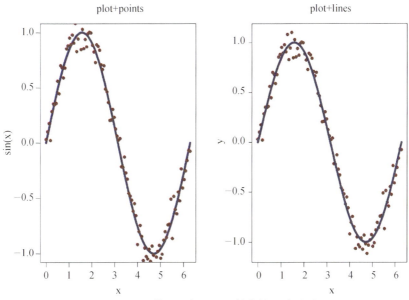

图 5-10　函数 *plot* 与 *points* 结合使用效果图

5.2.4　直方图

直方图 (Histogram) 是用来观察数据变量分布特征的常用图形, 能够直观地展示数据分布特征, 如数据总体分布以及数值的频率趋势、分布形状、离散程度和极端值等. 在 **R** 语言中, 可以使用基础函数包 **base** 中的 *hist* 函数绘制直方图. 输入以下示例代码, 绘制平均房价数据的直方图, 能够观察到武汉市房价的大致分布情况, 如图 5-11 所示.

```
par(mfrow=c(1, 1))
hist(WHHP$Avg_HP, col = "pink", border = "grey", xlab = "房价",
ylab = "频数", main = "武汉市房价分布直方图", labels = TRUE)
```

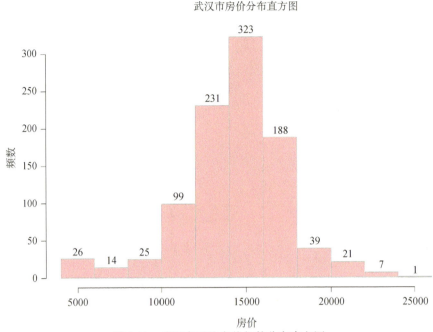

图 5-11 武汉市平均房价频数分布直方图

其中, 直方图中变量值分布区间可以通过参数 *breaks* 进行设定, 一般可通过以下几种规则进行设置:

(1) 默认情况下, 通过经典的 Sturges 规则设置直方图组数;

(2) 指定分组组数, 按照组数进行等分, 但这种设置在部分情况下可能无效, 如下面的例子中, 设置了组数为 12, 但实际并未按照这个数值进行绘制;

(3) 指定分组边界分割值, 能够更加精确地实现分组;

(4) 指定其他的分组方法, 如 "FD" (Scott 规则) 和 "Scott" (Freedman-Diaconis 规则).

运行下面的示例代码, 体验不同 *breaks* 划分下的直方图绘制结果, 如图 5-12 所示.

```
par(mfrow=c(2, 3))
hist(WHHP$Avg_HP, col = "pink", border = "grey", breaks = 12,
     xlim = c(4000, 26000), ylim=c(0, 400), xlab = "房价", ylab
= "频数", main = "breaks = 12", labels = TRUE)
hist(WHHP$Avg_HP, col = "pink", border = "grey", breaks = c(4e+
03, 8e+03, 1.2e+04, 1.6e+04, 2e+04, 2.4e+04, 2.6e+04), freq=TRUE,
     xlim = c(4000, 26000), ylim=c(0, 600), xlab = "房价", ylab
= "频数", main = "breaks = c(4e+03, 8e+03, ..., 2.4e+04, 2.6e+04)",
```

```
labels = TRUE)
    hist(WHHP$Avg_HP, col = "pink", border = "grey", breaks = seq(0,
2.5e+04, 5e+03),
        xlim = c(4000, 26000), ylim=c(0, 600), xlab = "房价", ylab
= "频数", main = "breaks = seq(0, 2.5e+04, 5e+03)", labels = TRUE)
    hist(WHHP$Avg_HP, col = "pink", border = "grey", breaks = "Scott",
        xlim = c(4000, 26000), ylim=c(0, 200), xlab = "房价", ylab
= "频数", main = "breaks = \"Scott\"", labels = TRUE)
    hist(WHHP$Avg_HP, col = "pink", border = "grey", breaks = "FD",
        xlim = c(4000, 26000), ylim=c(0, 100), xlab = "房价", ylab
= "频数", main = "breaks = \"FD\"", labels = TRUE)
    hist(WHHP$Avg_HP, col = "pink", border = "grey", breaks = "Sturges",
        xlim = c(4000, 26000), ylim=c(0, 400), xlab = "房价", ylab
= "频数", main = "breaks = \"Sturges\"", labels = TRUE)
```

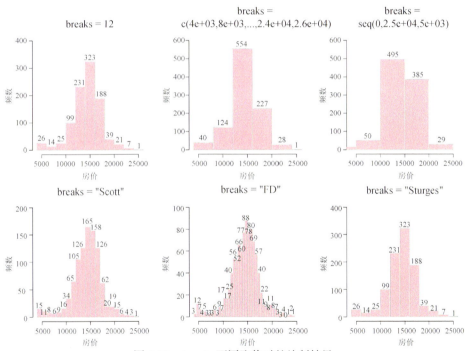

图 5-12 *breaks* 不同取值时的绘制结果

另外,如果将 *hist* 函数的参数 *freq* 设置为 FALSE,则直方图将统计变量值"频率",在此基础上可以叠加绘制轴须图与核密度曲线,两者均可以用来反映数据分布的密度特征. 运行示例代码,结果如图 5-13 所示.

```
par(mfrow=c(1, 1))
hist(WHHP$Avg_HP, col="pink", freq=FALSE, border="white", xlab=
```

```
"房价", ylab = "频率", main = "武汉市房价频率分布直方图")
   rug(jitter(WHHP$Avg_HP))
   lines(density(WHHP$Avg_HP), col="darkgreen", lwd=2)
```

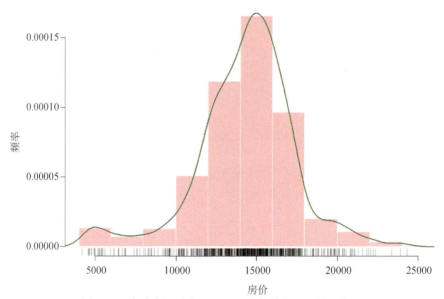

图 5-13　在直方图绘制的基础上绘制轴须图和核密度图

此外, 还可以在直方图上添加正态分布曲线, 通过将其与直方图进行比较, 如图 5-14 所示, 观察数据的中心趋势与散布情况, 同时在一定程度上也可用于识别潜在的异常值.

```
hist(WHHP$Avg_HP, freq=FALSE, col="pink", border="white", xlab=
"房价", ylab="频率", main="武汉房价频率分布直方图")
   data<-WHHP$Avg_HP
   x<-seq(min(data), max(data), length=100)
   y<-dnorm(x, mean = mean(data), sd = sd(data))
   lines(x, y, col="darkgreen", lwd=2)
```

除了使用 *hist* 函数绘制直方图, 也可以通过将 *plot* 函数的 *type* 参数设置为 "h" 进行绘制. 但值得注意的是, 使用 *plot* 函数绘制直方图较为繁琐, 而且某些情况下不如 *hist* 函数绘制结果直观, 因此一般来说推荐读者使用 *hist* 函数绘制直方图. 运行如下示例代码, 体验采用 *plot* 函数绘制直方图的过程, 结果如图 5-15 所示.

```
data <- c(1, 2, 2, 3, 3, 3, 4, 4, 4, 4, 5, 5, 5, 5, 5)
freq_table <- table(data)
```

```
df <- as.data.frame(freq_table)
plot(as.numeric(as.character(df$data)), df$Freq, type = "h",
lwd = 10, col = "skyblue", xlab = "Values", ylab = "Frequency",
main = "Histogram Example")
```

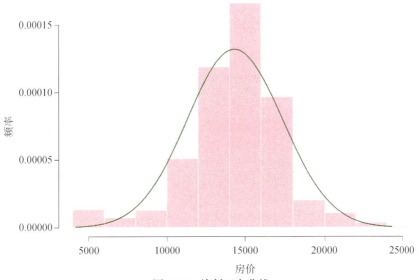

图 5-14 绘制正态曲线

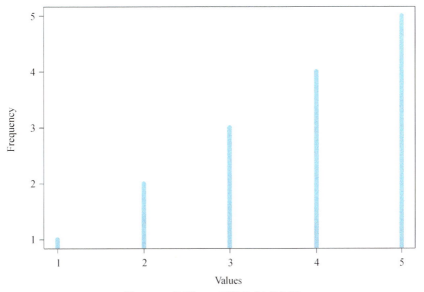

图 5-15 使用 *plot* 函数绘制直方图

5.2.5 条形图

与直方图类似, 条形图 (Bar Plot) 利用一定宽度和高度 (或长度) 的条形 (或称矩形) 表示不同类别下的变量数值特征. **R** 语言基础绘图函数包 **graphics** 提供了 *barplot* 函数绘制条形图. 在如下的示例代码中, 首先对武汉市房价数据中的绿化率 (Green_Rate) 进行分级, 添加新的绿化率水平属性列 "Green_level", 并根据此属性进行数据的筛选, 按照绿化率平均数划分, 得到不同水平绿化率对应区域的数据及其数量, 再对其绘制条形图, 结果如图 5-16 所示.

```
sum_green<-summary(WHHP$Green_Rate)
WHHP <- WHHP %>%
  mutate(Green_level = case_when(
    Green_Rate >= sum_green[[1]] & Green_Rate < sum_green[[4]]
~ "低",
    Green_Rate >= sum_green[[4]] & Green_Rate <= sum_green[[6]]
~ "高"
  ))

gre_level_num <- st_drop_geometry(WHHP) %>%
  group_by(Green_level) %>%
  summarise(count = n(), .groups = 'drop')

barplot(gre_level_num[[2]], names.arg = gre_level_num[[1]],
main="不同水平绿化率对应区域的数量", xlab="绿化率水平", ylab="区域数量",
col="skyblue", border="black")
```

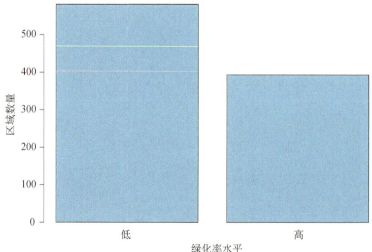

图 5-16　不同水平绿化率的区域数量条形图

另外，*barplot* 函数支持堆砌条形图与分组条形图的绘制. 结合武汉市房价数据的分级属性 "HP_level"，以房价水平数据为例，绘制不同房价水平对应的绿化率 "Green_Rate" 的堆砌条形图，从而更直观地观察不同房价的区域对应绿化率的区别，直观地看出高房价和较高房价的区域对应的绿化率也较高. 请运行以下代码，绘制的堆砌条形图如 5-17 所示.

```
breaks_green <- c(sum_green[[1]], sum_green[[4]], sum_green
[[6]])
low<-WHHP[WHHP$HP_level=="低", ]
low_table <- table(cut(low$Green_Rate, breaks = breaks_green,
include.lowest = TRUE))
re_low<-WHHP[WHHP$HP_level=="较低", ]
re_low_table <- table(cut(re_low$Green_Rate, breaks = breaks_
green, include.lowest = TRUE))
re_high<-WHHP[WHHP$HP_level=="较高", ]
re_high_table <- table(cut(re_high$Green_Rate, breaks = breaks_
green, include.lowest = TRUE))
high<-WHHP[WHHP$HP_level=="高", ]
high_table <- table(cut(high$Green_Rate, breaks = breaks_green,
include.lowest = TRUE))
l_col<-c(low_table[[1]], low_table[[2]])
re_l_col<-c(re_low_table[[1]], re_low_table[[2]])
re_h_col<-c(re_high_table[[1]], re_high_table[[2]])
h_col<-c(high_table[[1]], high_table[[2]])
table<-cbind(l_col, re_l_col, re_h_col, h_col)
rownames(table)<-c("低绿化率", "高绿化率")
colnames(table)<-c("低房价", "较低房价", "较高房价", "高房价")
barplot(table, col=c("red", "orange", "yellow", "green"), ylim=
c(0, 265)) #beside=TRUE
legend("top", rownames(table), cex = 0.8, fill = c("red", "orange",
"yellow", "green"), horiz = TRUE)
```

分组条形图和堆砌条形图类似，只需要在 *barplot* 函数中设置参数 *beside = TRUE* 即可，运行如下示例代码，绘制结果如图 5-18 所示.

```
barplot(table, col=c("red", "green"), ylim=c(0, 200), beside=
TRUE) #beside=TRUE
legend("top", rownames(table), cex = 0.8, fill = c("red", "green"),
horiz = TRUE)
```

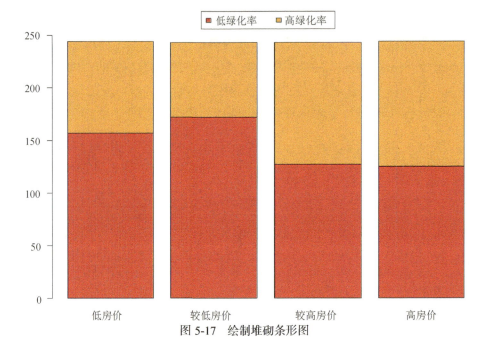

图 5-17 绘制堆砌条形图

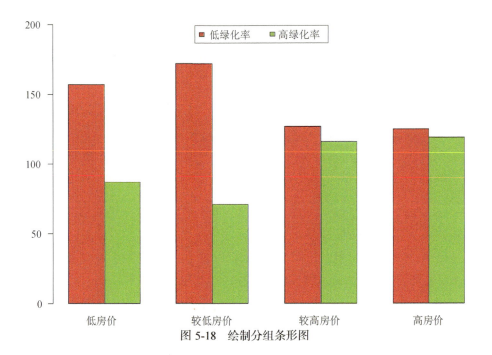

图 5-18 绘制分组条形图

5.2.6　箱线图

箱线图 (Box Plot) 是展示多元数据分布的另一种基础图形, 多与分组或分类数据结合使用. 与直方图和核密度图相比, 箱线图可以在比较分布的同时比较各组数据的中位数等统计量. 在 **R** 中, 可以使用 *boxplot* 函数进行箱线图的绘制, 以武汉市房价数据为例, 观察其分布特征. 图中箱子中间的线代表中位数, 箱子与虚线连接的两个边界分别代表上四分位数和下四分位数, 而通过虚线与箱子边界连接的两个边缘线则分别代表上限和下限, 在这两条边缘线之外的数据可视为异常值. 输入以下代码, 可以绘制所有价格分布的简单箱线图, 结果如图 5-19 所示.

```
boxplot(WHHP$Avg_HP, horizontal = TRUE, xlab="房屋价格")
```

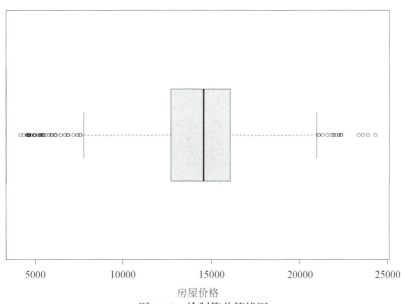

图 5-19　绘制简单箱线图

另外, 可以将不同水平绿化率与区域平均房价结合进行制图, 与前面不同, 按照四分位数对绿化率进行划分, 将其分为低绿化率、较低绿化率、较高绿化率和高绿化率四个区间分组, 对比其区域对应平均房价的分布特征. 在以下示例代码中, 通过 *col* 和 *varwidth* 等参数设置区别了不同绿化水平的箱子的颜色以及宽度 (与分组内的样本数量平方根成正比); 通过 *notch* 参数设置使箱子带凹槽, 以便更清晰地比较不同组数据的中位数之间的差异; 通过 *pch* 参数定义离群点的样式; 通过 *horizontal* 参数定义箱线图方位特征 (垂直分布和水平分布). 具体代码如下, 绘制结果如图 5-20 所示. 通过观察结果, 绿化率较低区域的平均房价反而高于绿化率较高的区域, 读者可以思考为何会出现这种与现实经验不符的现象.

```
sum_green<-summary(WHHP$Green_Rate)
WHHP <- WHHP %>%
  mutate(Green_level = case_when(
    Green_Rate >= sum_green[[1]] & Green_Rate < sum_green[[2]]
~ "低",
    Green_Rate >= sum_green[[2]] & Green_Rate < sum_green[[3]]
~ "较低",
    Green_Rate >= sum_green[[3]] & Green_Rate < sum_green[[5]]
~ "较高",
    Green_Rate >= sum_green[[5]] & Green_Rate <= sum_green[[6]]
~ "高"
  ))
boxplot(Avg_HP~Green_level, data = WHHP, col = colors()[12:15],
varwidth = TRUE, notch=TRUE, pch = 4, lwd=1.5, names=c("绿化率低",
"绿化率较低", "绿化率较高", "绿化率高"), xlab="绿化水平", ylab="平均房价")
boxplot(Avg_HP~Green_level, data = WHHP, col = colors()[c(3,
8, 12, 15)], varwidth = TRUE, horizontal=T, notch=TRUE, pch = '*',
lwd=1.5, names=c("绿化率低", "绿化率较低", "绿化率较高", "绿化率高"),
xlab="绿化水平", ylab="平均房价")
```

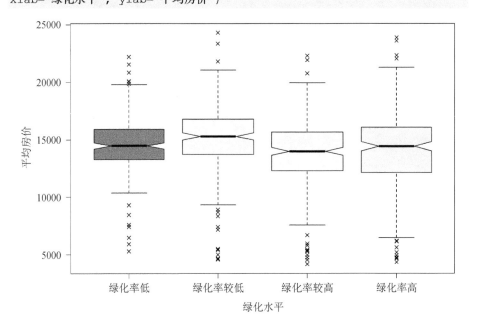

(a) 垂直分布

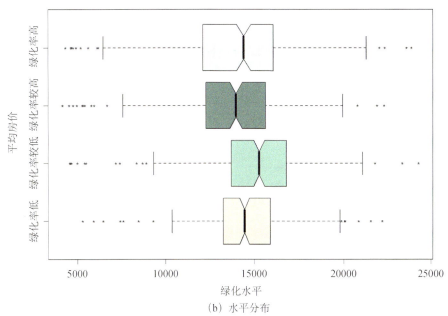

（b）水平分布

图 5-20　绘制不同绿化率水平的区域对应房价分布箱线图

5.3　多元数据可视化

在 5.2 节中介绍的基础统计图表能够直观地展示数据的基本特征, 多针对单变量或二元变量的分析. 然而面对更高维度的数据时, 上述基础图表难以有效揭示其复杂关系和模式. 因此, 需要借助多元数据可视化技术, 通过将多个变量的信息在一个或多个图形中进行集成可视化, 帮助读者更全面地理解数据结构, 发现多元变量关系之间的隐藏模式和关联关系 (Pebesma, 2004).

在 R 语言中, **lattice** 函数包、**graphics** 函数包、**heatmap** 函数包、**corrplot** 函数包、**linkET** 函数包和 **MASS** 函数包均提供了强大和多样的多元变量可视化分析工具, 包括散点图矩阵、热力图、相关热力图及组合图以及平行坐标图等可视化技术, 下面的每个小节中将分别针对这些可视化方法进行介绍.

5.3.1　高维可视化

为了进行更高维度的数据可视化, 多需要对多个图表进行整合. **lattice** 函数包使用网格图形 (Trellis) 的绘图思想, 能够在一个面板同时显示一系列图形, 从而对多元数据进行高维可视化.

在函数包 **lattice** 中, 基础绘图函数均遵循如下基本格式:

```
graph_function(formula, data= , options)
```

其中, 各个参数函数及其作用如表 5-2 所示.

表 5-2 函数包 lattice 绘图函数参数表

参数	描述
graph_function	绘图函数名称(histogram, xyplot, densityplot, etc.)
formula	可视化的主要变量和条件变量
data	指定 data.frame 类型的可视化数据源参数
options	定义图形的内容、布局方式和标注等格式参数

在进行高维数据可视化时, 上述函数中的 formula 参数通常定义如下:

$$y \sim x \mid a * b$$

其中竖线 (|) 左边的变量被称为主要变量, 右边的变量被称为条件变量 (通常为因子 (factor) 类型的定性或类别变量). 在 formula 参数中至少需要声明一个主要变量, 而条件变量则是可选项, 可以使用星号 (*) 或者加号 (+) 添加条件变量, 但在未声明条件变量时需要去掉竖线 (|). 注意, 若添加一个条件变量, 每个水平下都会创建一个面板. 若添加多个条件变量, 则会根据添加的条件变量的组合分别创建面板. 腭化符号 (~) 表明该项为 formula 参数, 不可省略.

根据 lattice 函数包中的函数定义, 通过以下代码查看不同水平绿化率的区域对应的平均房价分布, 运行如下示例代码, 结果如图 5-21 所示. 其中, 每个小矩形框内的图对应不同绿化率水平 "Green_level", 其中每个图的横坐标是房价 "Avg_HP", 纵坐标为在该绿化率水平下的房价分布. 而图 5-21(b)则给出了密度分布图.

```
library(lattice)
histogram(~Avg_HP| factor(Green_level), data = WHHP)

dengraph <- densityplot(~Avg_HP|Green_level, data = WHHP)
plot(dengraph)
update(dengraph, col = "red", lwd = 2, pch="+")
```

此外, 利用 bwplot 函数可以绘制不同绿化率水平下的房屋平均价格箱线图, 运行下面的示例代码, 结果如图 5-22(a)所示, 同样能够直观地观察到不同绿化率水平下的平均房价的分布特征, 进一步印证了前面章节中提到的房价分布特征. 为了更好地理解这种现象, 同样制作人口密度的分布箱线图, 如图 5-22(b). 结果显示, 低绿化率的区域往往对应为人口密度较大的区域, 鉴于此读者能够想到其中的关联关系是什么呢.

```
bwplot(~Avg_HP|factor(Green_level), data=WHHP)

bwplot(~Pop_Den|factor(Green_level), data=WHHP)
```

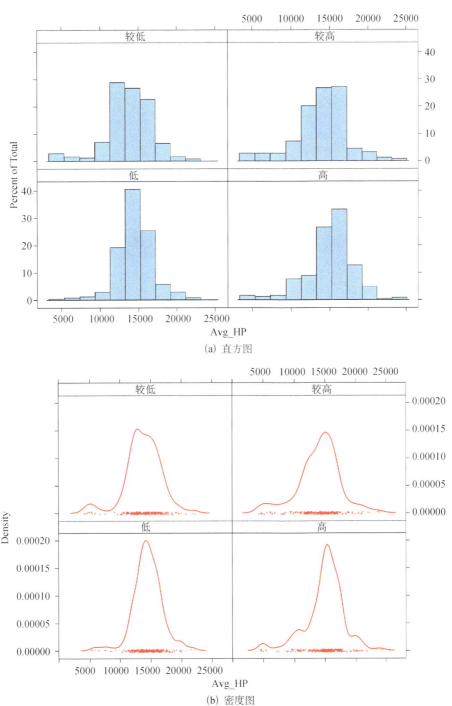

(a) 直方图

(b) 密度图

图 5-21　使用 **lattice** 包可视化不同绿化率水平下的平均房价分布

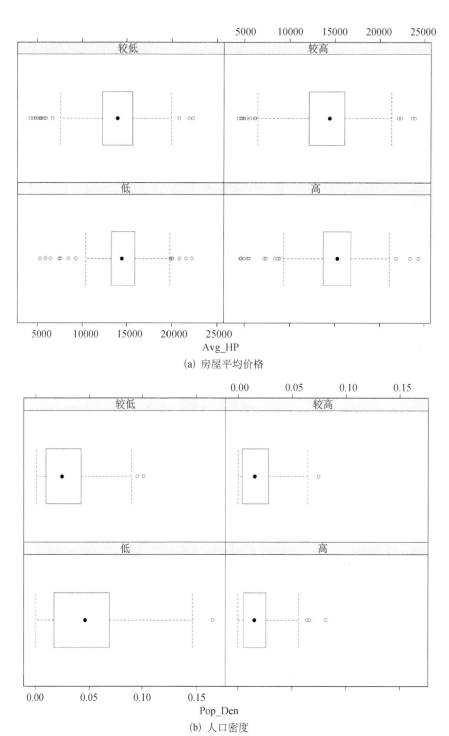

(a) 房屋平均价格

(b) 人口密度

图 5-22　不同绿化率水平下的变量分布箱线图

前面示例代码中使用了人造的离散变量绿化率水平 "Green_level" 作为条件变量, 每个小矩形内的图形对应不同的绿化率水平, 但如果数据中仅有连续型变量, 如何针对条件变量进行赋值? 主要有如下两种解决方案:

①利用 **R** 语言中的 *cut* 函数将连续型变量进行区间划分, 进而制作新的离散变量, 如前面使用的绿化率水平 "Green_level";

②利用 **lattice** 函数包中的 *equal.count (x, number=#, overlap=proportion)* 函数, 将连续型变量转化为瓦块 (*shingle*) 数据结构, 即把连续型变量 *x* 分割到 *number* 个区间中, 重叠度为 *proportion*, 每个数值范围内的样本数量相等, 并返回一个 *shingle*.

使用武汉市房价数据 WHHP_2015, 观察不同平均房价 "Avg_HP" 的区间分割下, 其他变量如地均 GDP "GDP_per_Land" 和地均固定资产投入 "FAI_per_Land" 之间的关系. 运行如下示例代码, 结果如图 5-23 所示.

```
hp_rate<-equal.count(WHHP$Avg_HP, number=4, overlap=0)
xyplot(GDP_per_Land~ FAI_per_Land|hp_rate, data = WHHP, main =
"GDP Per Land vs FAI Per Land by Average House Price", xlab =
"GDP_Per_Land", ylab = "FAI_Per_Land", layout = c(4, 1), aspect = 1.5)
```

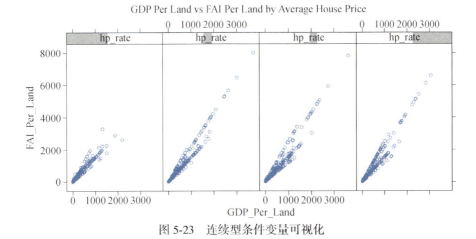

图 5-23　连续型条件变量可视化

配置图表中的面板参数, 可以对上述图表进行添加格网、改变显示样式、添加回归线等操作. 运行如下改进代码, 结果如图 5-24 所示.

```
mypanel <- function(x, y){
  panel.xyplot(x, y, pch = 23)
  panel.grid(h = -1, v = -1)
  panel.lmline(x, y, col = "red", lwd = 5, lty = 2)
}
xyplot(GDP_per_Land~ FAI_per_Land|hp_rate, data = WHHP, panel=
```

```
mypanel, main = "GDP Per Land vs FAI Per Land by Average House
Price", xlab = "GDP_Per_Land", ylab = "FAI_Per_Land", layout =
c(4, 1), aspect = 1.5)
```

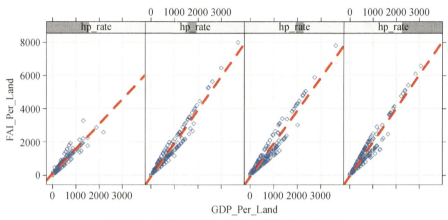

图 5-24　添加网格线、回归线等辅助线效果图

此外, 还可以通过以下示例代码添加更加精细的拟合曲线和水平均值曲线, 结果如图 5-25 所示. 从中可以更直观地观察不同平均房价的地区之间地均固定资产投入值也存在较大差异, 平均房价较高的区域对应的地均固定资产投入也较高, 但当平均房价达到一定水平之后, 即使平均房价继续升高, 对应地区的固定资产投入却变化不大.

```
mypanel_1 <- function(x, y){
  panel.xyplot(x, y, pch = 23)
  panel.grid(h = -1, v = -1)
  panel.loess(x, y, lwd=2, col="darkblue")
  panel.abline(h=mean(y), lwd = 2, lty = 2, col = "darkred")
}
xyplot(GDP_per_Land~ FAI_per_Land|hp_rate, data = WHHP, panel=
mypanel_1, main = "GDP Per Land vs FAI Per Land by Average House
Price", xlab = "GDP_Per_Land", ylab = "FAI_Per_Land", layout =
c(4, 1), aspect = 1.5)
```

通过上述高维数据图表和可视化分析, 能够更加明确地看到平均房价、地均 GDP 以及地均固定资产投入之间的关系. 除了上述二维散点图的方式, 还可以通过绘制三维散点图进行立体观察和可视化. 通过引入绿化率水平因子, 运行下面代码, 结果如图 5-26 所示.

```
cloud(Avg_HP~GDP_per_Land*FAI_per_Land|factor(Green_level),
data=WHHP, panel.aspect = 0.9)
```

GDP Per Land vs FAI Per Land by Average House Price

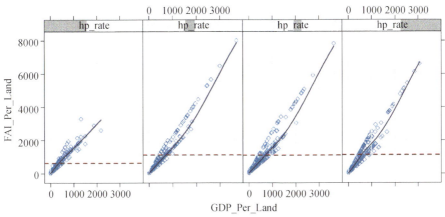

图 5-25 添加拟合曲线和水平均值曲线效果图

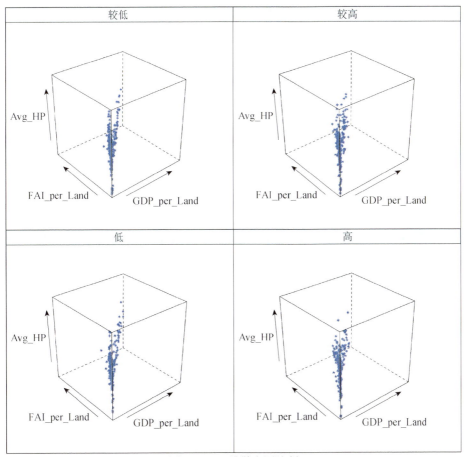

图 5-26 三维散点图绘制

如果需要将多个条件变量的结果叠加到一起，则可以将变量设定为分组变量 (Grouping Variable)，运行下面的代码，结果如图 5-27 所示. 从不同绿化率水平对应的平均房价分布可以看出，大多数绿化率较高的区域对应的房价是偏高，那么这个发现与前面是矛盾的吗？请读者思考其中的潜在原因.

```
densityplot(~Avg_HP, data=WHHP, group=Green_level, auto.key=
TRUE, horizontal = T)
```

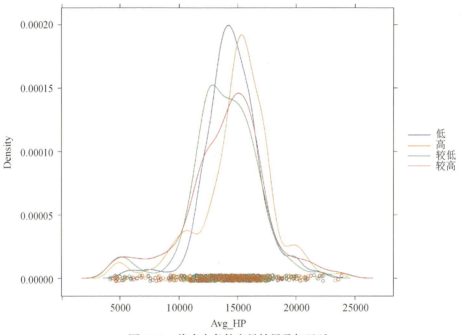

图 5-27　将多个条件变量结果叠加显示

5.3.2　散点图矩阵

散点图矩阵 (Scatterplot Matrix) 是散点图的高维扩展，在一个图表中展示多个变量两两对应的散点图，以帮助用户快速理解高维数据集中变量之间的关系. 散点图矩阵允许同时查看多个单独变量的分布以及它们之间的相关性，在探索性数据分析 (Exploratory Data Analysis, EDA) 过程中尤为有用. 在散点图矩阵中，每行和每列分别代表数据集中的一个变量，其中第 i 行和第 j 列的散点图表第 i 个变量 (纵轴) 和第 j 个变量 (横轴) 之间的散点图.

下面以武汉市房价数据中 "Green_Rate"、"Annual_AQI"、"GDP_per_Land" 和 "FAI_per_Land" 四个属性变量为例, 用 **graphics** 函数包提供的 *pairs* 函数绘制基础的散点图矩阵, 运行如下示例代码, 结果如图 5-28 所示.

```
WHHP_att<-st_drop_geometry(WHHP)
df<-WHHP_att[, c("Green_Rate", "Annual_AQI", "GDP_per_Land",
"FAI_per_Land")]
pairs(df)
```

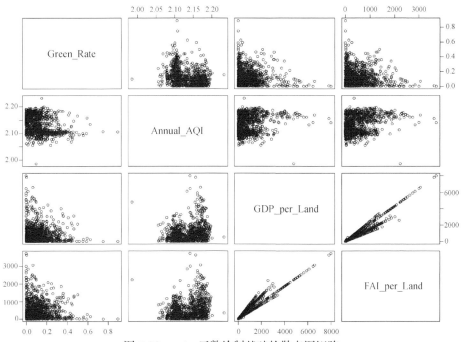

图 5-28 *pairs* 函数绘制基础的散点图矩阵

上述为散点图矩阵的基础形式, 可通过 *pch*、*lower.panel* 等参数设置散点图矩阵中点符号大小、颜色等样式, 生成不同效果的散点图矩阵, 运行如下代码, 结果如图 5-29 所示.

```
pairs(df, pch="+", col="blue", main="pch='+', col='blue'")


pairs(df, pch="*", col="red", lower.panel=NULL, main="lower.panel=
NULL")
```

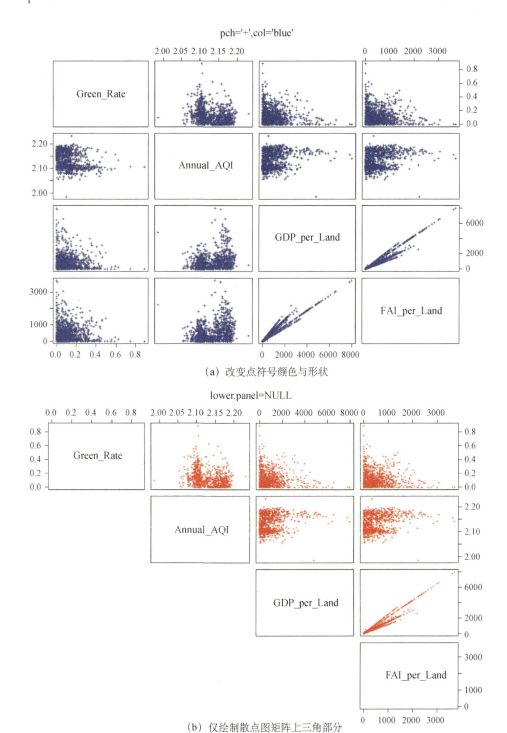

（a）改变点符号颜色与形状

（b）仅绘制散点图矩阵上三角部分

图 5-29　修改散点图矩阵样式

另外, 通过更加精细的面板控制, 能够实现更加灵活的散点图矩阵绘制. 在下面示例代码中, 首先算两两变量之间的相关系数, 将其显示在散点图矩阵的下三角图形面板中, 相关性强弱对应相关系数字体的大小, 从而使读者能够更加清晰明确地判断两两变量之间的关系特征, 结果如图 5-30 所示.

```
panel.cor <- function(x, y){
  usr <- par("usr"); on.exit(par(usr))
  par(usr = c(0, 1, 0, 1))
  r <- round(cor(x, y), digits=2)
  txt <- paste0("R = ", r)
  cex.cor <- 0.8/strwidth(txt)
  text(0.5, 0.5, txt, cex = cex.cor * r)
}
upper.panel<-function(x, y){
  points(x, y, pch = 19, col = "red")
}
pairs(df,
      lower.panel = panel.cor,
      upper.panel = upper.panel)
```

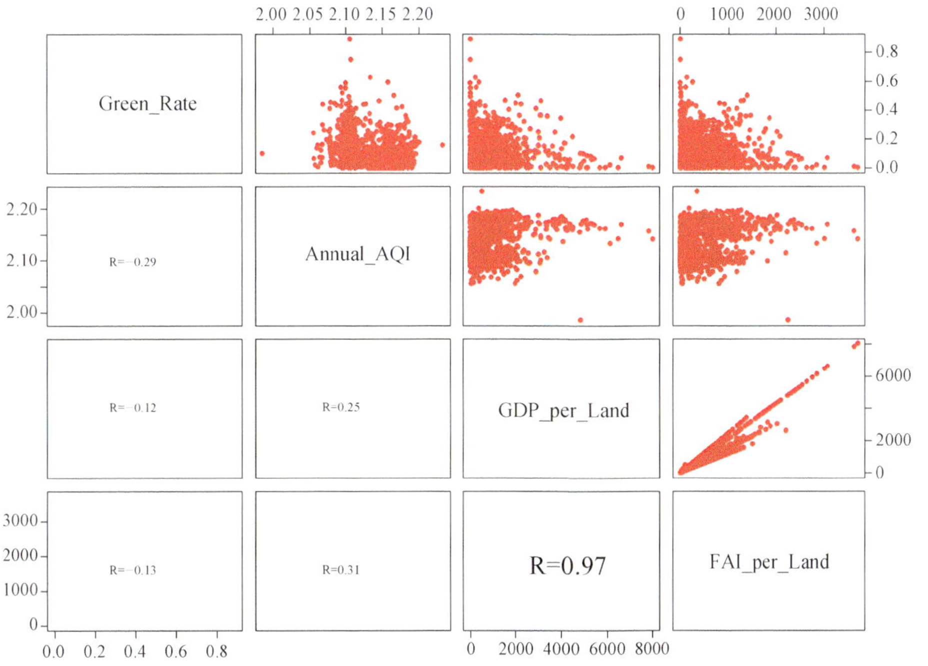

图 5-30　计算相关系数并显示在散点图矩阵的下三角面板

除了上述 **graphics** 包提供的基础 *pairs* 函数, **GGally** 函数包中的 *ggpairs* 函数和 **psych** 函数包中的 *pairs.panels* 函数也可以用于绘制散点图矩阵, 运行如下示例代码, 绘制结果分别如图 5-31 和图 5-32 所示. 值得注意的是, 它们样式的集成度更好, 且提供了更加灵活的控制参数, 以生成更加直观、丰富的散点图样式, 如 *ggpairs* 函数提供了默认的格网背景, *pairs.panels* 函数则在对角线位置上绘制了每个变量的直方图分布, 推荐读者进行进一步的尝试与使用.

```
library(GGally)
ggpairs(df)

library(psych)
pairs.panels(df,
        method = "pearson",
        hist.col = "#00AFBB",
        density = TRUE,
        ellipses = TRUE
)
```

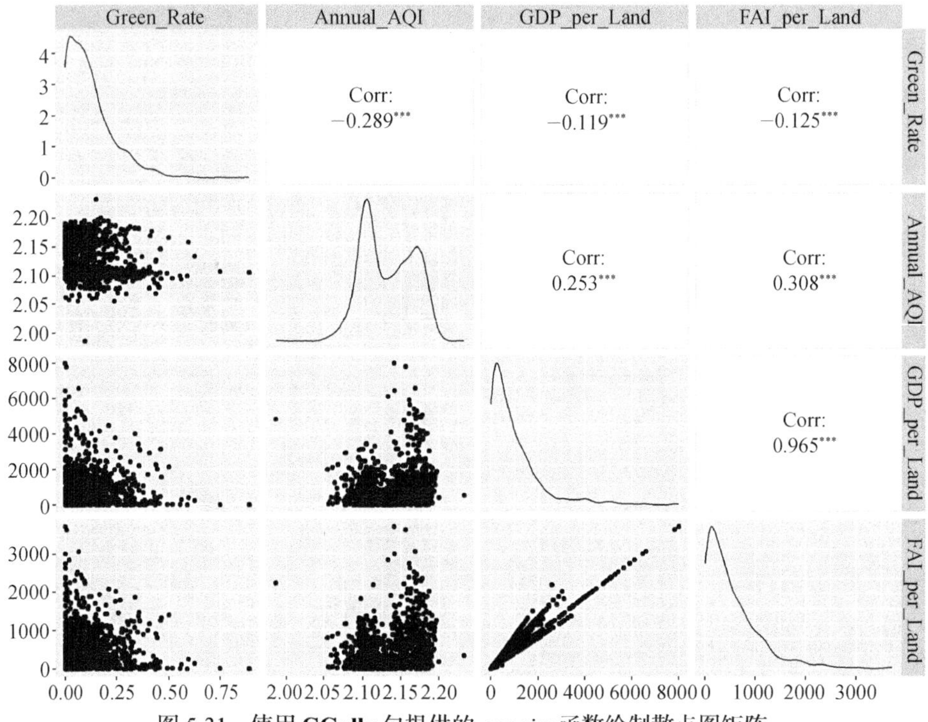

图 5-31　使用 **GGally** 包提供的 *ggpairs* 函数绘制散点图矩阵

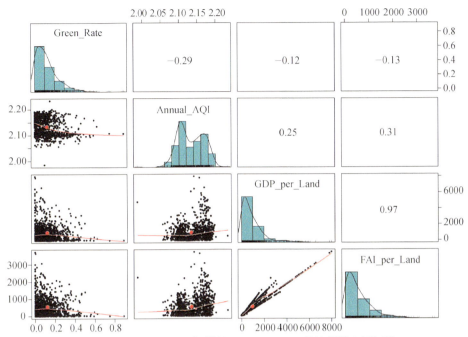

图 5-32　使用 **psych** 包提供的 *pairs.panels* 函数绘制散点图矩阵

5.3.3　热力图

热力图 (Heatmap) 是一种用于展示矩阵数据的可视化工具, 通过格网单元中的颜色变化将矩阵数值大小进行直观显示. **ComplexHeatmap** 函数包提供了便捷、强大的热力图绘制函数, 不仅能够绘制基础热力图, 还支持灵活的样式参数和图形功能扩展, 如添加行列注释、区域分割和聚类分析等. 具体通过 *Heatmap* 函数, 能够轻松地对矩阵数据进行可视化, 并结合丰富的注释信息, 更全面地展示高维数据变量的复杂结构和分布模式.

下面以武汉市房价数据中 15 个区域 (即社区单元) 的 "Annual_AQI"、"GDP_per_Land"、"Avg_HP" 和 "Pop_Den" 属性为例, 从修改样式、添加注释、热力图与注释组合三个方面介绍如何使用 **ComplexHeatmap** 函数包绘制较为复杂、个性化定制的热力图.

5.3.3.1　修改热力图样式

首先对原始数据进行处理, 获取示例数据, 进行标准化操作后绘制热力图, 结果如图 5-33 所示.

一方面, 可以观察绘制结果中每一个单元格的颜色, 参考热力图右侧给出的渐变颜色图例, 通过单元格颜色观察对应属性值的大小, 如 Zone15 的平均房价值较高, 而 Zone7 的平均房价值较低. 同时, 通过观察热力图中的热点 (高值)

和冷点 (低值) 区域, 一定程度上帮助读者确定数据中的显著分布模式或数值异常点, 如 Zone15 对应的空气质量指数显著偏低, 有待于确认其是否为异常值.

另一方面, 在热力图上方和左侧提供了按照分层聚类算法的聚类结果, 帮助读者观察数据的行、列对应变量之间存在的分组模式和关系.

```
library(ComplexHeatmap)
WHHP_att<-st_drop_geometry(WHHP)[1:15, ]
selected_columns <- c("Annual_AQI", "GDP_per_Land", "Avg_HP",
"Pop_Den")
WHHP_att<-WHHP_att[, selected_columns]
numeric_data <- as.data.frame(lapply(WHHP_att, as.numeric))
data <- t(as.matrix(numeric_data))
colnames(data) = paste("Zone", 1:15, sep = "")
exp <- apply(data, 1, scale)
rownames(exp) <- colnames(data)
exp <- t(exp)
Heatmap(exp)
```

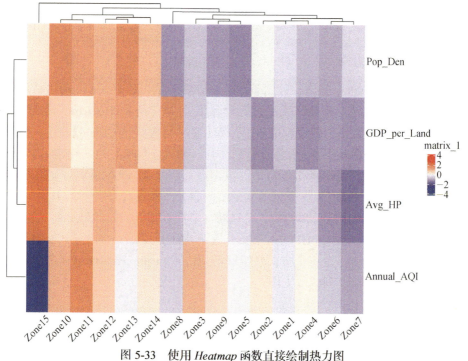

图 5-33　使用 *Heatmap* 函数直接绘制热力图

通过设置 *Heatmap* 函数中的相关参数, 进一步修改热力图配色、添加单元格边框、添加行列标题并设置样式等. 运行如下示例代码, 结果如图 5-34 所示, 体会与图 5-33 中所示的基础图形区别.

```r
library(circlize)
col_fun <- colorRamp2(
  c(-2, 0, 2),
  c("#8c510a", "white", "#01665e")
)
Heatmap(exp, col = col_fun,
        border = "black",
        rect_gp = gpar(col = "white", lwd = 1),

        column_title = "Zone Sample",
        column_title_side = "bottom",
        column_title_rot = 0,
        column_title_gp = gpar(
          col = "white",
          fontsize = 18,
          fontface = "italic",
          fill = "#01665e",
          border = "black"),
        row_title = "Zone Attribute",
        row_title_side = "left",
        row_title_gp = gpar(
          col = "white",
          fontsize = 18,
          fontface = "italic",
          fill = "#01665e",
          border = "black"),
        column_names_rot = 45)
```

可以通过改变距离度量或者聚类分析方法以实现不同的聚类效果. 在下面的示例代码中, 将变量间的 Spearman 相关系数作为列聚类的距离度量, 并指定行聚类方法为单链法, 即最邻近聚类法, 结果如图 5-35 所示, 可发现此种聚类方式在横向上分类效果更好. 读者可根据具体的需求选择合适的聚类方式, 持续调整格式参数, 从而更好地展示数据的结构和模式.

```r
Heatmap(
  exp,
  col = col_fun,
  column_names_rot = 45,
  clustering_distance_columns = "spearman",
  clustering_method_rows = "single"
)
```

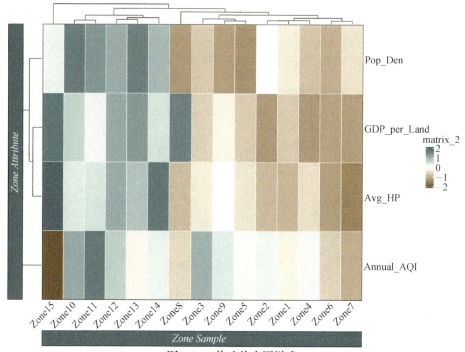

图 5-34　修改热力图样式

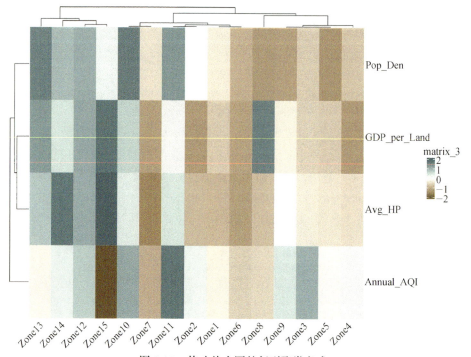

图 5-35　修改热力图的行列聚类方式

在数据聚类分析的基础上, 对热力图进行区域分割, 从而更加直观地了解数据. 在下面的示例代码中, 首先进行 k 均值聚类, 在两个维度上分别设置聚类簇数为 3 和 2, 并进行 100 次聚类迭代, 结果如图 5-36 所示. 结果显示, Zone10、Zone11、Zone12、Zone13 和 Zone14 几个区域的属性值特征较为相似, 读者可自行通过数据浏览器查看它们是否为空间临近社区.

```
hm<-Heatmap(
  exp,
  col = col_fun,
  column_km_repeats = 100,
  row_km_repeats = 100,
  column_km = 3,
  row_km = 2,
  row_title = "att_cluster_%s",
  column_title = "zone_cluster_%s",
  row_gap = unit(2, "mm"),
  column_gap = unit(c(2, 4), "mm"),
  column_names_rot = 45
)
draw(hm, row_title="Zone Attribute")
```

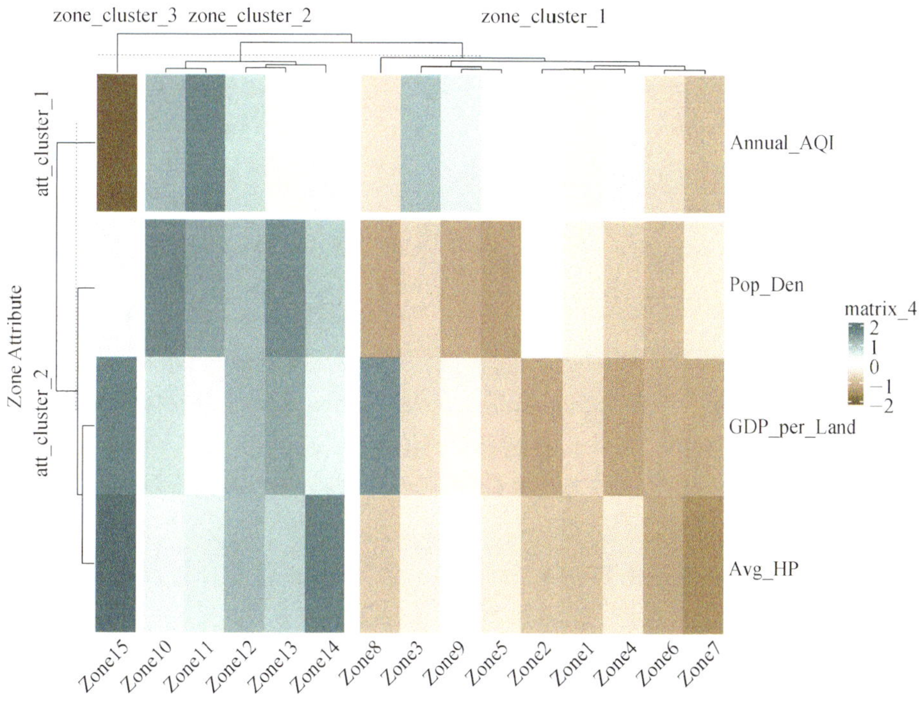

图 5-36　基于 k 均值聚类结果对热力图进行分割

5.3.3.2 添加热力图注释

ComplexHeatmap 函数包提供了 *HeatmapAnnotation* 类函数灵活地添加热力图注释. 这些函数通过 *which* 参数指定 "*row*" 或者 "*column*", 分别构建行注释和列注释, 也可以直接使用 *rowAnnotation* 和 *columnAnnotation* 函数来绘制对应的注释. 每一个注释均以 "*name-value*" 二维向量进行赋值, 其中 "*name*" 表示注释名称, "*value*" 代表注释的绘制内容. 其中, 对参数 "*value*" 而言, **ComplexHeatmap** 函数包提供了多种类型的注释绘制函数, 以应对不同的绘制需求, 对应函数如表 5-3 所示.

表 5-3　注释绘制函数表

函数	注释类型
anno_simple	简单注释
anno_empty	空白注释
anno_block	块注释
anno_image	图片注释
anno_points	点注释
anno_lines	线注释
anno_barplot	条形图注释
anno_boxplot	箱线图注释
anno_histogram	直方图注释
anno_density	密度曲线注释
anno_joyplot	山脊图注释
anno_horizon	地平线注释
anno_text	文本注释
anno_mark	标记注释

在明确所需注释内容的基础上, 通过 *Heatmap* 函数中的 *top_annotation*、*bottom_annotation*、*right_annotation* 以及 *left_annotation* 等参数将注释分别添加到热力图中的顶部、底部、右侧和左侧位置.

下面以添加简单注释、块注释和条形图与线注释为例进行对应用法的简单介绍.

首先, 传入区域绿化率等级值, 添加一个简单注释, 从而可以直观地看到每一个区域的绿化率水平, 代码如下, 结果如图 5-37 所示.

```
gre_level_num <- case_when(
  st_drop_geometry(WHHP)[1:15, "Green_level"] == "高" ~ 4,
```

```
    st_drop_geometry(WHHP)[1:15, "Green_level"] == "较高" ~ 3,
    st_drop_geometry(WHHP)[1:15, "Green_level"] == "较低" ~ 2,
    st_drop_geometry(WHHP)[1:15, "Green_level"] == "低" ~ 1
  )

level<-columnAnnotation(
    Green_Level=gre_level_num,
    col=list(
        Green_Level = c("4" = "pink", "3" = "lightblue", "2" =
"orange", "1" = "lightcyan")
    )
  )
  Heatmap(exp, col = col_fun,
          name = "mat",
          top_annotation = level)
```

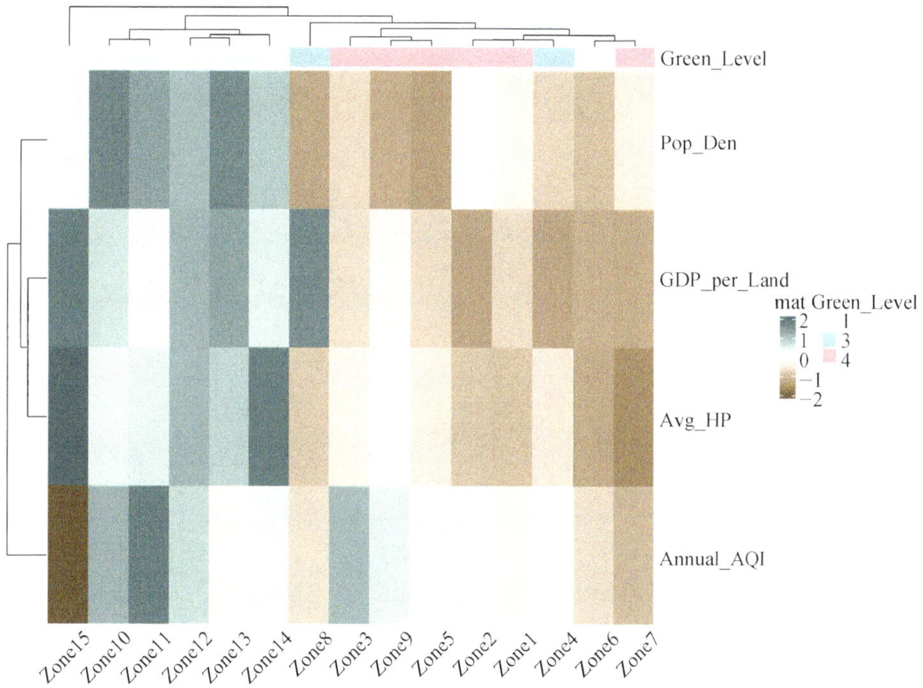

图 5-37　添加简单注释

　　在添加块注释时, 可在热力图基础上添加色块, 以区别不同的类别或分组. 在下面的示例代码中, 通过对行和列分别进行 k 均值聚类, 并在此基础上添加分类的分组注释, 以更加直观地显示聚类分析结果, 如图 5-38 所示.

```
Heatmap(
  exp, name = "mat", col = col_fun,
  top_annotation = columnAnnotation(
    anb = anno_block(
      gp = gpar(fill = 3:5),
      labels = c("group1", "group2", "group3"),
      labels_gp = gpar(col = "white", fontsize = 10))
  ),
  column_km = 3,
  left_annotation = rowAnnotation(
    anb1 = anno_block(
      gp = gpar(fill = 3:4),
      labels = c("group1", "group2"),
      labels_gp = gpar(col = "white", fontsize = 10)
    )
  ),
  row_km = 2,
  column_names_rot = 45
)
```

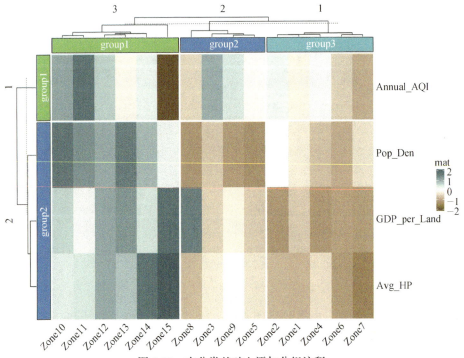

图 5-38　在分类基础上添加分组注释

　　另外, 在热力图上可以同时添加多个注释. 在下面的示例代码中, 同时添加空气质量指数属性的条形图注释和线注释, 以展示不同区域的空气质量指数, 进一步丰富热力图信息, 结果如图 5-39 所示.

```
Heatmap(
  exp[1:3, ],
  col = col_fun,
  column_names_rot = 45,
  top_annotation = HeatmapAnnotation(
    FAI_bar=anno_barplot(
      st_drop_geometry(WHHP)[1:15, "FAI_per_Land"],
      bar_width = 0.8,
      gp = gpar(
        fill = colorRampPalette(c("#8c510a", "#01665e"))(15)
      ),
      height = unit(2, "cm")
    ),
    FAI_line=anno_lines(
      st_drop_geometry(WHHP)[1:15, "FAI_per_Land"],
      gp = gpar(col = "#8c510a"),
      add_points = TRUE,
      pt_gp = gpar(col = "#01665e"),
      pch = 1,
      smooth = TRUE,
      height = unit(1.5, "cm")
    ),
    gap = unit(2, "mm")
  )
)
```

　　除了上述几种注释方式以外, 可以通过表 5-3 中列出的其他注释函数在热力图上添加更加丰富的注释, 读者可根据具体需求或自身兴趣自行进行探索.

5.3.3.3　热力图与注释组合

ComplexHeatmap 函数的另一个重要功能能够提供热力图与注释组合, 即在水平或垂直方向上将多个热力图和注释进行组合, 从而以更加丰富、立体的方式全方位展示多元变量的分布特征及其关联关系.

　　仍然以武汉市房价数据为例, 在下面的示例代码中, 将其属性变量分为人口变量、环境变量和经济变量三种类型, 分别绘制对应的热力图, 在此基础上统一添加平均房价属性注释, 之后将三个热力图和注释在水平方向上进行连接, 结果如图 5-40 所示. 从图中能够更加直观地观察每一个区域的属性特征、不同类别之间的差异以及同一类别中的属性分布, 从而更好地观察多元属性的分布特征及其相关关系.

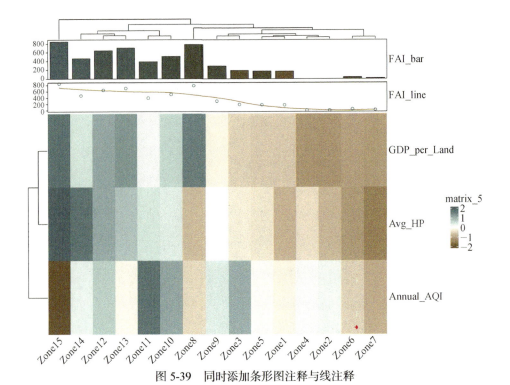

图 5-39　同时添加条形图注释与线注释

```
WHHP_att<-st_drop_geometry(WHHP)[1:15, ]

columns_1 <- c("Pop", "Pop_Den")
att_1<-WHHP_att[, columns_1]
data_1 <- as.data.frame(lapply(att_1, as.numeric))
data_1 <- t(as.matrix(data_1))
colnames(data_1) = paste("Zone", 1:15, sep = "")

columns_2 <- c("Annual_AQI", "Green_Rate", "Den_POI")
att_2<-WHHP_att[, columns_2]
data_2 <- as.data.frame(lapply(att_2, as.numeric))
data_2 <- t(as.matrix(data_2))
colnames(data_2) = paste("Zone", 1:15, sep = "")

columns_3 <- c("GDP_per_Land", "Rev_per_Land", "TertI_Rate")
att_3<-WHHP_att[, columns_3]
data_3 <- as.data.frame(lapply(att_3, as.numeric))
data_3 <- t(as.matrix(data_3))
colnames(data_3) = paste("Zone", 1:15, sep = "")
```

```r
exp_1 <- apply(data_1, 1, scale)
rownames(exp_1) <- colnames(data_1)

exp_2 <- apply(data_2, 1, scale)
rownames(exp_2) <- colnames(data_2)

exp_3 <- apply(data_3, 1, scale)
rownames(exp_3) <- colnames(data_3)

col_fun_1 <- colorRamp2(c(-2, 0, 2), c("#f46d43", "#ffffbf",
"#3288bd"))
col_fun_2 <- colorRamp2(c(-2, 0, 2), c("#f7f7f7", "#de77ae",
"#7fbc41"))
col_fun_3 <- colorRamp2(c(-2, 0, 2), c("pink", "lightyellow",
"lightblue"))

ht_pop <- Heatmap(
  exp_1,
  name = "Pop",
  column_names_rot = 45,
  col = col_fun_1,
  show_column_names = TRUE,
  show_row_names = TRUE,
  cluster_rows = TRUE,
  cluster_columns = TRUE,
  rect_gp = gpar(col = "#f7f7f7", lwd = 1),
  column_title = "Heatmap 1",
  width = unit(5, "cm"))

ht_env <- Heatmap(
  exp_2,
  name = "Environment",
  column_names_rot = 45,
  col = col_fun_2,
  show_column_names = TRUE,
  show_row_names = TRUE,
  cluster_rows = TRUE,
  cluster_columns = TRUE,
  rect_gp = gpar(col = "#f7f7f7", lwd = 1),
  column_title = "Heatmap 2",
  width = unit(5, "cm")
)
```

```
ht_eco <- Heatmap(
  exp_3[, 1:3],
  name = "Economy",
  column_names_rot = 45,
  col = col_fun_3,
  show_column_names = TRUE,
  show_row_names = TRUE,
  cluster_rows = TRUE,
  cluster_columns = TRUE,
  rect_gp = gpar(col = "#f7f7f7", lwd = 1),
  column_title = "Heatmap 3",
  width = unit(5, "cm"),
  right_annotation = rowAnnotation(
    Avg_HP_point = anno_points(st_drop_geometry(WHHP)[1:15,
"Avg_HP"],
                               pch = 2,
                               gp = gpar(col = "#de77ae")))))

draw(ht_pop+ht_env+ht_eco)
```

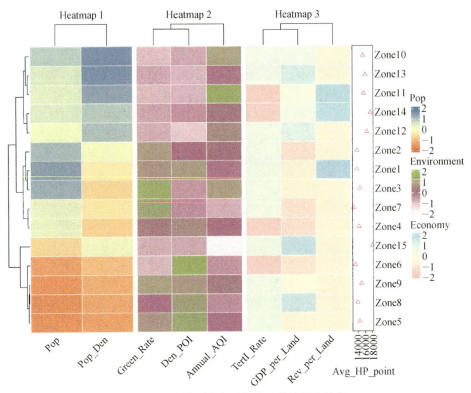

图 5-40 在水平方向连接多个热力图和注释

5.3.4　相关系数矩阵可视化

相关系数矩阵 (Correlation Matrix) 是用于展示多元变量之间两两相关性的矩阵, 也是高维数据探索性数据分析的基础手段之一. 相关热力图 (Correlation Heatmap), 也被称为相关矩阵图 (Correlation Matrix Plot), 是一种特定用途的热力图的类型, 通过颜色直观展示相关系数的大小和方向. 在 **R** 语言中, 有多个函数包能够绘制相关系数热力图, 本小节主要介绍如何使用专业的 **corrplot** 函数包进行绘制.

在 **corrplot** 函数包中, 绘制相关热力图的主要函数为 *corrplot*, 其主要参数如表 5-4 所示.

表 **5-4**　*corrplot* 函数的主要参数

参数	含义
M	相关矩阵, 值在-1 到 1 之间
method	可视化方法, 包括 "circle"、"square"、"ellipse" 等选项
order	排序方法, 包括 AOE、FPC、hclust 等
diag	逻辑型变量, 表示是否显示对角线位置的单元格
type	"lower"、"upper" 或 "full", 分别表示绘制热力图的下三角部分、上三角部分或全部范围

以武汉市房价数据中的 "Green_Rate"、"GDP_per_Land"、"Rev_per_Land"、"FAI_per_Land"、"TertI_Rate" 和 "Avg_HP" 属性为例, 直接绘制相关热力图, 如图 5-41 所示. 由相关性矩阵的结构特征可知, 相关性热力图是关于对角线对称的, 在两个属性对应的单元格中以矩形的大小和颜色反映它们之间的相关性情况: 矩形的大小反映了相关系数绝对值的大小, 而矩形的颜色则可参照热力图右侧的渐变颜色图例观察相关系数的正负符号, 从而直观地认知两两属性之间的相关性情况.

```
library(corrplot)
selected_columns <- c("Green_Rate", "GDP_per_Land", "Rev_per_
Land", "FAI_per_Land", "TertI_Rate", "Avg_HP")
WHHP_att<-WHHP_att[, selected_columns]
numeric_data <- as.data.frame(lapply(WHHP_att, as.numeric))
data <- as.matrix(numeric_data)

cor_data <- cor(data)
corrplot(cor_data, method = "square")
```

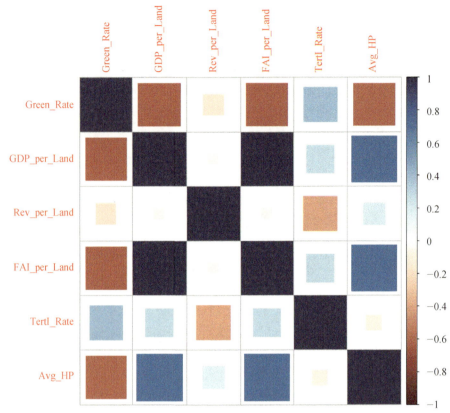

图 5-41 使用 *corrplot* 函数绘制基础相关性热力图

此外，通过 *corrplot* 函数的相关参数修改相关性热力图样式，并进行层次聚类以更加直观地显示结果．运行如下示例代码，结果如图 5-42 所示.

```
corrplot(cor_data, order = 'hclust', addrect=2, addCoef.col =
'black', tl.pos = 'd', cl.pos = 'r', col = COL2('PiYG'))
```

另外，**corrplot** 函数包提供了上述两种可视化方法混合制图的 *corrplot.mixed* 函数，在相关热力图中的上三角面板和下三角面板分别绘制不同的图形，以丰富相关性热力图的信息表达．在下面的示例代码中，分别修改不同的展示内容，结果分别如图 5-43 中的上图和下图所示．上图中上三角面板中以圆形的大小和颜色表示相关性系数的大小和方向，下三角面板中则直接展示了两两属性之间的相关系数数值，并仍以颜色区分系数符号；下图中下三角面板以矩形颜色反映相关系数的大小和方向，并将呈现

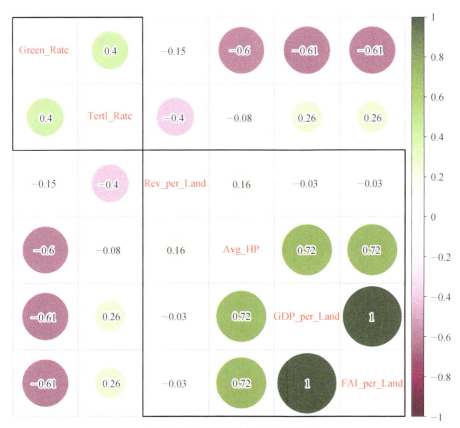

图 5-42　修改相关热力图的样式

负相关的属性相关系数对应的矩形中绘制阴影线条, 而上三角面板中则以扇形大小和颜色综合展示相关系数. 由此可见, 通过 *corrplot.mixed* 函数将两种可视化方法进行综合制图, 所得到的相关性矩阵图的形式以及信息都更加丰富.

```
corrplot.mixed(cor_data, order = 'AOE')
corrplot.mixed(cor_data, lower = 'shade', upper = 'pie', order
= 'hclust')
```

　　当变量较多或相关性特征较为复杂时, 需要面对更加复杂的相关性分析需求. 在 **linkET** 函数包中提供了 *mantel_test* 函数, 能够评估两个矩阵之间的相关性, 并将评估结果叠加绘制到相关性热力图中.

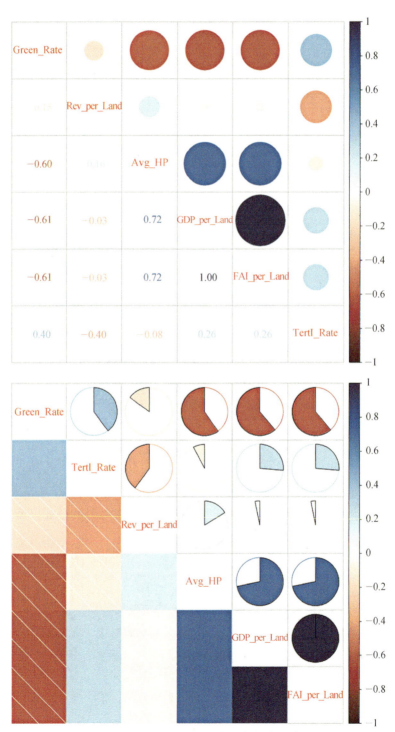

图 5-43　使用 *corrplot.mixed* 函数绘制混合相关热力图

　　下面将武汉市房价数据中的属性变量分为两部分: 一部分为 "GDP_per_Land"、"Rev_per_Land"、"Avg_HP"; 另一部分变量进一步划分为三类属性变量, 包括人口属性 (包括 "Pop" 和 "Pop_Den")、环境属性 (包括 "Annual_AQI"、"Green_Rate"、"Den_POI") 以及区域经济属性 (包括 "FAI_per_Land"、"TertI_Rate"). 为了探究第一部分属性与第二部分属性中的三类属性变量之间的相关性特征, 运行如下示例代码, 结果如图 5-44 所示.

```
library(linkET)
library(RColorBrewer)
library(dplyr)
library(ggplot2)

WHHP_att<-st_drop_geometry(WHHP)
selected_columns1 <- c("GDP_per_Land", "Rev_per_Land", "Avg_HP")
WHHP_att<-WHHP_att[1:100, selected_columns1]
numeric_data <- as.data.frame(lapply(WHHP_att, as.numeric))
data_env <- as.matrix(numeric_data)

WHHP_att<-st_drop_geometry(WHHP)
selected_columns2 <- c("Pop", "Pop_Den",
                       "Annual_AQI", "Green_Rate", "Den_POI",
                       "FAI_per_Land", "TertI_Rate")
WHHP_att<-WHHP_att[1:100, selected_columns2]
numeric_data <- as.data.frame(lapply(WHHP_att, as.numeric))
data_spec <- as.matrix(numeric_data)

data_env[data_env == 0] <- 0.0001
data_spec[data_spec == 0] <- 0.0001

mantel <- mantel_test(data_spec, data_env,
                      spec_select = list(POP = 1:2,
                                         ENVIRONMENT = 3:5,
                                         ECONOMY = 6:7)) %>%
  mutate(rd = cut(r, breaks = c(-Inf, 0.2, 0.4, Inf),
                  labels = c("< 0.2", "0.2 - 0.4", ">= 0.4")),
         pd = cut(p, breaks = c(-Inf, 0.01, 0.05, Inf),
                  labels = c("< 0.01", "0.01 - 0.05", ">=
0.05")))

  qcorrplot(data_env,
            type = "lower",
```

```
        diag = FALSE,
        is_corr = FALSE) +
geom_square() +
geom_couple(data = mantel,
        aes(colour = pd,
            size = rd),
        curvature = nice_curvature()) +
scale_fill_gradientn(colours =brewer.pal(11, "RdYlGn")) +
scale_size_manual(values = c(0.5, 1, 2)) +
scale_colour_manual(values =c('#7AA15E', '#B7B663', '#CFCECC')) +
guides(size = guide_legend(title = "Mantel's r",
                    override.aes = list(colour =
"grey35"),
                    order = 2),
        colour = guide_legend(title = "Mantel's p",
                    override.aes = list(size = 3),
                    order = 1),
        fill = guide_colorbar(title = "Pearson's r", order = 3))
```

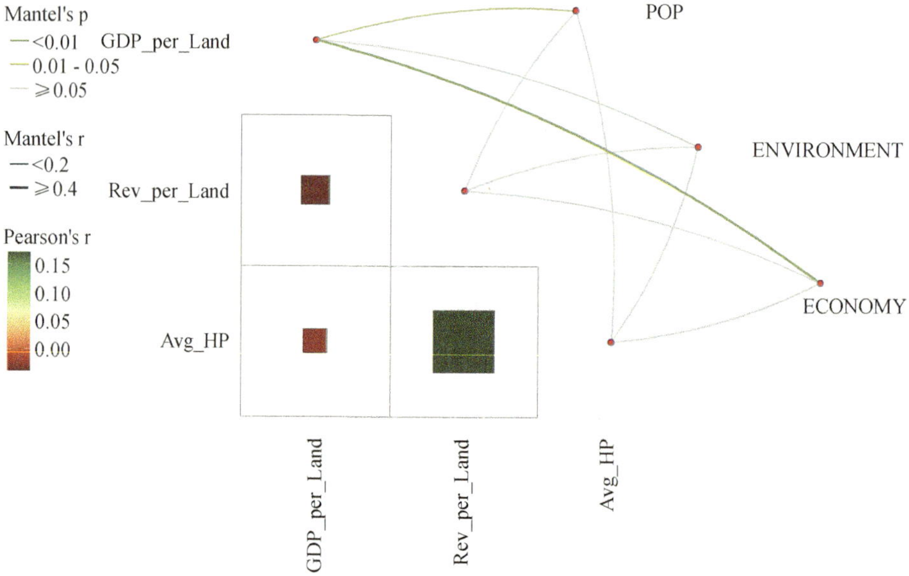

图 5-44　使用 linkET 包绘制相关热力图组合图

由图 5-44 可知, 第一部分中的三个属性变量, 平均房价 "Avg_HP" 与地均财政收入 "Rev_per_Land" 之间呈现较强的正相关关系, 而与地均 GDP "GDP_per_Land" 之间呈现较弱的相关关系.

从第一部分和第二部分属性变量集合之间的关系来看, 经济属性

(ECONOMY) 和人口属性 (POP) 与地均 GDP 属性 "GDP_per_Land" 呈现显著的强相关关系, 而环境属性 (ENVIRONMENT) 与地均 GDP "GDP_per_Land"、地均财政收入 "Rev_per_Land" 和平均房价 "Avg_HP" 之间呈现了较弱的相关关系特征.

总之, 通过绘制相关热力图及其组合图能够帮助读者更加直观、清晰地观察两两变量之间的相关关系, 依照本书中的例子读者可进行进一步的探索与尝试.

5.3.5　平行坐标图

平行坐标图 (Parallel Coordinate Plot, PCP) 也称多线图或轮廓图 (Outline Plot), 它采用多个平行的水平或垂直坐标轴表示多元变量, 每个坐标轴对应一个变量, 将每一个由多元变量维度构成的样本观测值用折线或曲线进行连接, 进而展示多元变量分布. 通过观察平行坐标图中相邻坐标轴之间的折线的形状与排列方式, 能够直观反映各变量的数值分布及相邻变量之间的相关关系, 如果折线大体上呈现平行状态, 则相邻变量之间对应显著的正相关关系, 规律性交错的折线分布则呈现显著的负相关关系, 而无规律的交错分布则对应不相关现象. 在 R 语言中, 可以使用 MASS 函数包中的 *parcoord* 函数绘制平行坐标图.

以武汉市房价数据中的 "GDP_per_Land"、"Rev_per_Land"、"FAI_per_Land" 和 "TertI_Rate" 属性为例, 绘制平行坐标图, 运行下面示例代码, 结果如图 5-45 所示. 图中横向分布分坐标轴分别代表每个属性, 纵向则对应属性值大小, 每一条折线代表数据中的一行数据.

从图 5-45 可看出, 地均 GDP 和地均固定资产投入的分布相对来说比较集中, 而地均财政收入的分布相对来说较为分散, 地均 GDP、地均固定资产投入均与地均财政收入和第三产业占比之间呈负相关关系.

```
library(MASS)
data<-st_drop_geometry(WHHP)[, c("GDP_per_Land", "Rev_per_Land",
"FAI_per_Land", "TertI_Rate")]
parcoord(data)
```

图 5-45 展示了基础的平行坐标图绘制, 表现形式相对单一. 为了丰富平行坐标图可视化效果, 在下面的示例代码中, 按照不同平均房价的区间水平进行划分, 进而修改平行坐标图的绘制颜色, 结果如图 5-46 所示. 观察结果图不难发现, 除了分组所依据的平均房价水平属性 "HP_level_num" 外, 不同颜色的折线的分布并不十分集中, 而是相对分散的, 说明如果要用这些属性中的某个属性来预测对应区域平均房价的水平, 结果可能并不准确. 也就是说, 每个区域的这几个属性与房价水平属性之间单独的相关性可能不强.

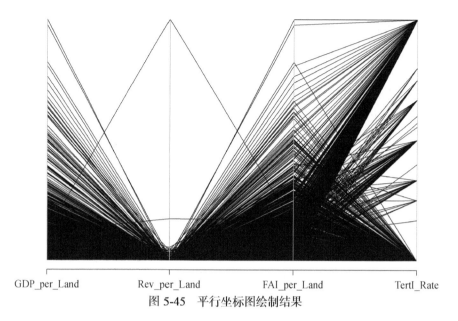

GDP_per_Land   Rev_per_Land   FAI_per_Land   TertI_Rate

图 5-45　平行坐标图绘制结果

```
WHHP <- WHHP %>%
  mutate(HP_level_num = case_when(
    HP_level == "低" ~ 1,
    HP_level == "较低" ~ 2,
    HP_level == "较高"~ 3,
    HP_level == "高" ~ 4
  ))
data <- st_drop_geometry(WHHP)[, c("GDP_per_Land", "Rev_per_
Land", "FAI_per_Land", "TertI_Rate", "HP_level_num")]
cols<-c("#3288bd", "#7fbc41", "#ffffbf", "#f46d43")
colors <- cols[data$HP_level_num]
parcoord(data, col = colors)
legend("top", title="房价水平", legend = c("低", "较低", "较高",
"高"), fill = cols, box.lwd=0, horiz=T, inset=c(0, -0.06), box.col=
"white")
```

此外，**GGally** 函数包中 *ggparcoord* 函数也可以绘制不同风格且集成度较高的平行坐标图，与 *parcoord* 函数绘制效果有较大不同，运行如下示例代码，结果如图 5-47 所示. 那么请读者思考，为何同一个数据，采用不同的函数绘制的平行坐标图会差异这么大？

```
library(GGally)
ggparcoord(data,
           columns = 1:4,
           groupColumn = 5)
```

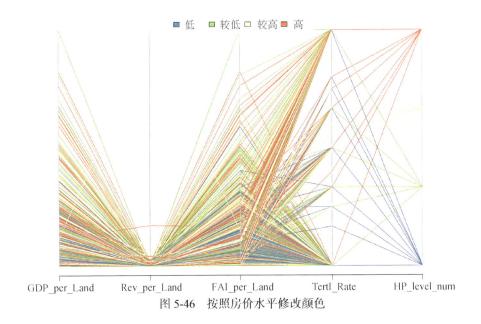

图 5-46 按照房价水平修改颜色

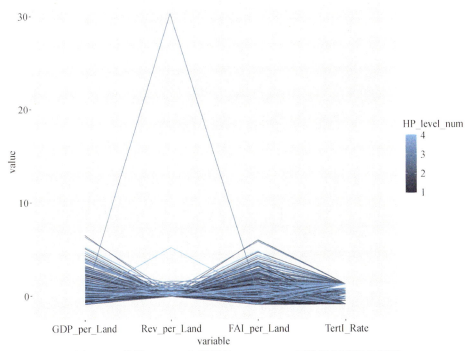

图 5-47 使用 **GGally** 包提供的 *ggparcoord* 函数绘制平行坐标图

上述差异的主要原因来自于在制作平行坐标图时，为了控制纵轴方向的显示范围，需要采用不同的变量归一化方法. *ggparcoord* 函数默认的归一化方法为标准差归一化方法，而 *parcoord* 函数采用的归一化方法为最大-最小值归一化方法．运行如下代码，观察这种情况下所绘制的平行坐标图 (图 5-48) 的效果．

```
ggparcoord(data,
           columns = 1:4,
           groupColumn = 5, scale='uniminmax', showPoints =T)
```

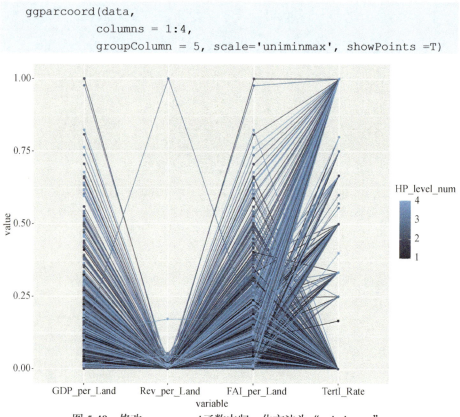

图 5-48　修改 *ggparcoord* 函数中归一化方法为 "uniminmax"

此外，需要注意的是，在上述代码中多次使用了函数 *par*，用于设置或查询图形参数，如布局、页边距、背景等，是绘图过程中最常用的基础工具函数，它的具体用法请读者作为延伸阅读部分自行查阅相关资料，在此不再详述．

5.4　趣味可视化案例

经过前面的学习，相信读者已经基本掌握了如何利用 **R** 语言进行基础的可视化操作，尤其针对 *plot* 等基础绘图函数有了较为深入的了解与掌握．总的来说，在对这些基础绘图函数完美掌握的情况下，读者可以随心所欲地制作丰富、绚烂的可视化图件，甚至有人尝试利用 **R** 语言制作艺术作品．本节将以一个趣味化的综合可视化案例, 向读者展示基础可视化函数的使用技巧, 加强读者对函数功能、视觉要素参数等可视化元素的理解与掌握.

冰墩墩是 2022 年北京冬季奥运会官方设计的吉祥物, 它融合了我国的国宝熊猫形象与冰雪运动元素, 采用了冰晶壳和流畅的线条构成可爱的熊猫形象, 一经面世便在世界各地都引起了极大的关注与喜爱, 甚至一度出现了一物难求的情况. 当时在网络上流传着尝试采用 MATLAB、Python 等脚本编程语言绘制冰墩墩形象, 笔者也依例采用 R 语言实现了冰墩墩形象的绘制, 并在本节向读者展示其详细的绘制过程.

冰墩墩形象是以一系列椭圆、心形等图形共同构成, 因此为了绘制完整的冰墩墩形象, 首先需要编写基础图形的绘图函数, 代码如下所示.

```
getEllipse <- function(Mu, Sigma, S, pntNum)
{
  invSig <- solve(Sigma)
  eigen_vec <- eigen(invSig)
  D <- eigen_vec$values
  V <- eigen_vec$vectors
  aa <- sqrt(S/D[1])
  bb <- sqrt(S/D[2])
  t <- seq(0, 2*pi, length.out = pntNum)
  ab.theta <- rbind(aa*cos(t), bb*sin(t))
  xy <- V%*%ab.theta
  x <- xy[1, ]+Mu[1]
  y <- xy[2, ]+Mu[2]
  res <- cbind(x, y)
}

library(sp)
t1 <- seq(-2.9, 0, length.out = 500)
t2 <- seq(0, 2.9, length.out = 500)

t <- seq(-2.9, 2.9, length.out = 1000)
x <- (16*sin(t))^3
y <- 13*cos(t)-5*cos(2*t)-2*cos(3*t)-cos(4*t)

plot(x, y, typ="l", col="white")
polygon(x, y, col=rgb(180/255, 39/255, 45/255), border=rgb(180/
255, 39/255, 45/255), lwd=2)
```

运行上述示例代码, 绘制心形图形, 结果如图 5-49 所示.

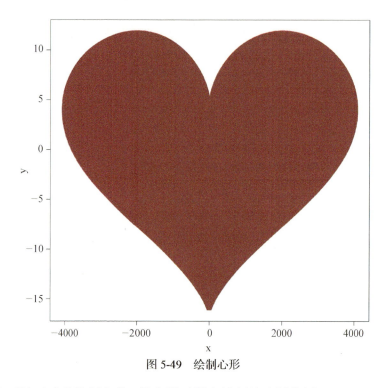

图 5-49　绘制心形

在开始正式的绘制之前，首先需要限定绘制的边界范围：

```
ax.XLim=c(-5, 5)
ax.YLim=c(-5, 5)
```

此外，从 **R** 软件中直接弹窗的绘制图形分辨率往往较差，如果读者想要保存特定辨率或格式的冰墩墩形象，可利用 *png* 函数中 *res*、*width*、*height* 和 *unit* 参数，预先设定图片的分辨率、宽度、高度和尺寸单位，进而获得需要的图片规格．在其他可视化过程中，如果读者需要定制相关的图形文件，也可参考此处的命令进行设置．注意，在完成所有的绘制过程之后，需要使用函数 *dev.off* 结束当前的绘制，前面的绘图结果将会自动保存到工作目录下的图像文件中．

```
png("icedundun.png", res=300, width=24, height=24, unit="cm")
#绘制内容
dev.off()
```

5.4.1　绘制冰墩墩的冰糖外壳

首先从绘制冰墩墩形象的冰糖外壳开始，用椭圆勾勒外部线条，之后使用白色多边形擦除内部线条，运行下面代码，即可得到冰墩墩形象的冰糖外壳, 结果如图 5-50 所示.

```
bt.ex <- getEllipse(c(0, 0), diag(c(1, 1.3)), 3.17^2, 200)
plot(bt.ex, typ="l", col=rgb(57/255, 57/255, 57/255), lwd=1.8,
xlim=ax.XLim, ylim=ax.YLim)

bt.ex1 <- getEllipse(c(1.7, 2.6), diag(c(1.2, 1.8)), 0.65^2,
200)
lines(bt.ex1, col=rgb(57/255, 57/255, 57/255), lwd=1.8)
lines(cbind(-bt.ex1[, 1], bt.ex1[, 2]), col=rgb(57/255, 57/255,
57/255), lwd=1.8)

bt.ex2 <- getEllipse(c(1.7, 2.6), diag(c(1.2, 1.8)), 0.6^2,
200)
polygon(bt.ex2[, 1], bt.ex2[, 2], col=rgb(1, 1, 1), border =
rgb(1, 1, 1), lwd=1.8)
polygon(-bt.ex2[, 1], bt.ex2[, 2], col=rgb(1, 1, 1), border =
rgb(1, 1, 1), lwd=1.8)

bt.ex3 <- getEllipse(c(-3.5, -1), matrix(c(1.1, .3, .3, 1.1),
ncol=2), .75^2, 200)
lines(bt.ex3, col=rgb(57/255, 57/255, 57/255), lwd=1.8)
bt.ex4 <- getEllipse(c(-3.5, -1), matrix(c(1.1, .3, .3, 1.1),
ncol=2), .68^2, 200)
polygon(bt.ex4[, 1], bt.ex4[, 2], col=rgb(1, 1, 1), border =
rgb(1, 1, 1), lwd=1.8)

bt.ex5 <- getEllipse(c(3.5, 1), matrix(c(1.1, .3, .3, 1.1),
ncol=2), .75^2, 200)
lines(bt.ex5, col=rgb(57/255, 57/255, 57/255), lwd=1.8)
bt.ex6 <- getEllipse(c(3.5, 1), matrix(c(1.1, .3, .3, 1.1),
ncol=2), .68^2, 200)
polygon(bt.ex6[, 1], bt.ex6[, 2], col=rgb(1, 1, 1), border =
rgb(1, 1, 1), lwd=1.8)

x2 <- c(-3.8, -2, -3)
y2 <- c(-.51+.13, 1+.13, -1)
lines(x2, y2, col=rgb(57/255, 57/255, 57/255), lwd=1.8)
lines(-x2, -y2, col=rgb(57/255, 57/255, 57/255), lwd=1.8)

x3 <- c(-3.8, -2, -3)
y3 <- c(-.51+.03, 1+.03, -1)
polygon(x3, y3, col=rgb(1, 1, 1), border = rgb(1, 1, 1),
lwd=1.8)
polygon(-x3, -y3, col=rgb(1, 1, 1), border = rgb(1, 1, 1),
lwd=1.8)
```

```
bt.ex7 <- getEllipse(c(0, -0.1), diag(c(1, 1.6)), .9^2, 200)
x4 <- bt.ex7[, 1] -1.2
y4 <- bt.ex7[, 2]
y4[which(y4<0)] <- y4[which(y4<0)]*0.2
y4 <- y4-4.2
lines(x4, y4, col=rgb(57/255, 57/255, 57/255), lwd=2)
lines(-x4, y4, col=rgb(57/255, 57/255, 57/255), lwd=2)

bt.ex8 <- getEllipse(c(0, -0.1), diag(c(1, 1.6)), .8^2, 200)
x5 <- bt.ex8[, 1] -1.2
y5 <- bt.ex8[, 2]
y5[which(y5<0)] <- y5[which(y5<0)]*0.2
y5 <- y5-4.1
polygon(x5, y5, col=rgb(1, 1, 1), border = rgb(1, 1, 1),
lwd=1.8)
    polygon(-x5, y5, col=rgb(1, 1, 1), border = rgb(1, 1, 1),
lwd=1.8)

  bt.ex9 <- getEllipse(c(0, 0), diag(c(1, 1.3)), 3.1^2, 200)
  polygon(bt.ex9[, 1], bt.ex9[, 2], col=rgb(1, 1, 1), border =
rgb(1, 1, 1), lwd=1.8)
```

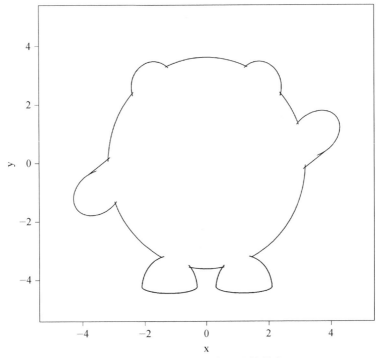

图 5-50　绘制冰墩墩形象的冰糖外壳

5.4.2　绘制身体

接下来利用下面的示例代码绘制冰墩墩的耳朵、胳膊及腿部等器官特征，利用基础图形进行拼接，结果如图 5-51 所示，已经初步能够看出冰墩墩的大致轮廓与形体特征.

```
be.ex1 <- getEllipse(c(1.7, 2.6), diag(c(1.2, 1.8)), .5^2, 200)
polygon(be.ex1[, 1], be.ex1[, 2], col=rgb(57/255, 57/255,
57/255), border = rgb(57/255, 57/255, 57/255), lwd=2)
polygon(-be.ex1[, 1], be.ex1[, 2], col=rgb(57/255, 57/255,
57/255), border = rgb(57/255, 57/255, 57/255), lwd=2)

ba.ex1 <- getEllipse(c(-3.5, -1), matrix(c(1.1, .3, .3, 1.1),
ncol=2), .6^2, 200)
polygon(ba.ex1[, 1], ba.ex1[, 2], col=rgb(57/255, 57/255, 57/
255), border = rgb(57/255, 57/255, 57/255), lwd=2)
ba.ex2 <- getEllipse(c(3.5, 1), matrix(c(1.1, .3, .3, 1.1),
ncol=2), .6^2, 200)
polygon(ba.ex2[, 1], ba.ex2[, 2], col=rgb(57/255, 57/255, 57/
255), border = rgb(57/255, 57/255, 57/255), lwd=2)

x6 <- c(-3.8, -2, -3)
y6 <- c(-0.51, 1, -1)
polygon(x6, y6, col=rgb(57/255, 57/255, 57/255), border = rgb
(57/255, 57/255, 57/255))
polygon(-x6, -y6, col=rgb(57/255, 57/255, 57/255), border = rgb
(57/255, 57/255, 57/255))
tt <- seq(-2.9, 2.9, length.out = 1000)
x <- 16*(sin(tt))^3
y <- 13*cos(tt)-5*cos(2*tt)-2*cos(3*tt)-cos(4*tt)
x7 <- x*0.018+3.6
y7 <- y*0.018+1.1
polygon(x7, y7, col=rgb(180/255, 39/255, 45/255), border = rgb
(180/255, 39/255, 45/255))

bl.ex <- getEllipse(c(0, -0.1), diag(c(1, 1.6)), .7^2, 200)
x8 <- bl.ex[, 1] -1.2
y8 <- bl.ex[, 2]
y8[which(y8<0)] <- y8[which(y8<0)]*0.2
y8 <- y8-4.1
polygon(x8, y8, col=rgb(57/255, 57/255, 57/255), border = rgb
(57/255, 57/255, 57/255), lwd=2)
polygon(-x8, y8, col=rgb(57/255, 57/255, 57/255), border = rgb
(57/255, 57/255, 57/255), lwd=2)
```

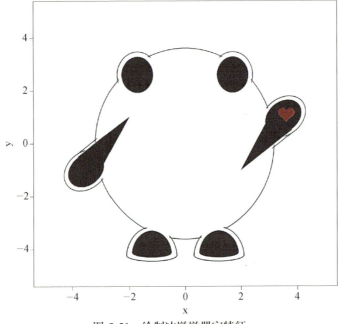

图 5-51　绘制冰墩墩器官特征

之后运行下面代码, 绘制白色带边框的椭圆进一步勾勒身体轮廓, 结果如图 5-52 所示.

```
bd.ex <- getEllipse(c(0, 0), diag(c(1, 1.3)), 3^2, 200)
polygon(bd.ex[, 1], bd.ex[, 2], col=rgb(1, 1, 1), border = rgb
(57/255, 57/255, 57/255), lwd=2.5)
```

5.4.3　绘制脸部细节

在下面的示例代码中, 使用循环语句绘制冰墩墩脸部的五彩线条, 结果如图 5-53 所示.

```
clist <- matrix(c(132, 199, 114, 251, 184, 77, 89, 120, 177,
158, 48, 87, 98, 205, 247), ncol=3)
for(i in 1:5){
  bw.ex <- getEllipse(c(0, 0), diag(c(1.6, 1.3)), (2.05-0.05*
i)^2, 200)
  y9 <- bw.ex[, 2]
  y9[which(y9<0)] <- y9[which(y9<0)]*0.8
  y9 <- y9+0.5
  polygon(bw.ex[, 1], y9, col=rgb(1, 1, 1), border = rgb (clist
[i, 1]/255, clist[i, 2]/255, clist[i, 3]/255), lwd=2.5)
  }
```

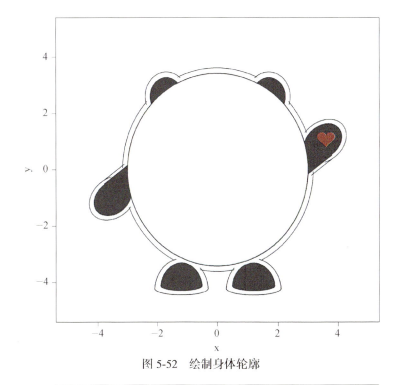

图 5-52 绘制身体轮廓

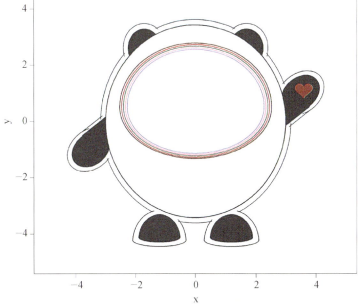

图 5-53 绘制脸上的彩色线条

接下来绘制脸部的五官细节, 首先绘制眼睛, 运行如下代码, 结果如图 5-54 所示.

```
beye.ex <- getEllipse(c(1.2, 1.2), matrix(c(1.2, -.5, -.5,
1.1), ncol=2), 0.65^2, 200)
polygon(beye.ex[, 1], beye.ex[, 2], col=rgb(57/255, 57/255,
57/255), border = rgb(57/255, 57/255, 57/255), lwd=2)
polygon(-beye.ex[, 1], beye.ex[, 2], col=rgb(57/255, 57/255,
57/255), border = rgb(57/255, 57/255, 57/255), lwd=2)

beye.ex1 <- getEllipse(c(.95, 1.3), diag(c(1, 1)), .35^2, 200)
polygon(beye.ex1[, 1], beye.ex1[, 2], col=rgb(57/255, 57/255,
57/255), border = rgb(1, 1, 1), lwd=1.6)
polygon(-beye.ex1[, 1], beye.ex1[, 2], col=rgb(57/255, 57/255,
57/255), border = rgb(1, 1, 1), lwd=1.6)
beye.ex2 <- getEllipse(c(.95, 1.3), diag(c(1, 1)), .1^2, 200)
polygon(beye.ex2[, 1]+0.18, beye.ex2[, 2], col=rgb(1, 1, 1),
border = rgb(57/255, 57/255, 57/255), lwd=.5)
polygon(-beye.ex2[, 1]+.18, beye.ex2[, 2], col=rgb(1, 1, 1),
border = rgb(57/255, 57/255, 57/255), lwd=.5)
```

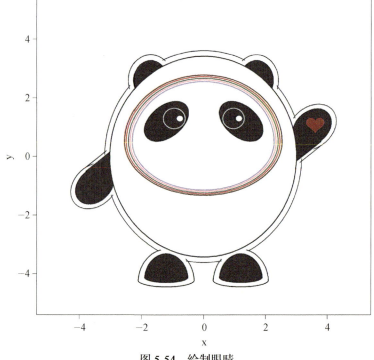

图 5-54 绘制眼睛

利用下面的代码绘制冰墩墩的嘴巴部分，结果如图 5-55 所示.

```
bm.ex <- getEllipse(c(.05, .2), matrix(c(1.2, .15, .15, .8),
ncol=2), 0.69^2, 200)
polygon(bm.ex[, 1], bm.ex[, 2], col=rgb(57/255, 57/255, 57/
255), border = rgb(57/255, 57/255, 57/255), lwd=2)
bm.ex1 <- getEllipse(c(0, .75), matrix(c(1, 0.2, 0.2, .3),
ncol=2), 0.4^2, 200)
polygon(bm.ex1[, 1], bm.ex1[, 2], col=rgb(1, 1, 1), border =
rgb(1, 1, 1), lwd=2)
bm.ex2 <- getEllipse(c(0, 0), diag(c(.8, .2)), .6^2, 200)
polygon(bm.ex2[, 1], bm.ex2[, 2], col=rgb(180/255, 39/255, 45/
255), border = rgb(180/255, 39/255, 45/255), lwd=2)
```

图 5-55 绘制嘴巴

利用基础的椭圆图形绘制冰墩墩的鼻子，结果如图 5-56 所示.

```
bn.ex1 <- getEllipse(c(0, -.1), diag(c(1, 1.6)), .2^2, 200)
y10 <- bn.ex1[, 2]
y10[which(y10<0)] <- y10[which(y10<0)]*0.2
y10 <- -y10+.9
polygon(bn.ex1[, 1], y10, col=rgb(57/255, 57/255, 57/255), border
= rgb(57/255, 57/255, 57/255), lwd=2)
```

图 5-56　绘制鼻子

5.4.4　绘制其他细节

执行了前面的绘制过程, 冰墩墩已经基本成形. 最后, 再添加上冬奥会标志和五环等细节部分, 即可得到一只完整可爱的冰墩墩. 运行如下的细节绘制代码, 最终结果如图 5-57 所示①.

```
tt <- seq(0, 2*pi, length.out = 100)
X<- cos(tt)*.14;
Y<- sin(tt)*.14;
lines(X, Y-2.8, col=rgb(57/255, 57/255, 57/255), lwd=1.2)
lines(X-.3, Y-2.8, col=rgb(106/255, 201/255, 245/255), lwd=1.2)
lines(X+.3, Y-2.8, col=rgb(155/255, 79/255, 87/255), lwd=1.2)
lines(X-.15, Y-2.9, col=rgb(236/255, 197/255, 107/255), lwd=
1.2)
lines(X+.15, Y-2.9, col=rgb(126/255, 159/255, 101/255), lwd=
1.2)
```

① 但是值得注意的是, 作为一个趣味案例, 本部分采用代码对冰墩墩形象进行了总体上的复现, 与现实冰墩墩实物存在一定的差异, 部分细节无法采用代码进行描绘, 还望读者能够理解.

```
text(0, -2.4, "BEIJING 2022")

polygon(c(.1, -.12, -.08), c(0, 0-0.05, -0.15)-1.5,
col=rgb (98/255, 118/255, 163/255), border=rgb(98/255, 118/255,
163/255))
    polygon(c(-.08, -.35, .1), c(-0.1, -.2, -.1)-1.6,
    col=rgb (98/255, 118/255, 163/255), border=rgb(98/255, 118/255,
163/255))
    polygon(c(-.08, -.08, .1, .1), c(-0.1, -0.15, -.2, -.15)-1.5,
    col=rgb(192/255, 15/255, 45/255), border=rgb(192/255, 15/255,
45/255))
    lines(c(-.35, -.3, -.25, -.2, -.15, -.1, -.05, .1)+.02, c
(0, .02, .04, .06, .04, .02, 0, .02)-1.82, col=rgb(120/255, 196/
255, 219/255), lwd=1.8)
    lines(c(-.33, .05)+.02, c(0, -.08)-1.82, col=rgb(190/255, 215/
255, 84/255), lwd=1.8)
    lines(c(.05, -.2)+.02, c(-.08, -.15)-1.82, col=rgb(32/255, 162/
255, 218/255), lwd=1.8)
    lines(c(-.2, .05)+.02, c(-.15, -.2)-1.82, col=rgb(99/255, 118/
255, 151/255), lwd=1.8)
```

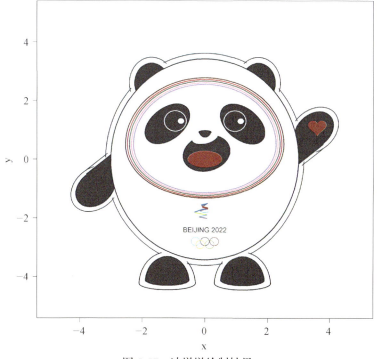

图 5-57　冰墩墩绘制结果

5.5 本章练习与思考

本章介绍了基本的数据可视化方式, 需要掌握如何根据数据的不同特点以及可视化目的, 选用合适的工具对数据进行可视化. 在学习完本章内容后, 请完成以下练习:

(1) 针对本章的每一个可视化图件, 结合文中示例代码, 通过调整函数参数或其他可视化函数, 制作表现主题一致但展示不同的可视化图件.

(2) 请读者搜集数据 (可以使用 **R** 自带的数据), 使用 **lattice** 函数包的三维可视化函数, 如 *contourpolt*、*levelpolt*、*cloud* 等, 对数据进行三维可视化, 注意图件的精美表达.

(3) 本章介绍的可视化方式都是不可交互的, 对 **R** 中可视化函数包进行进一步探索, 尝试对房价数据进行交互式可视化.

(4) 请使用 **R** 绘图工具, 尝试在冰墩墩的基础上进行创意设计, 作为对本章所介绍方法的延伸训练.

第 6 章

R 中空间数据表达与可视化

在空间数据处理和分析过程中, 进行精良的可视化图件, 尤其进行地图制图是空间数据科学中非常重要的一项技能. 本章将介绍如何利用 **R** 语言中的专业空间可视化函数包, 进行基础、灵活、多样的空间数据表达与可视化制图.

6.1 本章 R 函数包准备

6.1.1 GISTools

函数包 **GISTools** (https://CRAN.R-project.org/package=GISTools) 由 Chris Brunsdon 和本书作者等开发和维护, 提供了多个常用的地图制图和空间数据处理工具, 特别针对专题地图提供了图例、指北针、比例尺等制图要素的制作函数, 以及多个图层情况下的综合制图功能. 最初版本的函数包 **GISTools** 建立在 **maptools**、**rgeos** 等函数包基础上, 前面的章节中曾介绍过这些函数包已经退役, 因此本书的作者重新对此函数包进行了开发, 并在 CRAN 上发布, 全面适用 Simple Feature 对象.

6.1.2 tmap

函数包 **tmap** 的全称是 Thematic Maps, 是 **R** 语言中专门用来绘制专题地图的函数工具包, 由 Martijn Tennekes 等开发和维护 (https://CRAN.R-project. org/package=tmap). 作为地理信息空间可视化的强大工具, **tmap** 函数包为用户提供了丰富的地图设计和呈现选项, 包括图例、指北针、比例尺等制图要素的制作函数, 支持丰富的地图样式和注记, 并支持生成静态图片和动态网页等灵活的可视化作品, 使得用户能够轻松创建高度自定义的地图.

6.1.3 echarts4r

函数包 **echarts4r** 是由 John Coene 和 David Munoz Tord 等开发和维护的 (https://CRAN.R-project.org/package=echarts4r), 是专门为当前流行的 ECharts 可视化函数库开发的 **R** 语言接口函数工具集. 具体来说, **echarts4r** 函数包中提供了散点图、折线图、柱状图等多种图表的交互式可视化功能, 同时支持复杂的仪表板布局与地图可视化. 另外, **echarts4r** 函数包的作者同时开发发布了与该包配套使用的函数包, 即 **echarts4r.assets** 函数包 (https://github.com/ JohnCoene/echarts4r.assets) 和 **echarts4r.maps** 函数包 (https://github.com/John Coene/echarts4r.maps), 前者提供了能够丰富地图可视化的图标与布局模式,而后者则提供了包含 215 个国家的基础地图数据. 但是, 这两个函数包未在官方的 CRAN 上线, 所以需要通过 GitHub 下载安装包进行线下安装.

6.1.4 REmap

函数包 **REmap** 由 Dawei Lang 等开发和维护, 是基于百度地图应用程序编程接口 (Application Programming Interface, API) 和 ECharts 可视化工具开发而成. 相比于 **echarts4r** 函数包, **REmap** 函数包更加专注于使用在线地图数据进行地图的交互式可视化, 支持通过百度地图 API 自动获取城市的经纬度坐标数据. 同样, 函数包 **REmap** 未在 CRAN 中上线, 需要读者通过 GitHub 进行下载安装 (https://github.com/lchiffon/REmap), 但前提要求读者使用版本大于或等于 3.1.2 的 **R** 软件, 同时提前安装 **devtools** 函数包. 然而需要注意的是, 由于 ECharts 工具与百度地图 API 的频繁更新, **REmap** 函数包的维护和更新已经逐渐停止, 目前可能会面临一些兼容性问题, 读者在其使用的过程中需要慎重对待.

6.1.5 leaflet 函数包

函数包 **leaflet** 由 Joe Cheng 等开发和维护 (https://CRAN.R-project.org/package=leaflet), 是最受欢迎的开源交互式 Javascript 在线地图库 leaflet 的 **R** 语言接口. **leaflet** 函数包提供了基本的在线地图 (如 Google Map、OpenStreetMap、ESRI 在线地图) 可视化功能, 支持地图的缩放、平移、点击事件、弹出窗口等操作. 它支持瓦片地图、矢量数据、标注数据以及 GeoJSON 数据等不同来源的数据结合, 进行多图层叠加可视化, 并具有高度的可扩展性, 能够实现时间动画、群集标记等复杂的可视化功能. 在本章的学习过程中, 按照以上函数包, 并在 **R** 中载入它们.

```
install.packages("GISTools")
install.packages("tmap")
install.packages("echarts4r")
install.packages("leaflet")
library(GISTools)
library(tmap)
library(echarts4r)
library(REmap)
library(leaflet)
```

空间数据科学最大的价值在于对于空间数据的处理与分析, 而其最为直观的价值体现就是对空间数据的可视化及地图制图. 在 **R** 语言中, 在针对不同对象进行特别封装的基础上, 基础的 *plot* 函数能够进行便捷的空间结合对象可视化, 在第 4 章中为了展示部分空间数据操作与处理函数的效果, 已多次使用它进行空间数据对象的可视化. 本节将正式系统介绍 Simple Feature 和 Spatial 类型空间几何对象的可视化方法.

6.2 空间对象可视化

空间数据科学最大的价值在于对于空间数据的处理与分析, 而其最为直观的价值体现就是对空间数据的可视化及地图制图. 在 **R** 语言中, 在针对不同对象进行特别封装的基础上, 基础的 *plot* 函数能够进行便捷的空间结合对象可视化, 在第 4 章中为了展示部分空间数据操作与处理函数的效果, 已多次使用它进行空间数据对象的可视化. 本节将正式系统介绍 Simple Feature 和 Spatial 类型空间几何对象的可视化方法.

6.2.1 Simple Feature 对象

本节介绍使用 *plot* 函数绘制 Simple Feature 对象, 首先将武汉市房价数据 WHHP_2015 利用 **sf** 函数包读入. 由于数据中的原始属性名称较长, 需要将数据中的属性名称进行标准化, 运行如下预处理代码:

```
library(sf)
setwd("E:/R_course/Chapter6/Data")
WHHP<-read_sf("WHHP_2015.shp")
WHHP$Pop_Den <- WHHP$Avg_Pop/WHHP$Avg_Shap_1
names(WHHP)
WHHP <- WHHP[, -c(1:9, 19, 22:23)]
names(WHHP)
names(WHHP) <- c("Pop", "Annual_AQI", "Green_Rate", "GDP_per_
Land", "Rev_per_Land", "FAI_per_Land", "TertI_Rate", "Avg_HP",
"Den_POI", "Length", "Area", "geometry", "Pop_Den")
```

如果使用 *plot* 函数绘制 Simple Feature 对象, 默认情况下将对所有的属性变量 (不超过 9 个, 如果超过则仅绘制前 9 个属性) 进行分别绘制并着色, 结果如图 6-1 所示.

```
plot(WHHP)
```

如果读者需要控制绘制数量, 可通过 "max.plot" 参数进行赋值. 运行以下代码, 结果分别如图 6-2 所示.

```
plot(WHHP, max.plot = 4)
```

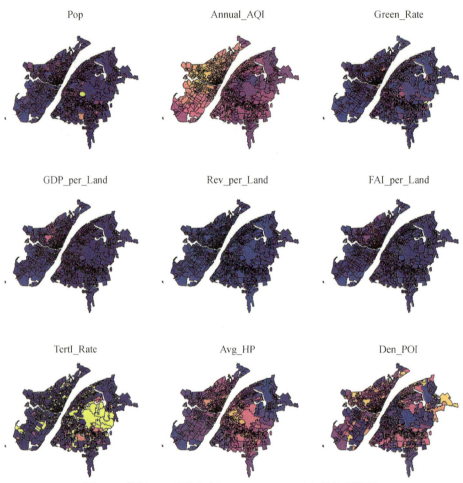

图 6-1　使用 *plot* 直接绘制 Simple Feature 对象的绘制结果

　　在直接使用 *plot* 函数绘制 Simple Feature 对象时,会涉及空间数据的属性参数. 如果需要仅绘制空间数据的几何信息,则需要使用 *st_geometry* 函数或在 Simple Feature 对象变量名后添加 "$geometry",提取空间数据对象的几何信息,再使用 *plot* 函数进行绘制其几何信息,运行下面代码,绘制效果如图 6-3 所示. 但是,此时的绘制结果为单一的空间几何信息,缺少必要的制图要素,如指北针、比例尺等,接下来将逐步向读者介绍如何添加制图要素,并叠加不同的图层.

```
plot(WHHP$geometry)
plot(st_geometry(WHHP))
```

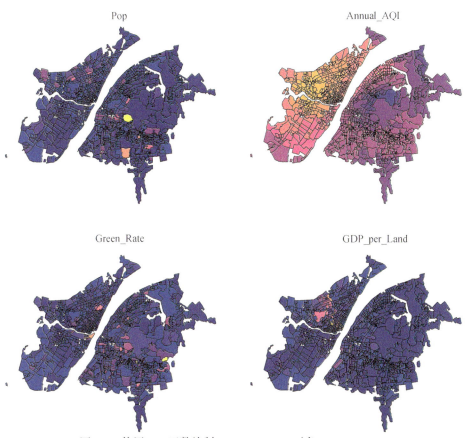

图 6-2　使用 *plot* 函数绘制 Simple Feature 对象（max.plot = 4）

图 6-3　使用 *plot* 函数绘制空间数据几何信息

6.2.2 添加制图要素

在第 4 章中, 介绍了采用 *plot* 函数进行基本的可视化, 但缺少指北针、比例尺等地图制图要素, 而且缺乏对配色方案的介绍. 在下面的例子中, 同样利用 WHHP 空间数据, 通过制作一个单独的空间数据边界, 与原有的数据进行叠加显示, 修改配色方案和轮廓线宽度, 最终实现一个更好的可视化效果, 如图 6-4 所示, 相较于图 6-3 中仅有的单一几何信息明显有了很大改善.

```
HP_outline<-st_union(WHHP)
plot(WHHP$geometry, col = "red", bg = "skyblue", lty = 2, border
= "blue")
plot(HP_outline, lwd = 3, add = TRUE)
title(main="The Central Zone of Wuhan", font.main=2, cex.main=
1.5)
```

The Central Zone of Wuhan

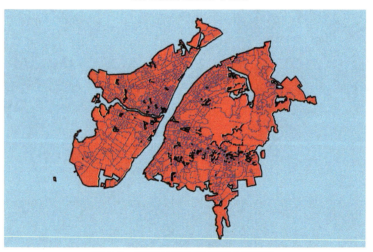

图 6-4　WHHP 空间数据综合可视化

如果需要在图件中添加文字标注、比例尺和指北针, 可以使用 **GISTools** 包或者 **tmap** 包, 两者都提供了在图件中添加对应制图元素的函数, 下面对两个包对应的函数分别进行介绍.

函数包 **GISTools** 提供的添加制图元素的函数分别为 *map.scale* 和 *north.arrow*, 分别用于添加比例尺和指北针, 效果如图 6-5 所示.

```
plot(WHHP$geometry)
north.arrow(553300, 3397000, 500, col='lightblue')
map.scale(508190, 3370000, 5000, "km", 2, 2.5, sfcol='black')
title("The Central Zone of Wuhan")
```

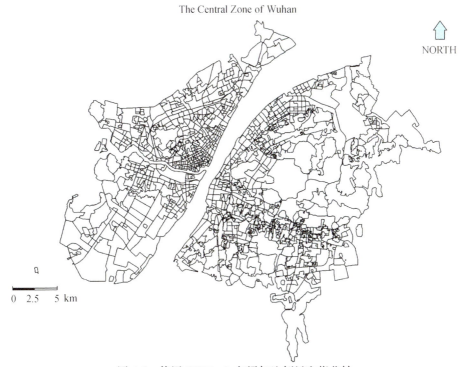

The Central Zone of Wuhan

NORTH

0　2.5　5 km

图 6-5　使用 **GISTools** 包添加比例尺和指北针

函数包 **tmap** 提供的添加对应制图元素的函数则为 *tm_scale_bar* 和 *tm_compass*，效果如图 6-6 所示．

```
tm_shape(WHHP) +
  tm_borders(lty = 1, col = "black") +
  tm_compass(position = c("right", "top")) +
  tm_scale_bar(position = c("left", "bottom")) +
  tm_layout(title = "The Map of Wuhan",
            title.position = c("left", "top"))
```

6.2.3　多个图层叠加绘制

针对多个数据图层，可通过不断保持当前绘制窗口 (*add=T*)，进行多图层的叠加显示．而如果使用 **tmap** 函数包进行绘制，则可以通过多次使用 *tm_shape* 函数达到多图层的叠加绘制．

首先，通过对武汉市行政区划数据、"trunk" 类路网数据与武汉市住宅小区数据的叠加显示，运行如下示例代码，效果如图 6-7 所示．其中需要注意的是，由于武汉市行政区划数据等原始数据为 WGS84 地理坐标系，单位为度，

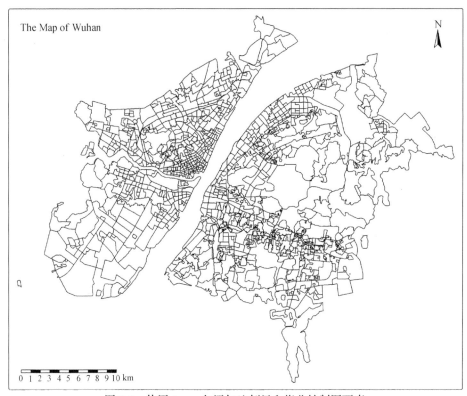

图 6-6　使用 **tmap** 包添加比例尺和指北针制图要素

而添加比例尺时需要计算距离单位，因此绘制前先使用 *st_transform* 函数将原始数据转换成平面投影坐标系，之后在该坐标系下绘制地图和比例尺.

```
WHRD <- read_sf("WHRD.shp")
WHZZQ<-read_sf("WHSWZZ_ZZQ.shp")
WH_Dis<-read_sf("WHDistrict.shp")
WH_Dis<-st_make_valid(WH_Dis)
WH_outline<-st_union(WH_Dis)
WH_Dis_proj <- st_transform(WH_Dis, crs = 32650)
WH_outline_proj<-st_transform(WH_outline, crs = 32650)
WHRD_proj<-st_transform(WHRD, crs = 32650)
WHZZQ_proj<-st_transform(WHZZQ, crs = 32650)
WHRD_tuk<-WHRD_proj[WHRD_proj$fclass=="trunk"|WHRD_proj$fclass
=="trunk_link", ]
plot(WH_Dis_proj$geometry, lty=1, lwd=1, border = "grey40")
plot(WH_outline_proj, lwd=3, border="black", add=T)
plot(WHZZQ_proj$geometry, pch=3, col = "red", size = 0.3, add=T)
plot(WHRD_tuk$geometry, col="blue", lty=2, lwd=1.5, add=T)
```

```
north.arrow(316690, 3455000, 5000, col="lightblue")
map.scale(183125, 3335000, 10000, "km", 2, 5)
```

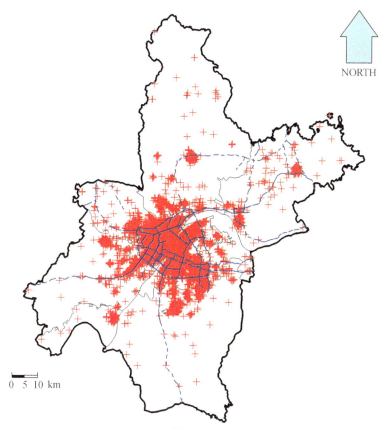

图 6-7　通过 *plot* 函数进行多图层叠加显示示例

接下来使用 *tm_shape* 函数对多图层数据进行叠加显示, 并添加比例尺、指北针等底图要素, 效果如图 6-8 所示.

```
tm_shape(WH_Dis_proj) +
  tm_polygons(col = "white", border.col = "black") +
  tm_shape(WH_outline_proj) +
  tm_borders(lwd = 3, col = "black") +
  tm_shape(WHZZQ_proj) +
  tm_dots(shape = 3, col = "red", size = 0.3) +
  tm_shape(WHRD_tuk) +
  tm_lines(col = "blue", lty = 2, lwd = 1.5) +
  tm_scale_bar(position = c("left", "bottom")) +
  tm_compass(position = c("right", "top"))
```

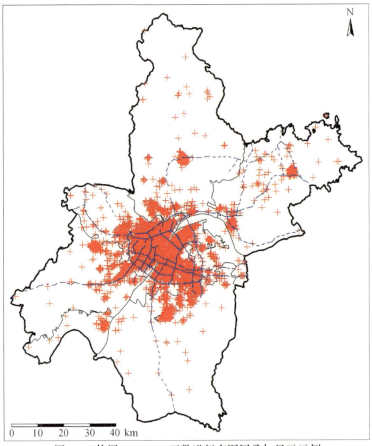

图 6-8　使用 *tm_shape* 函数进行多图层叠加显示示例

观察图 6-7 和图 6-8 的绘制结果, 对这个效果满意吗? 用户可以尝试修改两段代码中的对应参数, 分别制作一幅自己满意的个性化地图.

6.3　空间属性数据可视化

在探索和分析空间数据过程中, 通常结合属性数据与空间对象进行底图可视化, 制作专题图件. 本节将分别介绍如何利用 **R** 语言对点数据、线数据和面数据的属性数据进行可视化.

与前节类似, 本节仍将分别介绍使用基础 *plot* 函数、函数包 **GISTools** 和函数包 **tmap** 进行专题地图可视化 (Brunsdon and Comber, 2022). 其中, 基础 *plot* 函数的绘制过程实质上利用了其基本的绘图功能, 通过改变其对应的绘图参数 (如填充、线型、形状、颜色和大小) 达到空间属性数据专题绘制的目的. 函数包 **GISTools** 提供了 *thematic.map* 和面向多边形数据的 *choropleth* 函数, 能够便捷地进行地图专题图制作. 函数包 **tmap** 属性数据可视化方法主要利用 *tm_shape* 函数导入空间数据, 通过 "+" 符号叠加绘制不同样式的属性数据. 具体的可视化函数如表 6-1 所示, 选择不同的可视化函数, 并修改对应的绘图参数以实现高度定制化的专题图绘制.

表 6-1　**tmap** 函数包可视化函数

函数	适用对象	效果
tm_polygons	面 (多边形) 数据	绘制多边形数据
tm_symbols	点、线、面数据	绘制符号, 例如点、圆形、三角形等
tm_lines	线数据	绘制线数据
tm_raster	栅格数据	绘制栅格数据
tm_text	点、线、面数据	在地图上添加文本
tm_fill	面数据	填充多边形的内部颜色
tm_borders	面数据	绘制多边形的边界线
tm_bubbles	点、线、面数据	绘制气泡图, 气泡的大小和颜色可以表示变量值大小
tm_squares	点、线、面数据	绘制正方形, 正方形的大小和颜色可以表示变量值大小
tm_dots	点、线、面数据	绘制点状符号
tm_rgb	栅格数据	绘制 RGB 图像, 例如遥感图像的真彩色或假彩色合成
tm_markers	点、线、面数据	绘制文本标记

6.3.1　点数据的属性数据可视化

利用基础 *plot* 函数, 同时结合 *legend* 函数添加对应的图例, 能够实现点数据属性数据在空间上的表达. 如图 6-9 所示, 通过提取每个区域的中心点, 获取点数据, 并增加对应区域的 Avg_HP 属性 (平均房价), 以点的大小表现其对应区域的房价高低, 并采用 *legend* 函数对平均房价分别为 5000、10000、15000、20000 和 25000(元/m^2) 的点大小进行标注说明.

```
plot(WHHP$geometry, col="white", lty=1, lwd=1, border = "grey40")
WHHP_cen<-st_centroid(WHHP$geometry)
plot(WHHP_cen, pch=1, col="red", cex=WHHP$Avg_HP/20000, add=T)
legVals <- c(5000, 10000, 15000, 20000, 25000)
legend("bottomright", legend = legVals, cex=0.5, pch = 1, col
= "red", pt.cex = legVals/10000, title = "House price")
```

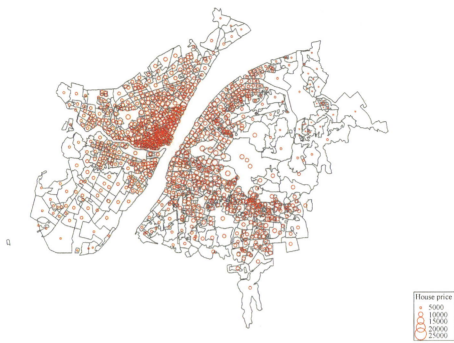

图 6-9　基础 *plot* 绘制 WHHP_cen 数据的 Avg_HP 属性值

利用函数包 **tmap**, 以武汉市房价数据为例, 根据对应区域的平均房价值大小绘制大小不同、颜色深浅不同的点, 结果如图 6-10 所示.

```
require(RColorBrewer)
WHHP_cen<-st_as_sf(WHHP_cen)
WHHP_cen$Avg_HP<-WHHP$Avg_HP
WHHP_cen$Pop<-WHHP$Pop
WHHP_cen$GDP_per_Land<-WHHP$GDP_per_Land
WHHP_cen$FAI_per_Land<-WHHP$FAI_per_Land
blue_palette <- brewer.pal(9, "Blues")

tm_shape(WHHP) +
  tm_polygons(col = "white", border.col = "black") +
  tm_shape(WHHP_cen) +
  tm_bubbles(size = "Avg_HP", col = "Avg_HP", palette = blue_
palette, scale = 0.8) +
  tm_layout(legend.position = c("right", "bottom"),
           inner.margins = c(0.05, 0.05, 0.05, 0.2))
```

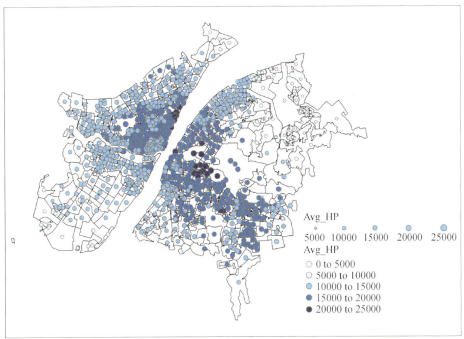

图 6-10　使用 **tmap** 函数包绘制 WHHP_cen 数据的 Avg_HP 属性值

利用函数包 **GISTools** 中的 *thematic.map* 函数对同样的数据变量进行绘制, 运行下面代码, 结果如图 6-11 所示. 能够发现, 在绘制专题地图的同时, *thematic.map* 函数绘制了变量分布直方图, 以便于读者更好地阅读数据.

```
thematic.map(WHHP_cen, var.names="Avg_HP", colorStyle ="red",
na.pos = "topleft", scaleBar.pos = "bottomright",
    legend.pos = "bottomleft", cuts=5, cutter=rangeCuts, bglyrs = list
(WHHP), bgStyle=list(col="white", cex=1, lwd=1, pch=16, lty=1))
```

对于 Spatial*DataFrame 对象, 能够使用函数包 **sp** 提供的可视化函数 *spplot*, 利用颜色对不同区间的空间属性值进行区分. 例如为武汉市房价数据的中心点数据增加几个属性后, 转化为 Spatial*DataFrame 对象, 再按照对应区域的平均房价值大小来绘制不同颜色的点, 结果如图 6-12 所示.

```
library(sp)
WHHP_cen_sp <- SpatialPointsDataFrame(st_coordinates(WHHP_cen),
st_drop_geometry(WHHP_cen))
    mypalette <- brewer.pal(7, "Reds")
    spplot(WHHP_cen_sp, "Avg_HP", key.space = "right", pch = 16,
cex = WHHP_cen_sp$Avg_HP/15000, col.regions = mypalette, cuts=7)
```

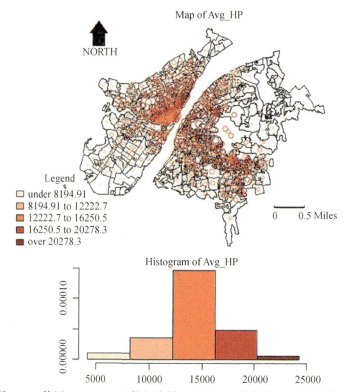

图 6-11　使用 **GISTools** 函数包绘制 WHHP_cen 数据的 Avg_HP 属性值

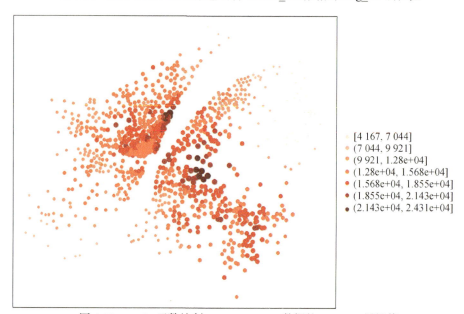

图 6-12　*spplot* 函数绘制 WHHP_cen_sp 数据的 Avg_HP 属性值

　　在数据中有多项属性变量时, 函数 *spplot* 能够自动在同一个绘制媒介对象中绘制对应属性项. 运行下面代码, 结果如图 6-13 所示, 同时绘制了不同属性 (Pop、GDP_per_Land、Avg_HP 和 FAI_per_Land). 为了更好地显示数据之间的相对大小关系, 首先删除数据中的异常值, 并进行标准化, 使得不同的属性变量值在同一个值域中. 请读者思考这么做的原因是什么? 如果量纲不同或者值域变化差异过大, 会出现什么情况呢?

```
is_outlier <- function(x) {
  Q1 <- quantile(x, 0.25)
  Q3 <- quantile(x, 0.75)
  IQR <- Q3 - Q1
  lower_bound <- Q1 - 1.5 * IQR
  upper_bound <- Q3 + 1.5 * IQR
  return(x < lower_bound | x > upper_bound)
}
columns <- c("Pop", "GDP_per_Land", "Avg_HP", "FAI_per_Land")
outlier_matrix <- sapply(columns, function(col) {
  is_outlier(WHHP_cen_sp@data[[col]])
})
rows_to_remove <- apply(outlier_matrix, 1, any, na.rm = TRUE)
sp_data_filtered <- WHHP_cen_sp[!rows_to_remove, ]
data_df_scaled <- as.data.frame(scale(sp_data_filtered@data))
sp_data_filtered@data <- data_df_scaled
mypalette <- brewer.pal(4, "Reds")
spplot(sp_data_filtered, c("Pop", "GDP_per_Land", "Avg_HP",
"FAI_per_Land"), key.space="right", pch=16, col.regions=mypalette,
cex=0.5, cuts=3)
```

　　在使用函数 *spplot* 绘制专题图的过程中, 可通过参数 *sp.layout* 添加制图要素, 如指北针、比例尺等, 以及其他需叠加显示的图层要素, 运行如下代码, 效果如图 6-14 所示.

```
WHHP_sp<-as(WHHP, "Spatial")
mypalette <- brewer.pal(6, "Blues")
map.na = list("SpatialPolygonsRescale", layout.north.arrow(),
offset = c(549000, 3393000), scale = 4000, col=1)
```

```
   map.scale.1 = list("SpatialPolygonsRescale", layout.scale.bar(),
offset = c(512000, 3367000), scale = 5000, col=1, fill=c("transparent",
"green"))
   map.scale.2  = list("sp.text", c(512000, 3367000), "0", cex=
0.9, col=1)
   map.scale.3  = list("sp.text", c(518000, 3367000), "5km", cex=
0.9, col=1)
   WHHP_sp_list <-  list("sp.polygons", WHHP_sp)
   map.layout<- list(WHHP_sp_list, map.na, map.scale.1, map.scale.2,
map.scale.3)
   spplot(WHHP_cen_sp, "Avg_HP", key.space = "right", pch=16,
col.regions =mypalette, cuts=6, sp.layout=map.layout, xlim=c(bbox
(WHHP_sp)[1, ][[1]]-1000, bbox(WHHP_sp)[1, ][[2]]+1000), ylim=c(bbox
(WHHP_sp)[2, ][[1]]-1000, bbox(WHHP_sp)[2, ][[2]]+1000))
```

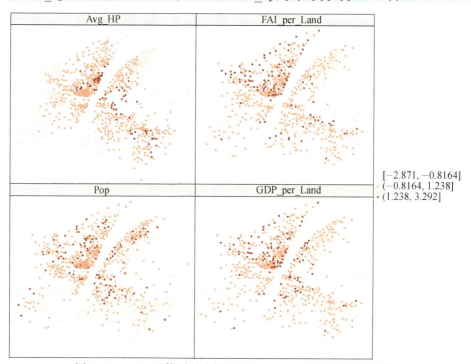

图 6-13 *spplot* 函数同时绘制 WHHP_cen_sp 数据的多个属性值

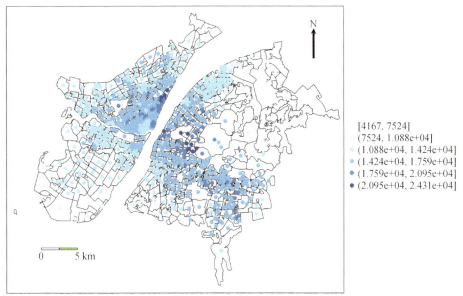

图 6-14　在 *spplot* 函数制图中添加指北针、比例尺和图层要素

6.3.2　线数据的属性数据可视化

在 **R** 语言中, 也能够对线数据对象进行便捷的可视化. 首先对武汉市道路数据的类别进行重新整理, 接着对整理后的干道类 ("trunk")、一级公路类 ("primary")、二级公路类 ("secondary")、三级公路类 ("tertiary") 和高速公路类 ("motorway") 五类道路进行分类可视化. 运行下面代码, 结果如图 6-15 所示.

```
library(dplyr)
WHRD <- WHRD %>%
  mutate(new_fclass = case_when(
    fclass == "trunk_link" | fclass == "trunk" ~ "trunk",
    fclass == "primary_link" | fclass == "primary" ~ "primary",
    fclass == "motorway_link" | fclass == "motorway" ~ "motorway",
    fclass == "secondary_link" | fclass == "secondary" ~ "secondary",
    fclass == "tertiary_link"  | fclass == "tertiary"~ "tertiary"
  ))
road_type <- unique(WHRD$new_fclass)
shades <- brewer.pal(5, "Set3")
idx <- match(WHRD$new_fclass, road_type)
plot(WHRD$geometry, col = shades[idx])
legend("bottomright", legend = road_type, lty=1, col=shades,
title = "Road type", cex = 0.5)
```

图 6-15　武汉市道路网络数据类别可视化

　　在图 6-15 中, 由于存在大量小型道路, 出现了信息表达不清的现象, 影响了其他类型道路的展示. 通过改变线型和宽度, 结合原有的颜色特征, 对它进行改善, 效果如图 6-16 所示.

```
road_type <- unique(WHRD$new_fclass)
shades <- c("grey", "#E6F598", "#66C2A5", "#C51B7D", "#BF812D")
idx <- match(WHRD$new_fclass, road_type)
ltypes <- c(3, 3, 1, 1, 3)
lwidths <- c(0.5, 0.5, 2, 1, 0.5)
plot(WHRD$geometry, col=shades[idx], lty=ltypes[idx], lwd=lwidths
[idx])
    legend("bottomright", legend = road_type, lty=ltypes, lwd=
lwidths, col=shades, title = "Road type", cex = 0.5)
```

图 6-16　武汉市道路网络数据类别可视化 (颜色+线型)

通过下面的代码也可以利用 **tmap** 函数包实现相似的效果, 通过 *tm_shape* 函数导入武汉市道路数据之后, 在 *tm_lines* 函数中指定参数 col 和 lwd 的值由道路的类型决定, 并指定每一个类型对应的参数值, 最后将三个图例合并, 结果如图 6-17 所示.

```
tm_shape(WHRD)+
    tm_lines(col="new_fclass", col.scale = tm_scale(values = c
("trunk" = "#66C2A5", "primary" = "#C51B7D", "motorway"="#BF812D",
"secondary"="#E6F598", "tertiary"="grey")),
            lwd.scale = tm_scale(values = c("trunk" = 2,
"primary" = 1, "motorway"=0.5, "secondary"=0.5, "tertiary"=0.5)),
        lty.legend = tm_legend_combine("col"),
        col.legend = tm_legend_combine("col"))
```

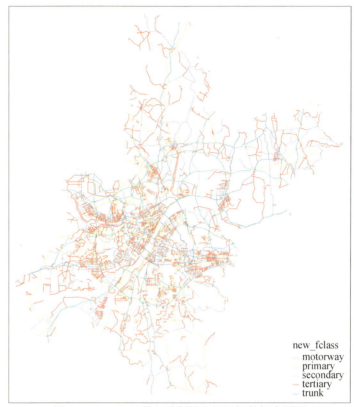

new_fclass
— motorway
— primary
— secondary
— tertiary
— trunk

图 6-17　**tmap** 函数包绘制线空间属性数据专题图

6.3.3　面数据的属性数据可视化

针对面空间数据, 首先能够通过基础的 *plot* 函数绘制专题地图. 以武汉市房价 WHHP 数据为例, 使用 *plot* 函数绘制其 Area 属性 (区域面积) 的专题图, 运行如下代码, 结果如图 6-18 所示.

```
area<-as.numeric(st_area(WHHP$geometry))
WHHP$Area<-area
plot(WHHP["Area"], key.pos = 4)
```

其中, 参数 *key.pos* 用来确定图例的位置, 整数 1—4 分别代表下、左、上和右. 此外, 参数 *key.width* 和 *key.length* 分别确定图例的宽度和长度, 这两个参数均可从相对和绝对两种方式确定, 相对值由 0—1 之间的数字表示, 而绝对值则用绝对的大小表示, 如 lcm(2) 表示 2cm. 输入以下代码, 观察图例的变化, 结果如图 6-19 所示.

```
plot(WHHP["Area"], key.pos = 1, key.length = 1.0, key.width =
lcm(1.3), axes=FALSE)
```

Area

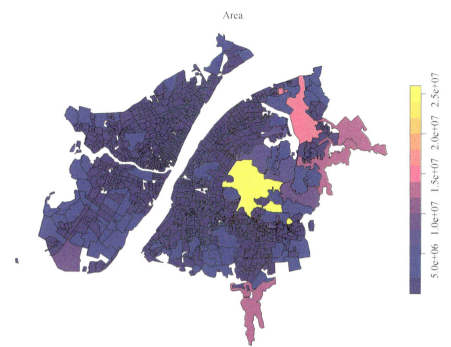

图 6-18　使用 *plot* 进行 WHHP 数据的 Area 属性数据可视化

Area

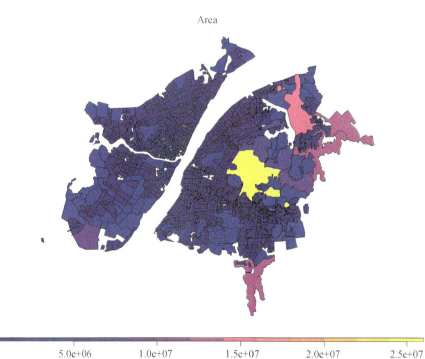

图 6-19　通过 *key.pos* 等参数修改图例样式

由于各个区域的面积为连续变量, 在为每个区域进行填充颜色时, 需要将该连续变量转换为离散变量, 即对连续变量进行分箱或分组 (类). 通过观察图 6-18 和图 6-19, 当前的绘制结果填充颜色种类过多, 即分组的组别数量较多, 读者能够使用 *cut* 函数中的 *breaks* 参数修改分组数量, 或者手动确定分组区间值. 输入以下示例代码, 观察不同绘制结果之间的差别, 如图 6-20 所示.

```
WHHP$new_area<-cut(area, breaks=5)
plot(WHHP["new_area"], key.pos = 4, pal = sf.colors(5), key.width
= lcm(5))
plot(WHHP["Area"], breaks = c(0, 0.05e+07, 0.25e+07, 0.5e+07,
1e+07, 1.5e+07), key.pos = 4, pal = rainbow(5))
```

除了手动指定分组的临界值, *plot* 函数中的 breaks 参数提供了一些自动分组方法, 包括 "pretty" (根据数据分布让坐标轴刻度看起来更加美观)、"equal" (等间隔划分)、"quantile" (根据四分位数进行划分) 以及 "jenks" (按照聚类思想将数据划分成具有最小内部差异和最大类间差异的区间) 等. 通过以下代码, 观察不同的分组方法所产生的结果有什么差异, 结果如图 6-21 所示.

```
plot(WHHP["Area"], breaks = "pretty", main="Pretty")
plot(WHHP["Area"], breaks = "equal", main="Equal")
plot(WHHP["Area"], breaks = "quantile", main="Quantile")
plot(WHHP["Area"], breaks = "jenks", main="Jenks")
```

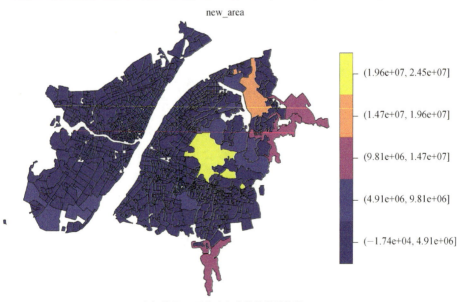

(a) 使用 *cut* 函数确定分组的组别数量

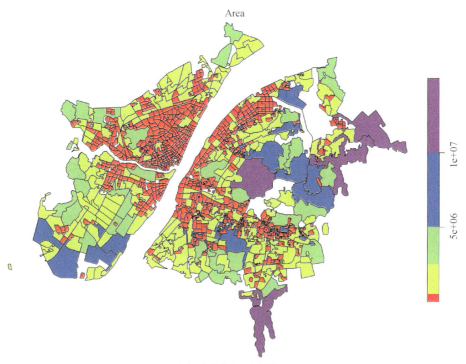

（b）手动确定分组的临界

图 6-20　改变分组的组别数量以及手动确定分组临界

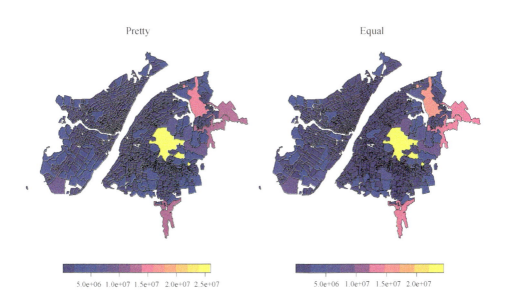

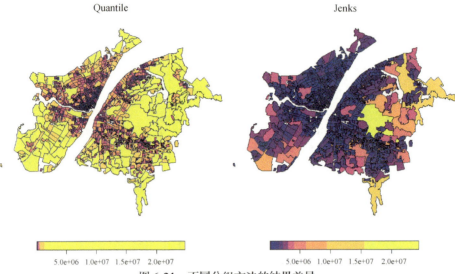

图 6-21　不同分组方法的结果差异

同样，也可以使用 **tmap** 函数包绘制面数据专题图. 更为专业的是，对于不同类型的属性数据，**tmap** 函数包提供了针对性的可视化方式用于将属性数据变量映射为可视化元素，如分别针对分类 (Categorical) 变量、顺序 (Order) 变量、区间 (Interval) 变量和连续型 (Continuous) 变量.

利用武汉市房价数据，分别采用上面四种方式可视化类别变量 "HP_level" 和 "Avg_HP"，结果如图 6-22 所示. 请读者思考，同样为变量 "HP_level"，当分别按照分类特征和顺序特征进行可视化时，呈现了不同的结果，如图 6-22(a)和(b)；而将 "Avg_HP" 进行区间显示和连续型显示时，在可视化的风格上也呈现了很大不同，如图 6-22(c)和(d). 请读者思考这种不同，以加强对不同可视化方式的理解.

```
require(dplyr)
sum_hp<-summary(WHHP$Avg_HP)
WHHP <- WHHP %>%
  mutate(HP_level = case_when(
    Avg_HP >= sum_hp[[1]] & Avg_HP < sum_hp[[2]] ~ "低",
    Avg_HP >= sum_hp[[2]] & Avg_HP < sum_hp[[3]] ~ "较低",
    Avg_HP >= sum_hp[[3]] & Avg_HP < sum_hp[[5]] ~ "较高",
    Avg_HP >= sum_hp[[5]] & Avg_HP <= sum_hp[[6]] ~ "高"
  ))
map_categorical <- tm_shape(WHHP) +
  tm_polygons("HP_level", style = "cat", palette = "Set3",
title = "Categorical Scale")
  tmap_save(map_categorical, "map_categorical.png", width = 18,
height = 16, units = "cm", dpi = 300)
```

```
WHHP <- WHHP %>%
  mutate(HP_level = case_when(
    Avg_HP >= sum_hp[[1]] & Avg_HP < sum_hp[[2]] ~ "1",
    Avg_HP >= sum_hp[[2]] & Avg_HP < sum_hp[[3]] ~ "2",
    Avg_HP >= sum_hp[[3]] & Avg_HP < sum_hp[[5]] ~ "3",
    Avg_HP >= sum_hp[[5]] & Avg_HP <= sum_hp[[6]] ~ "4"
  ))
map_ordinal <- tm_shape(WHHP) +
  tm_polygons("HP_level", style = "order", title = "Ordinal Scale")
tmap_save(map_ordinal, "map_ordinal.png", width = 18, height =
16, units = "cm", dpi = 300)

breaks <- c(5000, 10000, 15000, 20000, 25000)
map_intervals <- tm_shape(WHHP) +
  tm_polygons("Avg_HP", style = "fixed", breaks = breaks, title
= "Interval Scale")
tmap_save(map_intervals, "map_intervals.png", width = 18,
height = 16, units = "cm", dpi = 300)
map_continuous <- tm_shape(WHHP) +
  tm_polygons("Avg_HP", style = "cont", title = "Continuous Scale")
tmap_save(map_continuous, "map_continuous.png", width = 18,
height = 16, units = "cm", dpi = 300)
```

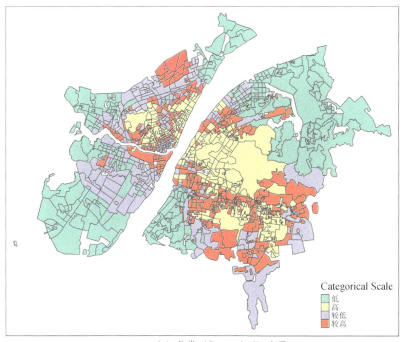

(a) 分类（Categorical）变量

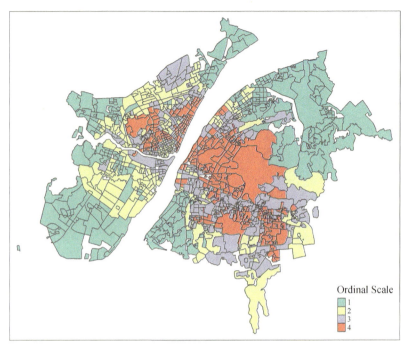

（b）顺序（Order）变量

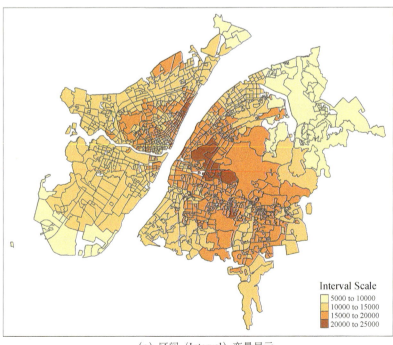

（c）区间（Interval）变量显示

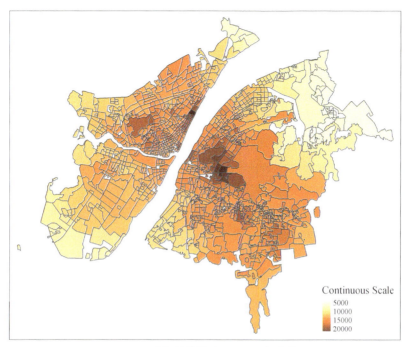

（d）连续型（Continuous）变量

图 6-22　针对不同类型的变量进行展示

在函数包 **tmap** 中，提供了丰富的地图绘制风格，可通过 *tmap_style* 函数设置全局的绘图风格，或者通过 *tm_style* 函数设置某一幅地图的具体绘图风格.其中可选风格（Style）主要包括"white"(默认值)、"gray"、"classic"、"cobalt"和"natural"等，下面分别介绍使用 *tmap_style* 函数和 *tm_style* 函数设置绘制风格为"classic"、"gray"和"natural"，结果分别如图 6-23(a)—(c)所示.

```
tmap_style("classic")
classic_sty <- tm_shape(WHHP) +
  tm_polygons("Avg_HP", title = "Average HP") +
  tm_legend(position = c("right", "bottom"), text.size = 0.8) +
  tm_scale_bar(position = c("left", "bottom")) +
  tm_compass(position = c("right", "top"), size = 3)
tmap_save(classic_sty, "classic_sty.png", width = 18, height =
16, units = "cm", dpi = 300)
```

```
gray_sty <-tm_shape(WHHP)+
  tm_polygons("Avg_HP", title = "Average HP") +
  tm_legend(position = c("right", "bottom"), text.size = 0.8) +
  tm_scale_bar(position = c("left", "bottom")) +
  tm_compass(position = c("right", "top"), size = 3)+
  tm_style("gray")
tmap_save(gray_sty , "gray_sty .png", width = 18, height = 16,
units = "cm", dpi = 300)

natural_sty <-tm_shape(WHHP)+
  tm_polygons("Avg_HP", title = "Average HP") +
  tm_legend(position = c("right", "bottom"), text.size = 0.8) +
  tm_scale_bar(position = c("left", "bottom")) +
  tm_compass(position = c("right", "top"), size = 3)+
  tm_style("natural")
tmap_save(natural_sty , "natural_sty.png", width = 18, height
= 16, units = "cm", dpi = 300)
```

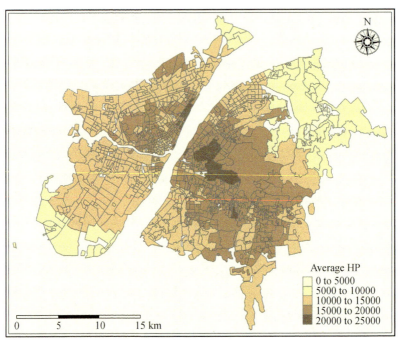

（a）设置绘制风格为"classic"

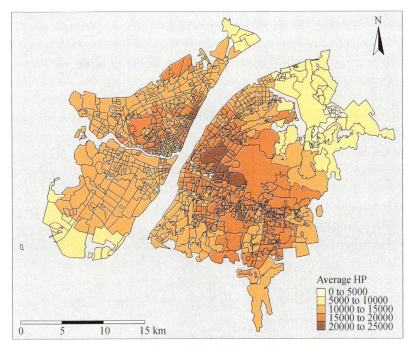

（b）设置绘制风格为"gray"

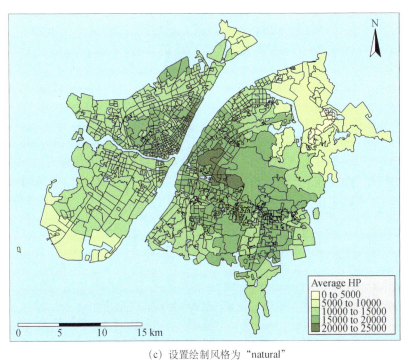

（c）设置绘制风格为"natural"

图 6-23　不同地图绘制风格示例

　　在函数包 **GISTools** 中, 提供了 *choropleth* 函数, 专门用于多边形数据对象的专题图制作, 结合 *auto.shading* 函数用来定义值域区间划分与对应的颜色填充, *choro.legend* 函数用来绘制对应的图例. 运行如下代码, 其中 *dev.new* 函数用于启动一个新的图形设备, 效果如图 6-24 所示.

```
shades = auto.shading(WHHP[["Avg_HP"]])
dev.new(width = 16, height = 12)
choropleth(sp = WHHP, v="Avg_HP", shading=shades)
choro.legend(548871.4, 3377000, shades, title='Average house
price')
```

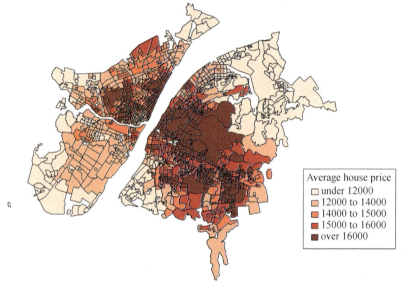

图 6-24　*choropleth* 函数制作专题图示例(默认风格)

　　图 6-24 基本沿用了函数 *choropleth* 的默认风格, 读者能够通过灵活定义颜色与所呈现的区间个数, 进行其他形式的展示, 通过修改代码, 效果如图 6-25 (蓝色主题) 和 6-26 (绿色主题) 所示.

```
library(RColorBrewer)
shades = auto.shading(WHHP[["Avg_HP"]], n=6, cols = brewer.pal
(6, "Blues"))
dev.new(width = 16, height = 12)
choropleth(sp = WHHP, v="Avg_HP", shading=shades)
choro.legend(548871.4, 3377000, shades, title='Average house
price')

shades = auto.shading(WHHP[["Avg_HP"]], n=7, cols = brewer.pal
```

```
(7, "Greens"), cutter = rangeCuts)
    dev.new(width = 16, height = 12)
    choropleth(sp = WHHP, v="Avg_HP", shading=shades)
    choro.legend(548871.4, 3377000, shades, title='Average house
price')
```

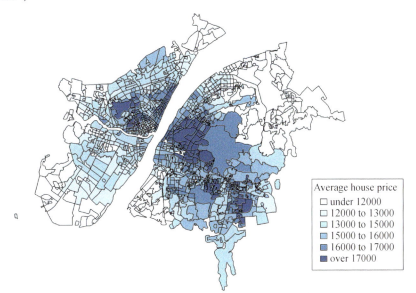

图 6-25　*choropleth* 函数制作专题图示例 (蓝色主题)

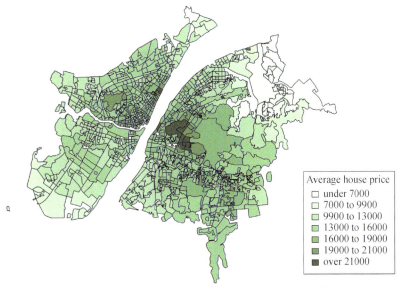

图 6-26　*choropleth* 函数制作专题图示例 (绿色主题)

注意, *auto.shading* 函数所提供的区间分割功能与颜色选取也可用于其他的空间数据对象专题图可视化. 针对前面的例子, 读者可以采用 *auto.shading* 函数重新进行颜色分配, 制作新的专题地图图件.

另外, **GISTools** 函数包中的 *thematic.map* 函数, 也能够用于绘制专题地图和属性变量的直方图, 从而在观察其空间分布的同时, 能够进一步了解其统计分布情况. 该函数的基本用法为

```
thematic.map(data, var.names, colorStyle = NULL, na.pos =
"bottomright", bglyrs, bgStyle, scaleBar.pos = "bottomright",
mtitle = NULL, htitle = NULL, legend = "Legend", legend.pos =
"topright", cuts = 5, cutter = quantileCuts, horiz = FALSE,
digits=2, ...)
```

其中, 各个参数的含义如表 6-2 所示.

表 6-2　函数 *thematic.map* 主要参数及含义

参数	含义
data	Spatial 或 sf 对象
var.names	用于绘制的变量名的向量
colorStyle	颜色向量或颜色函数
na.pos	绘制指北针的位置
bglyrs	Spatial 或 sf 对象背景层的列表
bgStyle	定义背景层样式的参数列表
scaleBar.pos	绘制比例尺的位置
mtitle	每个专题图的标题
htitle	每个直方图的标题
legend	每个专题图的图例的标题
legend.pos	图例的位置
cuts	类别的数量
cutter	定义分类断点的函数
horiz	逻辑值, 为 TRUE 则水平绘制图例; FALSE 则垂直绘制
digits	图例的位数

在下面的例子中, 以 **GISTools** 函数包中内置的 newhaven 数据集, 对其中 "POP1990" 属性绘制专题地图. 在下面的示例代码中, 通过参数 *var.names* 指定绘制的属性为 "POP1990", 然后通过参数 *na.pos*、*scaleBar.pos* 和 legend.pos

分别指定专题地图中指北针、比例尺和图例的绘制位置，并通过参数 colorStyle 指定绘制颜色为红色系，效果如图 6-27 所示，观察结果图可知，纽黑文 1990 年人口较多的区块数量较少，且集中分布在西北部与中部区域.

```
data(newhaven)
thematic.map(blocks, var.names="POP1990", horiz = FALSE, na.pos
= "topleft", scaleBar.pos = "bottomright", legend.pos = "bottomleft",
colorStyle = "red")
```

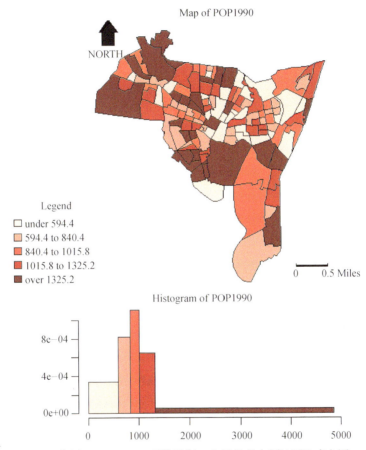

图 6-27 使用 *thematic.map* 函数绘制一个属性的专题地图和直方图

该函数还支持对多个属性同时进行专题地图和直方图的绘制，下面将要绘制的属性修改为 "P_35_44"、"P_25_34" 和 "POP1990"，绘制结果如图 6-28 所示.

```
thematic.map(blocks, var.names=c("P_35_44", "P_25_34", "POP1990"),
horiz =FALSE, na.pos = "topleft", scaleBar.pos = "bottomright",
legend.pos = "bottomleft", colorStyle =hcl.colors)
```

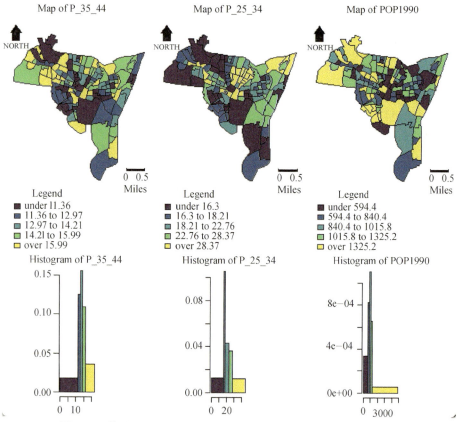

图 6-28 使用 *thematic.map* 函数绘制多个属性的专题地图和直方图

在此基础上, 还可以指定不同属性所对应的图的主题色, 例如将上面三组图的主题色分别设置为 "红"、"蓝" 和 "na", 代码如下, 结果如图 6-29 所示. 其中, 当颜色为 "na" 代表未指定, 则使用默认的灰色色系.

```
thematic.map(blocks,   var.names=c("P_35_44",   "P_25_34",
"POP1990"), horiz =FALSE, na.pos = "topleft", scaleBar.pos =
"bottomright", legend.pos = "bottomleft", colorStyle =c("red",
"blue", "na"))
```

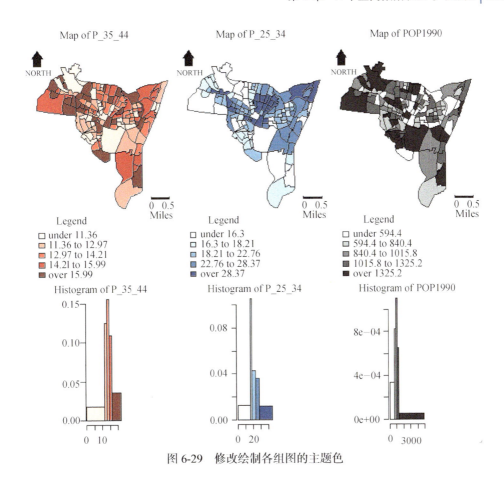

图 6-29 修改绘制各组图的主题色

6.4 交互式数据可视化

对数据进行可视化时, 让可视化图表动起来, 使其具有交互性, 将会对数据分析有极大的帮助. 函数包 **echarts4r** 能够调用百度 ECharts Javascript 库制作交互式图表, 函数包 **REmap** 能够直接调用在线的百度地图进行可视化, 函数包 **leaflet** 能够通过调用在线地图以及叠加其他数据图层进行多层次的可视化. 需要注意的是, 本节图表都具有动态交互性, 最好的查看方式是在浏览器中打开结果网址, 与可视化图表进行实时交互. 下面分别对上述三个函数包的基本用法作简单介绍.

6.4.1　echarts4r 包

使用函数包 **echarts4r** 进行绘图最简便的方式是借助于管道操作进行绘制和绘制选项的增加, 该函数包提供了多种用于绘制各种交互式统计图表以及地图的函数, 其中的主要函数及其作用如表 6-3 所示.

表 6-3　函数包 **echarts4r** 主要函数及其作用

函数	描述
e_charts	初始化, 并确定 x 轴变量
e_line	绘制折线图
e_bar	绘制柱状图
e_scatter	绘制散点图
e_heatmap	绘制热力图
e_axis_labels	设置 x、y 轴标签
e_title	设置标题
e_legend	设置图例
e_tooltip	设置交互提示
e_theme	设置绘制主题
e_map	绘制地图
e_map_register	注册 geojson 地图
e_visual_map	地图可视映射
e_globe	绘制 3D 地球
e_lines_3d	绘制 3D 线段
e_bar_3d	绘制 3D 柱段
e_scatter_3d	绘制 3D 散点

echarts4r 函数包支持绘制各种统计图表, 输入以下代码, 能够实现对 ECharts 进行简单调用, 绘制的散点图如图 6-30 所示.

```
library(echarts4r)
WHHP %>%
  e_charts(GDP_per_Land) %>%
  e_scatter(FAI_per_Land) %>%
  e_tooltip()
```

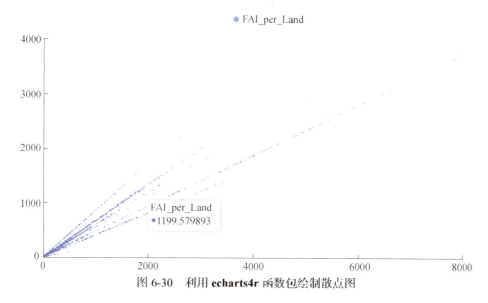

图 6-30　利用 **echarts4r** 函数包绘制散点图

echarts4r 函数包也能够使用地图进行可视化, 请读者自行尝试.

```
usa <- sapply(1:15, function(i){
  x <- -120 + runif(1, 0, 1) * 5
  y <- 35 + runif(1, 0, 1) * 10
  lapply(0:floor(10 * abs(rnorm(1))), function(j){
    c(x + runif(1, 0, 1) * 3, y + runif(1, 0, 1) * 2, runif(1,
10, 500))
  })
})
usa <- data.frame(matrix(unlist(usa), byrow = TRUE, ncol = 3))
colnames(usa) <- c("lng", "lat", "value")

usa %>%
  e_charts(lng) %>%
  e_geo(map = "world",
        center = c(-100, 40),
        zoom = 3,
        roam = TRUE) %>%
  e_heatmap(lat, value, coord_system = "geo", blurSize = 20,
pointSize = 3) %>%
  e_visual_map(value)
```

另外, **echarts4r** 包也支持读入本地的 JSON 文件并注册为自定义地图, 再进行地图可视化. 下面以湖北省的 JSON 文件为例, 对湖北省每个城市随机生成一个对应的值, 并根据此数据进行可视化, 绘制热力图, 请读者自行尝试.

```r
Hubei_map <- jsonlite::read_json("湖北省.json")
json_df<-as.data.frame(Hubei_map)
city_name_df<-json_df %>%
  select(contains("name"))
city_name<-unlist(city_name_df, use.names = FALSE)
df<-data.frame(region = city_name,
               value = runif(length(city_name), 10, 500))
df %>%
  e_charts(region) %>%
  e_map_register("Hubei", Hubei_map) %>%
  e_map(value, map = "Hubei") %>%
  e_visual_map(value)
```

echarts4r 包还提供了 3D 地理可视化的相关绘图函数, 下面是一个对航线数据 flight 进行三维可视化的简单例子, 如图 6-31 所示, 绘制结果支持缩放和拖曳, 且地球自动旋转.

```r
library(echarts4r.assets)
flights <- read.csv("flight.csv")
flights %>%
  e_charts() %>%
  e_globe(
    environment = ea_asset("starfield"),
    base_texture = ea_asset("world topo"),
    height_texture = ea_asset("world topo"),
    displacementScale = 0.05
  ) %>%
  e_lines_3d(
    start_lon,
    start_lat,
    end_lon,
    end_lat,
    name = "flights",
    effect = list(show = TRUE)
  ) %>%
  e_legend(FALSE)
```

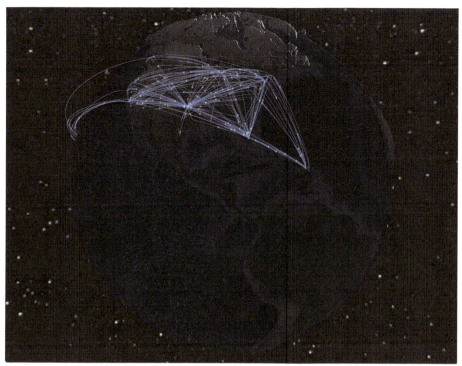

图 6-31　通过 **echarts4r** 函数包进行航线数据 3D 可视化

6.4.2　REmap 包

通过上述介绍, **echarts4r** 函数包对散点图、折线图等可视化图表的支持非常完善, 但是在地图可视化方面, 存在地图数据缺乏、可视化代码复杂等不足. 在地图可视化方面, **REmap** 函数包更能胜任, 且 **REmap** 函数包的结果将以 html 的方式输出, 能够通过浏览器对可视化结果进行查看.

函数包 **REmap** 中的主要绘图函数有三个, 如下所示:

①*remapH (data, maptype, theme, blurSize, color, minAlpha, opacity, ...)*: 用于绘制热力图;

②*remapB (center, zoom, color, markLineData, markPointData, markLineTheme, markPointTheme, geoData, ...)*: 可直接调用百度地图 API, 可用于绘制方位图或迁徙图;

③*remapC (data, maptype, color, theme, maxdata, mindata, ...)*: 用于绘制分层设色专题图.

各个参数作用如表 6-4 所示.

表 6-4　函数包 REmap 绘图函数参数表

函数	参数	描述
公共部分	*data*	数据源
	maptype	地图类型: 世界、中国、省份
	theme	地图主题
	color	地图颜色; *remapB* 函数中指主题颜色, 同 *theme*
remapH	*blurSize*	热力效果范围, *remapH* 函数专有
	minAlpha	阈值
	opacity	透明度
	lat	纬度, 用于地图/热力图
	lng	经度, 用于地图/热力图
remapB	*center*	地图打开时所处位置
	zoom	地图缩放比例
	markLineData	标记线数据源
	markPointData	标记点数据源
	markLineTheme	标记线风格
	markPointTheme	标记点风格
	geoData	添加的地理空间数据源 (经纬度)
remapC	*maxdata*	分层设色的最大值
	mindata	分层设色的最小值

值得注意的是, 由于 **REmap** 包中的许多功能是调用百度 API 完成的, 所以使用前需要先申请访问服务端应用得到对应的 API Key[①], 并通过 *options* 函数设置 *remap.ak* 参数, 否则使用该包中的很多功能可能会出现报错.

```
options(remap.ak="你的 ak")
```

对比之前使用 **recharts** 函数包生成的热力图, **REmap** 能够实现更美观的可视化方案, 请读者自行尝试.

```
library(REmap)
cities <- mapNames("hubei")
cities
city_Geo <- get_geo_position(cities)
percent <- runif(17, min=0.3, max = 0.99)
data_all <- data.frame(city_Geo[, 1:2], percent, city_Geo[, 3])
data_all
result <- remapH(data_all,
```

---

① 申请网站为百度地图开放平台: https://lbsyun.baidu.com/.

```
                    maptype = "湖北",
                    title = "湖北省 xx 热力图",
                    theme = get_theme("Dark"),
                    blurSize = 50,
                    color = "red",
                    minAlpha = 8,
                    opacity = 1)
result
```

remapB 函数能够直接调用百度地图, 支持地图缩放、拖曳, 可视化主要以标线与标点的形式做出, 适合用来制作迁徙图和表明位置的方位图, 试运行如下代码.

```
remapB(get_city_coord("武汉"), zoom = 12)

location<-data.frame(origin = rep('武汉', 12),
                    destination=c('黄石', '十堰', '宜昌', '襄阳',
                                  '鄂州', '荆门', '孝感', '荆州',
                                  '黄冈', '咸宁', '随州', '恩施'))
remapB(center=get_city_coord("武汉"),
       zoom = 8,
       title = "湖北地区迁徙图示例",
       color = "Blue",
       markLineData = location,
       markLineTheme = markLineControl(symbolSize = 0.3,
                                       lineWidth = 12,
                                       color = "white",
                                       lineType = 'dotted'))

pointData = data.frame(geoData$name,
                    color = c(rep("red", 10),
                              rep("yellow", 50)))
names(geoData) = names(subway[[1]])
remapB(get_city_coord("上海"),
       zoom = 13,
       color = "Blue",
       title = "上海地铁一号线",
       markPointData = pointData,
       markPointTheme = markPointControl(symbol = 'pin',
                                         symbolSize = 8,
                                         effect = T),
       markLineData = subway[[2]],
```

```
          markLineTheme = markLineControl(symbolSize = c(0, 0),
                                           smoothness = 0),
          geoData = rbind(geoData, subway[[1]]))
```

remapC 函数能够制作分层设色的地图, 运行如下代码, 效果如图 6-36 所示.

```
data = data.frame(country = mapNames("hubei"),
               value = 5*sample(17)+200)
remapC(data, maptype = "hubei", color = 'skyblue')
```

6.4.3 leaflet 函数包

较之前面两个交互式图表函数包, **leaflet** 函数包的优势在于其支持更多的数据, 可视化样式也因此更加丰富多彩. **leaflet** 函数包提供了丰富的地图底图选择, 可通过运行 names (providers) 语句查看所有的底图可选项, 此外, 在使用 *addProviderTiles* 函数时, 可通过输入 providers$, 在出现的下拉列表中选择想要使用的底图选项. **leaflet** 函数包支持 ESRI 在线地图、Stadia 地图以及多个地图的叠加作为底图, 读者可自行尝试更多底图的使用. 需要注意的是, 其中一些底图需要在相应网站上注册并获取 Token 等凭证, 并通过使用 *providerFileOptions* 函数填充 options 参数才能成功加载.

```
library(leaflet)
m <- leaflet() %>% setView(lng = 114.3, lat = 30.6, zoom = 10)
m %>% addProviderTiles(providers$Esri.NatGeoWorldMap)
m %>% addProviderTiles(providers$Stadia.StamenToner)
m %>% addProviderTiles(providers$Stadia.StamenTonerLines,
                   options = providerTileOptions(opacity =
0.35)) %>%
    addProviderTiles(providers$Stadia.StamenTonerLabels)
```

根据数据 WP_cen 的 Avg_HP 属性, 对 WP_cen 进行分层设色, 并以不同的半径显示 WP_cen 点数据, 将其叠加到地图上, 能够对武汉的房价分布一目了然. 其中加载点数据之前需要注意的是, 一定要保证点数据的坐标系与所选择的底图的坐标系一致, 否则加载出的数据将出现偏差.

```
HP_cen_wgs84<-st_transform(WHHP_cen, 4326)
bins <- c(0, 5000, 13000, 15000, 20000, Inf)
pal <- colorBin("Blues", domain = WHHP$Avg_HP, bins = bins)

leaflet(HP_cen_wgs84) %>% setView(lng = 114.3, lat = 30.6, zoom
= 12) %>%
```

```
addProviderTiles(providers$Stadia.StamenToner,
                    options = providerTileOptions(opacity =
0.35)) %>%
   addProviderTiles(providers$Stadia.StamenTonerLabels) %>%
   addCircles(
     lng = st_coordinates(HP_cen_wgs84)[, 1],
     lat = st_coordinates(HP_cen_wgs84)[, 2],
     weight = 2,
     fillColor = ~pal(WHHP$Avg_HP),
     opacity = 1,
     color = "white",
     dashArray = "3",
     fillOpacity = 0.7,
     radius = WHHP$Avg_HP * 0.02)%>%
   addLegend(pal = pal, values = WHHP$Avg_HP,
             opacity = 0.7, title = NULL,
             position = "bottomright")
```

6.5 本章练习与思考

本章从空间对象可视化、空间属性数据可视化和在线图表可视化三个角度进行了介绍和阐述, 重点需要掌握如何制作信息表达准确、全面和美观的可视化图件. 因此, 请完成以下练习:

(1) 针对本章的每一个可视化图件, 结合文中示例代码, 通过调整函数参数或其他可视化函数, 制作表现主题一致但展示不同的可视化图件.

(2) 结合第 3 章介绍的空间数据处理方法, 利用武汉市的相关数据, 实现以下专题地图图件的制作:

a. 武汉市每个区的房子平均价格专题图;

b. 制作若干可视化图件, 说明长江对房屋价格分布形成的隔离影响, 即观察在河流两侧空间上直线距离较短, 但房屋价格差距较大的现象.

(3) 利用 6.4 节在线地图可视化函数包, 绘制某市交通路线图, 要求能分级显示道路的拥挤程度.

(4) 利用 *thematic.map* 函数绘制武汉市区划数据面积属性的专题图和直方图, 通过修改对应参数在专题图上添加道路和住宅区点等图层, 如图 6-32 所示, 并修改图的样式.

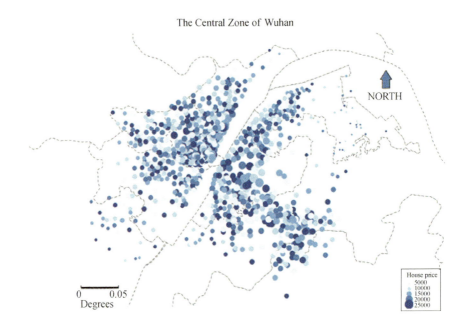

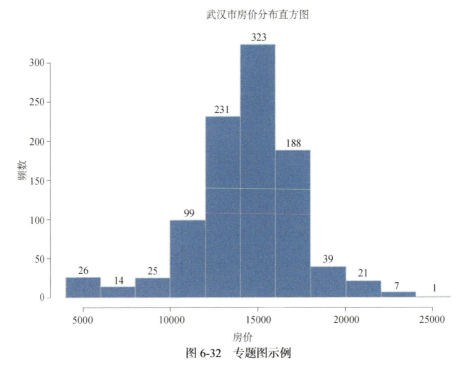

图 6-32 专题图示例

第 7 章

ggplot2 函数包可视化

　　ggplot2 函数包是一个功能强大且灵活的可视化工具, 是空间数据科学中一个不可或缺的工具函数包, 既可以进行便捷的高级统计可视化, 又支持强大的空间可视化功能, 极大提高了空间数据科学的分析和展示能力. 因此, 本章将专门针对 **ggplot2** 函数包及其相关的可视化工具拓展, 系统地介绍如何利用它进行空间数据可视化操作.

7.1　本章 R 函数包准备

7.1.1　ggplot2 函数包

　　ggplot2 函数包是由 Hadley Wickham 等开发和维护 (https://CRAN.R-project.org/package=ggplot2), 是 **R** 语言中广泛使用的数据可视化包. 它建立在图形语法理论的基础上, 其名字中的 "gg" 即代表 "grammar of graphics", 表示构建图形的语法, 而 "plot" 则表示绘图. **ggplot2** 函数包的设计理念是将图形分解为基础的组成要素, 并允许用户通过图层化语法叠加不同的图形元素构建复杂的可视化图形. 通过 **ggplot2** 函数包, 能够轻松地创建各种类型的图表, 如散点图、直方图、箱线图、折线图等, 并且针对特定的可视化元素进行定制, 如标题、标签和颜色等元素.

7.1.2　ggspatial 函数包

　　ggspatial 函数包是一个专门用于空间数据可视化的 **ggplot2** 函数包拓展, 由 Dewey Dunnington 等开发和维护 (https://CRAN.R-project.org/package= ggspatial), 提供了丰富的空间数据可视化以及地图制图工具, 包括添加底图、比例尺和指南针的函数以及添加坐标网格和投影信息的函数等等, 能够与 **ggplot2** 函数包无缝集成, 实现更加便捷和直观的空间数据可视化和地图制图.

7.1.3　maps 函数包

　　maps 函数包由 Alex Deckmyn 等开发和维护 (https://CRAN.R-project.org/package=maps), 它提供了世界各国、美国各州和部分地区的地理轮廓和行政区划数据, 用户可以使用这些预定义的数据集实现地图绘制, 本章将利用其中部分数据进行示例.

7.1.4　patchwork 函数包

　　patchwork 函数包由 Thomas Lin Pedersen 等开发和维护 (https://CRAN.R-project.org/package=patchwork), 通常与 **ggplot2** 函数包结合使用, 能够便捷地实

现多个 ggplot2 图形复杂而美观的图形布局, 尤其可用于多维数据的可视化.

7.1.5　ggthemes 函数包

ggthemes 函数包由 Jeffrey B. Arnold 等开发和维护 (https://CRAN.R-project.org/package=ggthemes), 为 **ggplot2** 可视化提供著名出版物、可视化平台等一系列的设计风格和样式模板, 如《经济学人》、Tableau、Excel 等, 便于读者实现便捷的高质量可视化.

在本章的学习过程中, 首先安装以上函数包, 并在 **R** 中载入它们.

```
install.packages("ggplot2")
install.packages("ggspatial")
install.packages("maps")
install.packages("patchwork")
install.packages("ggthemes")
library(ggplot2)
library(ggspatial)
library(maps)
library(patchwork)
library(ggthemes)
```

7.2　ggplot2 统计可视化

为了后续更好地进行示例, 首先需要读入武汉市 2015 年房价数据并进行必要的预处理, 运行下面的示例代码:

```
setwd("E:/R_course/Chapter4/Data")
getwd()
library(sf)
library(dplyr)
WHHP<-read_sf("WHHP_2015.shp")
WHHP$Pop_Den <- WHHP$Avg_Pop/WHHP$Avg_Shap_1
names(WHHP)
WHHP <- WHHP[, -c(1:9, 19, 22:23)]
names(WHHP)
names(WHHP) <- c("Pop", "Annual_AQI", "Green_Rate", "GDP_per_
Land", "Rev_per_Land", "FAI_per_Land", "TertI_Rate", "Avg_HP",
"Den_POI", "Length", "Area", "geometry", "Pop_Den")
sum_hp<-summary(WHHP$Avg_HP)
WHHP <- WHHP %>%
  mutate(HP_level = case_when(
    Avg_HP >= sum_hp[[1]] & Avg_HP < sum_hp[[2]] ~ "低",
    Avg_HP >= sum_hp[[2]] & Avg_HP < sum_hp[[3]] ~ "较低",
```

```
    Avg_HP >= sum_hp[[3]] & Avg_HP < sum_hp[[5]] ~ "较高",
    Avg_HP >= sum_hp[[5]] & Avg_HP <= sum_hp[[6]] ~ "高"
))
```

7.2.1　ggplot2 基础语法

ggplot2 可视化语法相对直观且灵活, 这也是它能够成为众多 **R** 语言用户首选数据可视化工具的原因 (Wickham, 2016). 在 **ggplot2** 函数包中, 提供了快速绘图函数 *qplot* 与分层图形构建 (Layered Grammar of Graphics) 的方式, 前者高度集成且用法与基础的 *plot* 函数类似, 因此本章不再进行赘述, 由读者自行探索与使用. 针对后者的可视化方式, 基本的工作流程包括构建一个 ggplot 对象, 之后通过添加不同的图层 (layers) 来实现复杂、多样的可视化, 其中可以通过调整标度 (scales) 和设置主题 (themes) 等手段对可视化图形进行细节调整, 最终实现高度定制化的可视化效果.

ggplot2 的可视化函数语法包括数据(data)、映射 (mapping)、几何对象 (geometric)、标度 (scale)、统计变换 (statistics)、坐标系 (coordinate)、位置调整 (position adjustments)、分面 (facet)、主题 (theme)和输出 (output) 十个部件. 在此十个部件中, 前 3 个是最为重要且必须的, 其他部件为可选项, 而且 **ggplot2** 函数包提供了对应的默认配置参数, 用户可根据具体需要进行调整, 接下来本节将针对每个部件分别介绍其用法与设置方式.

ggplot2 可视化函数基本模板定义如下:

```
ggplot(data = <DATA>, mapping = aes(<MAPPINGS>)) +
<GEOM_FUNCTION>(mapping = aes(<MAPPINGS>),
stat = <STAT>,
position = <POSITION>) +
<SCALE_FUNCTION> +
  <COORDINATE_FUNCTION> +
<FACET_FUNCTION> +
<THEME_FUNCTION>
```

在上述模板中各个参数的含义如表 7-1 所示. 需要注意的是, 添加图层的加号只能放在行尾, 不可以直接放在下一行的开头, 否则会报错.

表 7-1　**ggplot2** 绘图函数模板参数含义

参数	含义
<DATA>	数据集名称
<MAPPINGS>	将数据变量映射到图形的美学属性参数, 如横轴坐标、纵轴坐标、颜色、形状等
<GEOM_FUNCTION>	图形函数, 用于指定要绘制的几何对象, 比如点、线、多边形等

续表

参数	含义
<STAT>	统计函数, 用于指定对数据应用的统计变换, 比如计数、求和等
<POSITION>	位置参数, 用于指定几何对象的布局方式, 如堆叠等
<SCALE_FUNCTION>	标度函数, 用于调整图形中各种美学属性的标度, 如颜色、大小等
<COORDINATE_FUNCTION>	坐标系函数, 用于调整坐标轴的显示方式, 如翻转坐标轴、设置坐标轴范围等
<FACET_FUNCTION>	分面函数, 用于根据某变量将数据分成多个子图进行展示
<THEME_FUNCTION>	主题函数, 用于设置图形的整体样式, 如背景色、标题等

7.2.2 数据

在利用 **ggplot2** 函数包可视化的过程中, 数据 (data) 是进行可视化的基础, 通过参数 *data* 将数据传递给 *ggplot* 函数. 需要注意的是, 此参数仅用于提供数据, 但未定义具体的图形元素或美学映射单元, 此时 *ggplot* 函数仅创建了一个空的图形框架, 并无任何可视化元素, 因此运行下面的代码, 仅能得到一个空白的图形, 如图 7-1 所示.

```
library(ggplot2)
ggplot(data = WHHP)
```

图 7-1 空白图形

7.2.3　映射

在 **ggplot2** 可视化语法中, 通过美学映射 (aesthetic mappings) 建立数据变量与图形美学属性之间联系, 以实现将数据变量映射为图形的美学属性, 如颜色、形状、大小等, 进而体现可视化的美妙之处. 一般来说, 基础的美学映射元素包括以下几个方面:

①x: x 轴;

②y: y 轴;

③color: 颜色;

④size: 大小;

⑤shape: 形状;

⑥fill: 填充;

⑦alpha: 透明度.

在上述元素中, 最重要的美学映射属性是 x 和 y, 即图形的横轴和纵轴. 此外, 针对数值变量在坐标系中的映射过程, 提供了标度 (scale) 要素实现更加精细的坐标显示控制, 并通过创建图例、坐标轴等, 使图表内容更加丰富与直观, 其具体使用方法将在 7.2.5 小节进行介绍.

另一重要的美学映射要素便是颜色 (color), 如可以将武汉市房价数据中的平均房价变量按照 "低"、"较低"、"较高" 和 "高" 的区间划分映射分别映射不同的颜色属性. 在此过程中, 与形状 (shape)、大小 (size)、填充 (fill) 和透明度 (alpha) 结合使用, 实现复杂、美观的可视化效果.

具体来说, **ggplot2** 可视化函数通过 *aes* 函数来实现美学映射, 将数据中的变量与图形属性关联起来. 例如, 下面的示例代码分别将变量 GDP_per_Land 和 FAI_per_Land 映射到 x 轴和 y 轴, 再将平均价格的区间变量 HP_level 映射为 color:

```
ggplot(data = WHHP, mapping = aes(x = GDP_per_Land, y = FAI_
per_Land, color = HP_level))
```

此时还未绘制任何几何对象, 得到的图形仍然是一张空的图表, 如图 7-2 所示, 但观察与图 7-1 的区别在于此时已经有了坐标轴和网格线.

在构建美学映射的基础上, 通过 *geom_point* 函数添加一个最为基础的几何对象, 绘制两个变量间的散点图, 同时将平均房价水平映射为点的颜色属性. 运行如下代码, 结果如图 7-3 所示. 本节以散点图为例, 更多关于几何对象的内容将在 7.2.4 小节中进行详细介绍.

```
ggplot(WHHP, aes(GDP_per_Land, FAI_per_Land, colour = HP_level)) +
  geom_point()
```

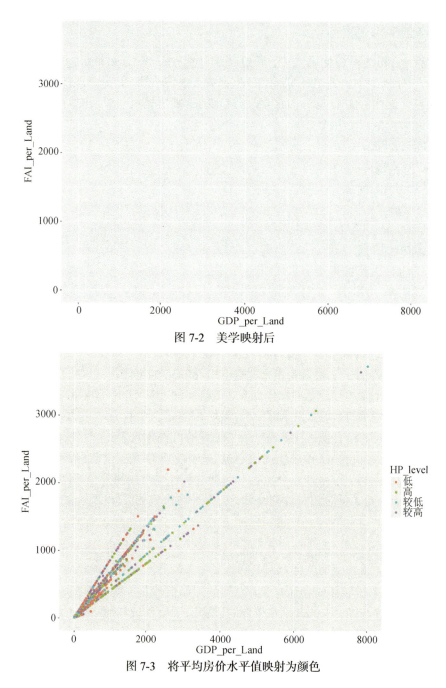

图 7-2 美学映射后

图 7-3 将平均房价水平值映射为颜色

(1) 映射与非映射.

在图 7-3 中, 按照对应区域平均房价水平, 为每个点赋予了对应颜色, 从而更好地展示不同房价水平区域的地均 GDP 和地均固定资产投入之间的关系. 如果读者将美学属性设置为固定值而不进行映射, 可分别在 *ggplot* 中的 *aes* 之外的各个层中进行设置. 运行以下代码, 比较图 7-4 中(a)与(b)的区别.

```
ggplot(WHHP, aes(GDP_per_Land, FAI_per_Land)) +
  geom_point(aes(colour = "blue"))

ggplot(WHHP, aes(GDP_per_Land, FAI_per_Land)) +
  geom_point(colour = "blue")
```

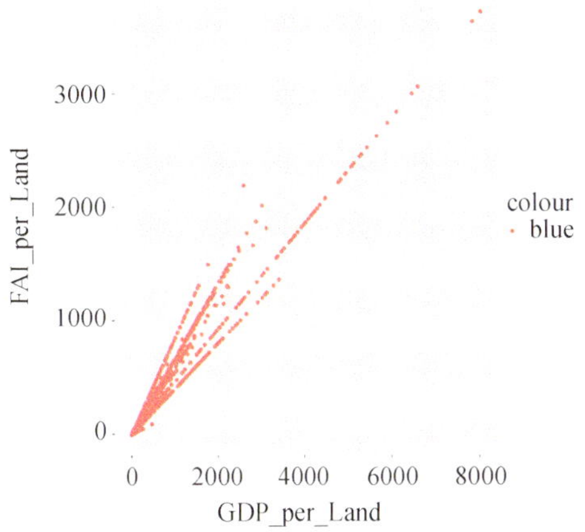

(a) 单一颜色映射 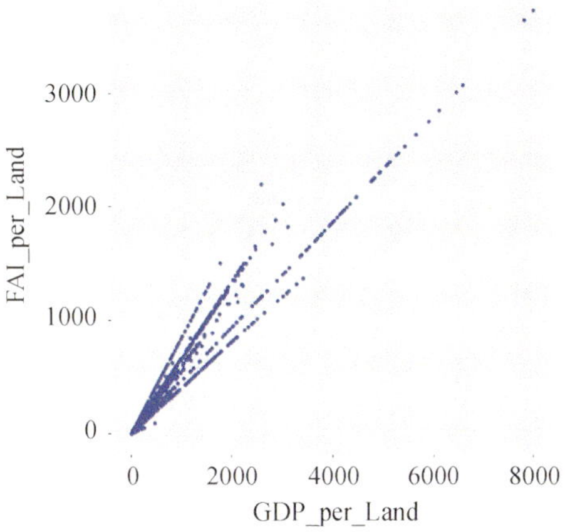　　　　　　　　(b) 非映射效果

图 7-4　单一颜色美学映射效果对比

通过比较图 7-4 中(a)与(b)的区别, 前者代码中单一颜色 "blue" 仍然被视为一个因子, 即默认为单一分类的特例, 因此将每个点的颜色映射为一个名为 "blue" 的类别, 并为每个点的绘制分配一个相同的颜色, 但所分配的颜色并非蓝色, 而是 *ggplot* 函数根据调色板随机取色, 并自动添加图例. 如图 7-4(b)所示, 后面的代码并未进行类别映射, 绘制点的颜色直接被赋予了蓝色. 通过此例, 希望读者能够进一步理解与区分映射与非映射的效果区别.

(2) 全局映射与局部映射.

为了更好地理解变量关系, 可在散点图基础上添加一条拟合曲线. 本节将介绍两种方法添加拟合曲线, 运行如下代码, 结果分别如图 7-5(a)和(b)所示.

```
ggplot(WHHP, aes(GDP_per_Land, FAI_per_Land, color = HP_level)) +
  geom_point() +
  geom_smooth()

ggplot(WHHP, aes(GDP_per_Land, FAI_per_Land)) +
  geom_point(aes(color = HP_level)) +
  geom_smooth()
```

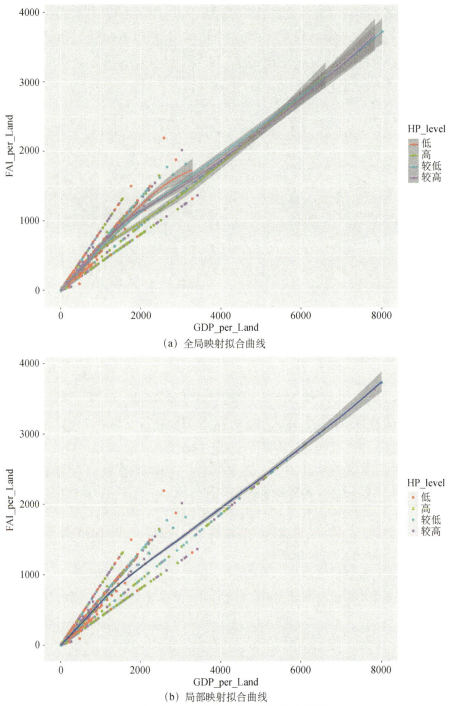

（a）全局映射拟合曲线

（b）局部映射拟合曲线

图 7-5　分不同颜色映射条件下添加拟合曲线效果

在图 7-5 中展示了两段示例代码的效果, 均通过 *ggplot* 函数定义数据集为 WHHP, 通过 *aes* 函数将 GDP_per_Land 和 FAI_per_Land 分别映射为横轴和纵轴, 最终通过 *geom_point* 和 *geom_smooth* 分别添加散点图和拟合曲线, 其中灰色区域表示拟合曲线的置信区间, 用户可通过 *geom_smooth(se = FALSE)* 将其关闭.

通过观察图 7-5(a)和(b)两幅图, 由于美学映射和图层顺序不同而导致其展示形式存在细节差异. 具体来说, 主要的区别在于参数 "*color = HP_level*" 被放置的位置. 在第一段代码中, 将参数 "*color = HP_level*" 通过 *aes* 函数在 *ggplot* 函数中指定颜色映射, 意味着将颜色作为整个图形的全局属性, 并应用到所有的几何对象, 包括散点图和拟合曲线. 而在第二段代码中, 将参数 "*color = HP_level*" 通过 *aes* 函数在 *geom_point* 中指定颜色映射, 意味着仅将颜色属性应用于散点图, 但拟合曲线不受影响, 它仍将使用 *geom_smooth* 函数的默认颜色设置. 因此, 这个细微差异导致了二者可视化的差异. 值得注意的是, 几何对象会优先使用几何函数 (如 *geom_point* 和 *geom_smooth*) 对应的数据与美学映射, 之后才会应用 *ggplot* 函数中对应的全局美学映射, 读者可以根据此项规则针对特定的几何对象进行特定的美学映射而不影响全局可视化效果.

此外, 对于不同类型的变量, 可通过将其与特定类型的美学属性结合, 以取得更好的效果. 例如, 分类变量可与颜色、形状元素结合, 而连续型的数值变量可与颜色、大小等元素结合. 需要注意, 在使用美学映射时需要谨记 "少即是多" 原则, 我们通常很难同时兼顾颜色、形状和大小等美学特征, 尽量避免在同一个图件中使用复杂、繁琐的美学要素, 不如尝试创建简单、明了可视化图形, 做到简约而不简单, 更能使读者了解可视化图件所需要传达的有效信息.

7.2.4　几何对象

几何对象 (geometric) 是数据可视化的图形元素载体, **ggplot2** 函数包提供了丰富的几何对象函数. 在前面的例子中, 初步介绍了使用基础的 *geom_point* 函数来绘制点状符号, 即将数据变量映射为二维坐标系下的散点图. 此外, **ggplot2** 函数包提供了丰富的几何对象函数, 以 *geom_xxxx* 格式的函数进行命名. 表 7-2 展示了常用的几何对象函数及其绘制效果.

表 7-2　常用的几何对象函数及其绘制效果

几何对象函数	绘制效果
geom_point	绘制散点图, 多用于展示连续型数据变量关系

续表

几何对象函数	绘制效果
geom_line	绘制折线图, 多用于展示数据变量的连续变化趋势或路径
geom_histogram	绘制直方图, 多用于表示数据变量的数值或频率分布情况
geom_density	绘制概率密度图, 用于展示连续型数据变量的分布密度估计, 可与直方图结合展示
geom_boxplot	绘制箱线图, 用于显示数据变量数值四分位数区间分布信息
geom_bar / geom_col	绘制条形图, 一般用于表示分类或离散型数据变量的频率或计数分布
geom_tile	绘制热力图, 一般用于展示二维坐标约束下的数据变量分布
geom_violin	绘制小提琴图, 同时展示数据变量的分布密度和四分位数分布
geom_smooth	绘制拟合曲线, 用于显示连续型变量关系的拟合模型结果, 多与散点图结合使用
geom_abline/geom_hline/geom_vline	按照特定方程绘制参考直线, 多与散点图结合使用
geom_area	绘制面积图, 表示二维数据的范围或区域
geom_text	添加文本标签或注释

从前面的示例中不难看出, 在绘图过程中添加对应的图层函数, 即可灵活地实现数据变量及其关系可视化. 在此过程中, 需要注意 "局部" 与 "整体" 美学映射元素的使用, 如果需要在对应几何对象函数中指定美学映射参数. 需要注意的是, 由于不同几何形状对应的变量维度和坐标映射方式也存在较大差异, 并非所有的几何图层均适用于叠加绘制. 此时, 如果需要将多幅可视化图件组合在一起, 可以使用 **patchwork** 函数包, 通过 "|" (水平排列图形) 和 "/"(垂直排列图形) 符号将多图形合理地排列在同一面板上. 针对表 7-2 中介绍的几何对象函数进行案例绘制, 并将其排列于同一面板上, 运行下面代码, 效果如图 7-6 所示.

```
library(patchwork)
require(dplyr)
sum_gre<-summary(WHHP$Green_Rate)
WHHP <- WHHP %>%
  mutate(Green_level = case_when(
    Green_Rate >= sum_gre[[1]] & Green_Rate < sum_gre[[2]] ~
"低",
    Green_Rate >= sum_gre[[2]] & Green_Rate < sum_gre[[3]] ~
```

```
"较低",
        Green_Rate >= sum_gre[[3]] & Green_Rate < sum_gre[[5]] ~
"较高",
        Green_Rate >= sum_gre[[5]] & Green_Rate <= sum_gre[[6]] ~
"高"
    )) %>%
  mutate(HP_level2 = case_when(
      Avg_HP >= sum_hp[[1]] & Avg_HP < sum_hp[[4]] ~ "平均线以下",
      Avg_HP >= sum_hp[[4]] & Avg_HP < sum_hp[[6]] ~ "平均线以上",
      .default = "其他"))

  p1<-ggplot(WHHP, aes(GDP_per_Land, FAI_per_Land)) +
    geom_point()
  p2<-ggplot(WHHP, aes(Avg_HP)) +
    geom_density()
  p3<-ggplot(WHHP, aes(Green_Rate, Avg_HP)) +
    geom_line()
  p4<-ggplot(WHHP, aes(Avg_HP, color = HP_level2)) +
    geom_histogram()
  p5<-ggplot(WHHP, aes(x = HP_level, y = Green_Rate)) +
    geom_boxplot(aes(color = HP_level))
  p6<-ggplot(WHHP, aes(x = Green_level, y = HP_level)) +
    geom_tile(aes(fill = GDP_per_Land))
  p7<-ggplot(WHHP, aes(x = HP_level2)) +
    geom_bar()
  p8<-ggplot(WHHP, aes(x = HP_level, y = Green_Rate)) +
    geom_violin(aes(color = HP_level))

  (p1|p2)/(p3|p4) /(p5|p6)/(p7|p8)
```

7.2.5　标度

标度 (scale) 是指将数据变量映射为美学属性 (如位置、颜色、大小等) 时所使用的转换函数, 通过修改颜色、形状、坐标单位、绘图区间等方式实现对数据变量美学属性及其呈现形式的控制, 从而实现对可视化图件的灵活绘制.

在 **ggplot2** 函数包中, 针对美学映射元素提供了对应的标度函数, 主要包括颜色标度 (*scale_color_*函数)、填充标度 (*scale_fill_*函数)、大小标度 (*scale_size_*函数)、形状标度 (*scale_shape_*函数)、线型标度 (*scale_linetype_*函数) 等, 用户可以根据数据的类型和特征选择对应的标度函数. 例如, 针对连续型变量可采用连续的颜色 (饱和度) 渐变或符号大小映射表示变量值的

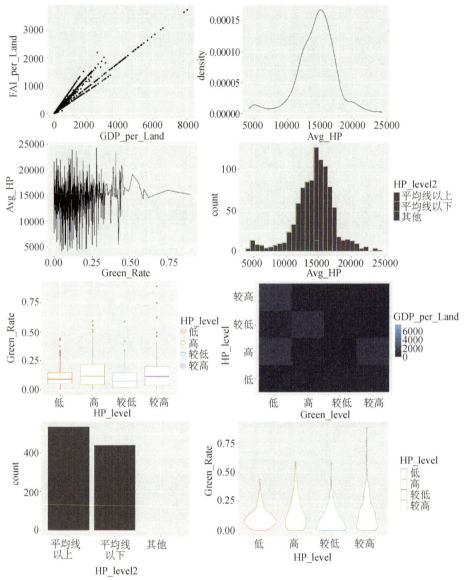

图 7-6 不同几何对象函数效果(4×2 图形布局)

变化; 而对于离散型或类别型变量, 可以使用不同颜色 (色调) 或点、线形状来表示不同的类别. 按照上述可视化策略, 函数名中的 "*" 符号代表不同的标度函数, 当它代表 *continuous*、*gradient* 时, 对应函数用于设置连续型变量的映射; 当 "*" 取值为 *manual* 时, 对应函数用于设置离散型变量的映射; 而当 "*" 处为 *identity* 时, 对应函数直接使用数据变量的原始值进行映射, 而不进行任何其他转换. 表 7-3 中列出了常用的标度函数及其作用效果.

表 7-3　常用的标度函数及其作用效果

标度函数	作用效果
scale_x_continuous/scale_y_continuous	设置 x、y 轴上的连续型变量的标度
scale_x_discrete/scale_y_discrete	设置 x、y 轴上的离散型变量的标度
scale_color_manual	手动设置离散型变量的颜色映射
scale_fill_manual	手动设置离散型变量的填充颜色映射
scale_color_gradient	创建连续型变量的颜色渐变映射
scale_fill_gradient	创建连续型变量的填充颜色渐变映射
scale_size	设置几何对象的大小, 可以通过数据值映射大小
scale_linetype_manual	手动设置离散变量的线型映射
scale_shape_manual	手动设置离散型变量的点形状映射
scale_shape_identity	使用数据变量原始的值作为点形状映射
scale_alpha_continuous	创建连续型变量的透明度映射
scale_alpha_manual	手动设置离散型变量的透明度映射

在下面的几个部分中, 将简单介绍几种常用标度函数的具体使用方式, 请运行示例代码并仔细体会其作用效果.

7.2.5.1　修改坐标轴刻度与刻度对应标签

在 **ggplot2** 函数包中, 能够通过 *scale_x_continuous* 和 *scale_y_continuous* 函数分别修改 x 轴和 y 轴刻度以及刻度对应标签, 其中利用 *breaks* 参数指定各个刻度的位置, 而 *labels* 参数则用于指定各个刻度所对应的标签. 在下面的代码中, 将在 2500、5000、7500 坐标位置进行显示分割, 并添加对应的刻度标签, 效果如图 7-7 所示.

```
ggplot(WHHP, aes(GDP_per_Land, FAI_per_Land)) +
  geom_point() +
  scale_x_continuous(
    breaks = seq(0, 7500, 2500),
    labels = c("0", "2500", "5000", "7500")) +
  scale_y_continuous(
    breaks = seq(0, 3000, 1000),
    labels = c("0", "1000", "2000", "3000"))
```

7.2.5.2　设置坐标轴范围

在实际案例中, 往往需要指定数据变量的数值范围, 以突出对变量特定区间内的特点. 在 ggplot 可视化过程中, 有三种方法能够实现变量可视化区间设置:

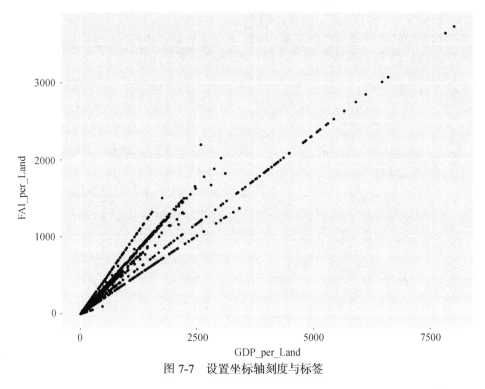

图 7-7　设置坐标轴刻度与标签

(1) 在 *scale_x_continuous* 和 *scale_y_continuous* 函数中采用 *limits* 参数进行区间设置;

(2) 通过 *coord_cartesian* 函数中的 *xlim* 和 *ylim* 参数进行设置;

(3) 通过 *xlim* 和 *ylim* 参数进行全局区间限制.

以上三种方法均可达到限制显示范围的效果, 但需要注意的是 *coord_cartesian* 函数不会删除数据点, 只是将当前视图的显示范围框定在指定的数值区间内, 而其他未显示的数据点仍然会参与其他统计计算 (如平滑曲线的拟合), 适用于在保留全部数据的同时实现重点区域的突出显示. 而其他两种方法, 将会移除超出设定范围的点, 被移除的点将不会显示在图中, 且不会参与后续的统计计算. 运行如下示例代码, 效果如图 7-8 所示, 能够看出中间子图由于采用 *coord_cartesian* 函数, 即所有数据参与曲线拟合, 它与其他两条曲线是存在一定的差别.

```
p1 <- ggplot(WHHP, aes(GDP_per_Land, FAI_per_Land)) +
geom_point() +
scale_x_continuous(limits = c(0, 3000)) +
scale_y_continuous(limits = c(0, 2500)) +
geom_smooth()
```

```
p2<- ggplot(WHHP, aes(GDP_per_Land, FAI_per_Land)) +
  geom_point() +
  coord_cartesian(xlim = c(0, 3000), ylim = c(0, 2500)) +
  geom_smooth()
```

```
p3 <- ggplot(WHHP, aes(GDP_per_Land, FAI_per_Land)) +
  geom_point() +
  xlim(0, 3000) +  ylim(0, 2500) +
  geom_smooth()
```

```
p1|p2|p3
```

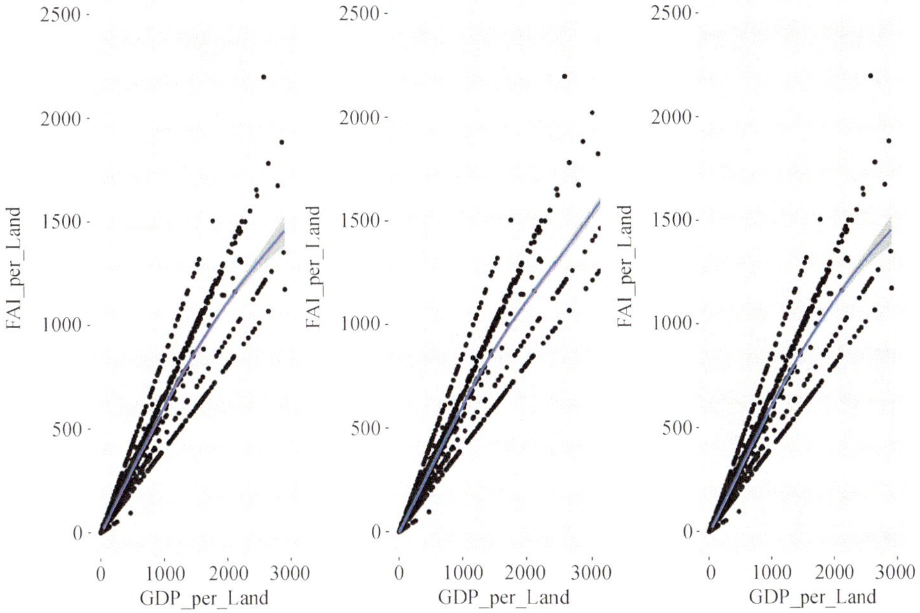

图 7-8　设置坐标轴范围

7.2.5.3　坐标轴函数变换

在统计可视化过程中，往往由于数据变量的特殊分布，需要采用特定函数进行数据变换，如对数函数 (*log*) 变换. 针对高度右偏的数据变量，对数变换能够减少偏度，使其更加符合正态分布；此外，针对复杂的变量关系，对数变换能够将非线性关系转换为线性关系，使得线性模型更加适用.

在下面的示例代码中，使用了 *scale_y_log10* 函数将 y 轴对应的数据 (GDP_per_Land) 进行对数变换，将其在对数尺度上显示，读者可通过效果对比观察变换前和变换后的区别（图 7-9）. 注意，由于示例数据中没有合适的变量关系，此例中变换前为线性关系，变换后反而成为非线性关系，读者可反向观察此示例.

```
p1 <- ggplot(WHHP, aes(FAI_per_Land, GDP_per_Land)) +
  geom_point() +
  geom_smooth()

p2<- ggplot(WHHP, aes(FAI_per_Land, GDP_per_Land)) +
  geom_point() +
  scale_y_log10() +
  geom_smooth()

p1|p2
```

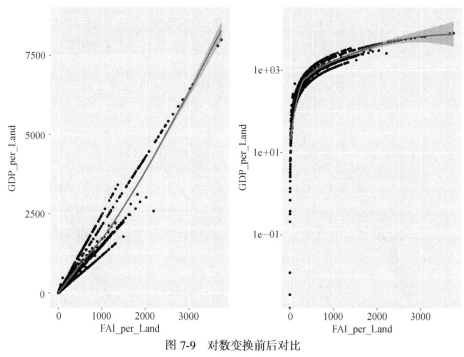

图 7-9　对数变换前后对比

此外, **ggplot2** 函数包提供了其他变换函数, 主要包括:

(1) *scale_x_sqrt* 和 *scale_y_sqrt* 函数: 平方根变换, 多用于压缩较大的数值范围;

(2) *scale_x_reverse* 和 *scale_y_reverse* 函数: 反比例变换, 多用于反转呈现单调递增或递减的数据;

(3) *scale_x_symlog* 和 *scale_y_symlog* 函数: 对称对数变换, 是对数变换的扩展, 适用于既有正数又有负数的数据变量;

(4) *scale_x_continuous(trans = ...)* 和 *scale_y_continuous(trans = ...)* 函数: 定制函数变换, 通过对参数 *trans* 进行指定对应的转换函数, 实现任意的函数变换.

7.2.5.4　设置变量的颜色

在下面的示例代码中, 分别使用手动设置颜色色调和自动设置连续饱和度变化表示类别变量和连续变量的取值变化, 效果如图 7-10 所示, 但数据本身的分类显示效果不明显, 以期为读者提供用法建议.

```
p1 <- ggplot(WHHP, aes(GDP_per_Land, FAI_per_Land, color =
HP_level2, shape=HP_level2)) +
    geom_point() +
    scale_color_manual(values = c("#C51B7D", "#7fbc41", "#f46d43"))

p2 <- ggplot(WHHP, aes(GDP_per_Land, FAI_per_Land, color =
Avg_HP)) +
    geom_point() +
    scale_color_continuous(low = "green", high = "red")
p1/p2
```

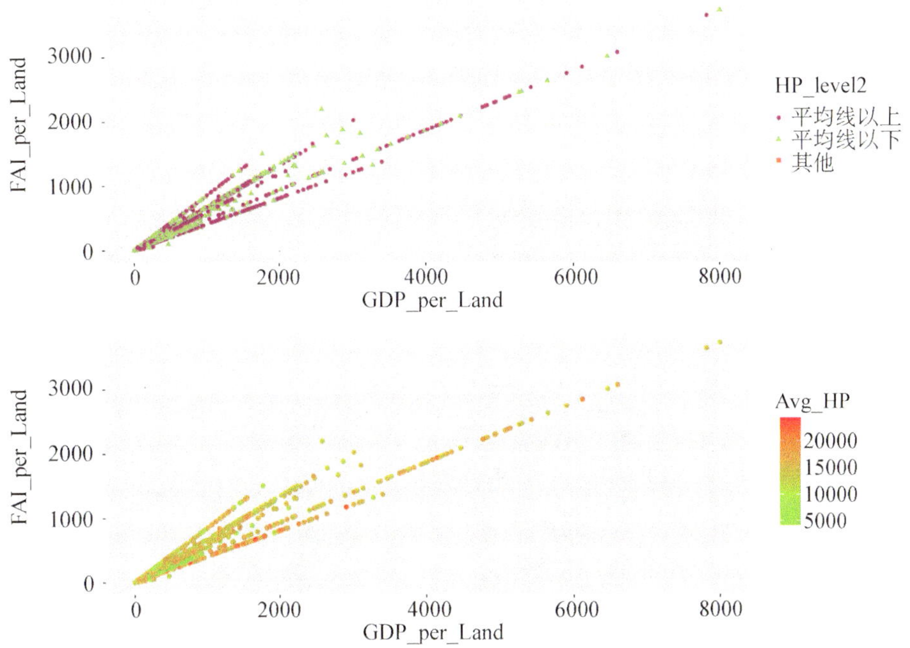

图 7-10　离散型和连续型变量颜色设置

7.2.6　统计变换

统计变换 (statistics) 是指通过对数据变量进行特定的统计处理以生成新的数据变量, 进而用于图形元素绘制, 例如均值计算、求和、计数、曲线拟合、密度估计等统计方法. 统计变换通常与已有的几何对象结合使用, 在图件中基于计算结果添加对应的图形元素.

在使用统计变换时, 如果未指定特定的方式, **ggplot2** 函数包会根据几何对象自动选择合适的统计变换. 而如果需要修改统计变换方式, 可以通过几何对象函数的 *stat* 参数进行指定. 下面通过一个简单的例子理解统计变换, 运行示例代码, 结果如图 7-11 所示. 其中第一段代码 (左图) 使用默认选项, 即 *stat* = "*count*", 统计每个类别的频数, 由于 A、B、C 三类均只出现了一次, 因此频数均为 1, 即条形图中每个条形几何的高度均为 1; 第二段代码 (右图) 则指定了统计变换方法 *stat* = "*identity*", 即使用数据变量 y 的真实值作为条形几何的高度, 因此右侧条形图体现了不同的高度, 即分别为 5、3、6.

```
df <- data.frame(
  category = c("A", "B", "C"),
  value = c(5, 3, 6)
)
p1<-ggplot(df, aes(x = category)) +
  geom_bar()
p2<-ggplot(df, aes(x = category, y = value)) +
  geom_bar(stat = "identity")
p1|p2
```

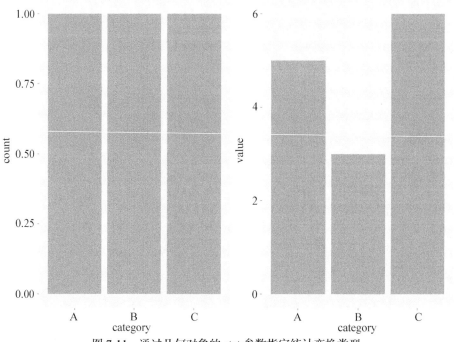

图 7-11　通过几何对象的 stat 参数指定统计变换类型

此外, 也可以通过使用统计变换函数 *stat_* 指定统计变换类型, 常用的统计变换函数如表 7-4 所示.

表 7-4　常用的统计变换函数及其作用效果

统计变换函数	作用效果
stat_summary	计算汇总统计值 (如均值、标准差等) 并将其进行绘制
stat_bin	对数据进行分箱处理 (如直方图中的数据分组), 并针对每个箱的频数进行绘制
stat_density	通过核密度估计方法计算连续变量的密度分布, 并绘制密度曲线
stat_smooth	进行平滑拟合, 通常用于计算回归或其他平滑曲线, 然后将其绘制出来
stat_count	计算分类变量频数, 并将频数值用于绘图
stat_ecdf	计算经验累积分布函数并进行绘制
stat_identity	直接使用原始数据进行绘制, 不进行任何统计变换

在下面的示例代码中使用 *stat_summary* 函数, 一方面计算了不同绿化水平区域对应平均房价均值, 并利用条形图进行展示; 另一方面计算房价均值的置信区间, 并采用误差条 (errorbar) 进行展示, 结果如图 7-12 所示.

```
ggplot(WHHP, aes(x = Green_level, y = Avg_HP)) +
  stat_summary(
    fun = mean,
    geom = "bar",
    fill = "skyblue"
  ) +
  stat_summary(
    fun.data = mean_cl_normal,
    geom = "errorbar",
    width = 0.2
  )
```

7.2.7　坐标系

坐标系 (coordinate) 是可视化过程中的另一基础元素, 直接决定了图形的呈现形式, 一般主要包括笛卡儿坐标系和极坐标系两种. 本节将介绍两个常用的坐标系设置函数: *coord_flip* 函数和 *coord_polar* 函数, 前者用于将 x 轴与 y 轴互换, 以创建不同方向的图形, 而后者则能够将默认的笛卡儿坐标系转换为极坐标系, 以创建雷达图或饼图等形式. 首先运行下面的代码, 体验通过 *coord_flip* 函数改变图形绘制方向, 由纵向变为横向, 结果如图 7-13 所示.

```
p1 <- ggplot(WHHP, aes(x = Green_level, y = Avg_HP)) +
  geom_boxplot(width=0.8)
p2 <- ggplot(WHHP, aes(x = Green_level, y = Avg_HP)) +
```

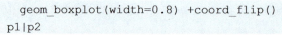

```
geom_boxplot(width=0.8) +coord_flip()
p1|p2
```

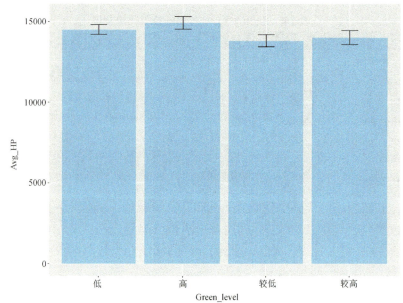

图 7-12 通过 *stat_summary* 函数设置统计变换

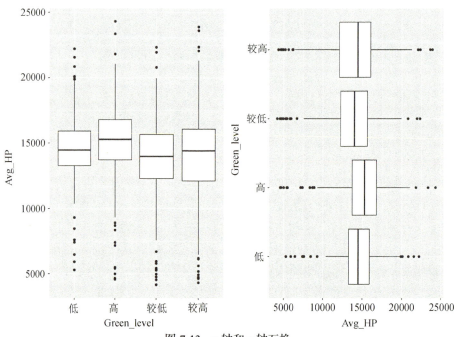

图 7-13 x 轴和 y 轴互换

在下面的例子中, 采用 *coord_polar* 函数将传统的柱状图修改为饼图、玫瑰图和圆环图, 运行示例代码, 结果如图 7-14 所示.

```
wind_data <- data.frame(
    Direction = factor(c("北", "东北", "东", "东南", "南", "西南",
"西", "西北")),
    Frequency = c(10, 15, 20, 30, 20, 15, 10, 10))

p1 <- ggplot(wind_data, aes(x = Direction, y = Frequency, fill
= Direction)) +
    geom_bar(width = 1, stat = "identity")
p2 <- ggplot(wind_data, aes(x = "", y = Frequency, fill =
Direction)) +
    geom_bar(width = 1, stat = "identity") + coord_polar("y")
p3<- ggplot(wind_data, aes(x = Direction, y = Frequency, fill
= Direction)) +
    geom_bar(stat = "identity") + coord_polar(start = 0)
p4 <- ggplot(wind_data, aes(x = 2, y = Frequency, fill =
Direction)) +
    geom_bar(width = 1, stat = "identity") +
    coord_polar("y", start = 0) + xlim(0.5, 2.5)
(p1|p2)/(p3|p4)
```

7.2.8　位置调整

针对绘图过程中图形元素位置调整 (position adjustments), 本节主要介绍两个函数: *position_jitter* 函数和 *position_dodge* 函数, 前者用于在散点图中添加随机的位置偏移, 避免数据点重叠; 而后者用于在分组性质的柱状图或其他几何对象中添加偏移, 以避免图形之间的重叠.

为使得结果更加直观, 首先生成一组数据, 分别绘制利用 *position_jitter* 函数添加随机位置偏移前后的散点图, 其结果对比如图 7-15 所示. 在此例子中, 在 *position_jitter* 函数中, 分别通过参数 width 和 height 设置了 x 和 y 方向的偏移量为 0.2 和 0, 即在 x 方向进行一定的偏移, 而在 y 方向不添加偏移.

```
data <- data.frame(
    category = rep(c("A", "B", "C"), each = 30),
    value = c(rnorm(30, mean = 10, sd = 0.5),
```

```
                rnorm(30, mean = 15, sd = 0.5),
                rnorm(30, mean = 20, sd = 0.5))
  )
  p1<-ggplot(data, aes(x = category, y = value)) +
    geom_point() +
    labs(title = "Scatter Plot without Jitter",
         x = "Category",
         y = "Value")
  p2<-ggplot(data, aes(x = category, y = value)) +
    geom_point(position = position_jitter(width = 0.2, height =
0)) +
    labs(title = "Scatter Plot with Jitter",
         x = "Category",
         y = "Value")
  p1|p2
```

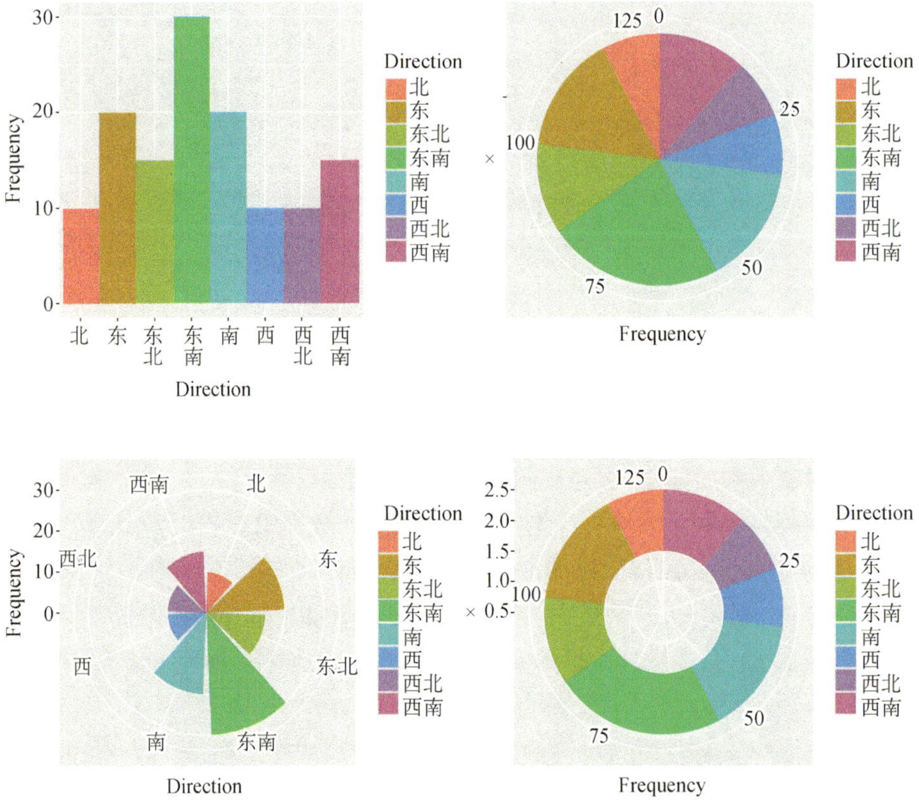

图 7-14 极坐标系转换示例效果

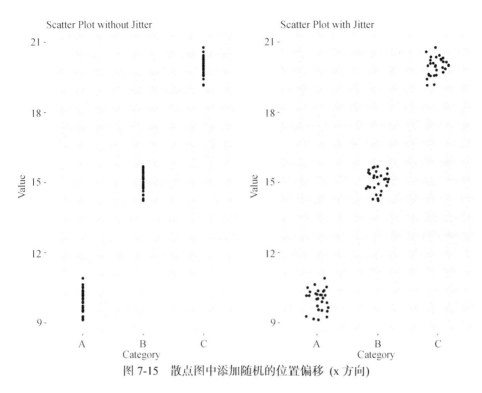

图 7-15　散点图中添加随机的位置偏移 (x 方向)

　　此外, 观察图 7-7 所示的散点图出现明显的重叠现象, 可同时在 xy 方向上同时添加随机位移, 以达到更加理想的效果, 如图 7-16 所示.

```
p1 <- ggplot(WHHP, aes(GDP_per_Land, FAI_per_Land)) +
  geom_point()+labs(title = "Scatter Plot without Jitter")

p2<- ggplot(WHHP, aes(GDP_per_Land, FAI_per_Land)) +
  geom_point(position = position_jitter(width = 100, height =
100)) +
  labs(title = "Scatter Plot with Jitter")
p1|p2
```

　　在下面的示例中, 介绍了如何利用 *position_dodge* 函数对柱状图分布进行调整, 其中参数 *width* 决定了分组柱状图中每组内矩形之间的重叠程度, 效果类似于将堆砌条形图转换为分组条形图. 运行下面代码, 效果如图 7-17 所示.

```
data <- data.frame(
  category = rep(c("A", "B", "C"), times = 3),
  group = rep(c("G1", "G2", "G3"), each = 3),
```

```
        value = c(10, 15, 20, 12, 17, 22, 11, 16, 21))
    p1<-ggplot(data, aes(x = category, y = value, fill = group)) +
      geom_bar(stat = "identity", width=0.5) +
      labs(title = "Grouped Bar Plot without Dodge",
          x = "Category", y = "Value")
    p2<-ggplot(data, aes(x = category, y = value, fill = group)) +
      geom_bar(stat = "identity", position = position_dodge(width
= 0.8)) +
      labs(title = "Grouped Bar Plot with Dodge",
          x = "Category", y = "Value")
    p1|p2
```

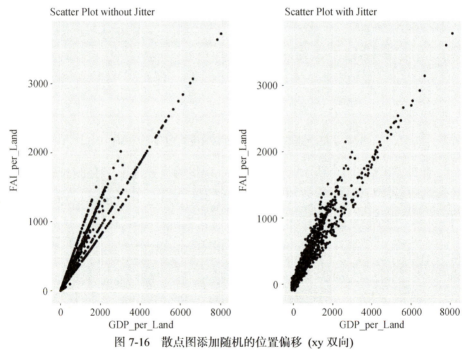

图 7-16　散点图添加随机的位置偏移 (xy 双向)

7.2.9　分面

　　分面 (facet) 是 **ggplot2** 函数包中的一个强大的可视化辅助工具, 根据特定分组条件将数据进行拆分, 并将拆分后的数据在多个小面板中进行分别绘制, 以更加清晰地展示不同条件下的数据变量分布及关系情况. 一般来说, 有两种分面方式: 一维分面 (*facet_wrap*)和二维分面 (*facet_grid*), 如图 7-18 所示. 下面对两个函数的用法分别进行简单介绍.

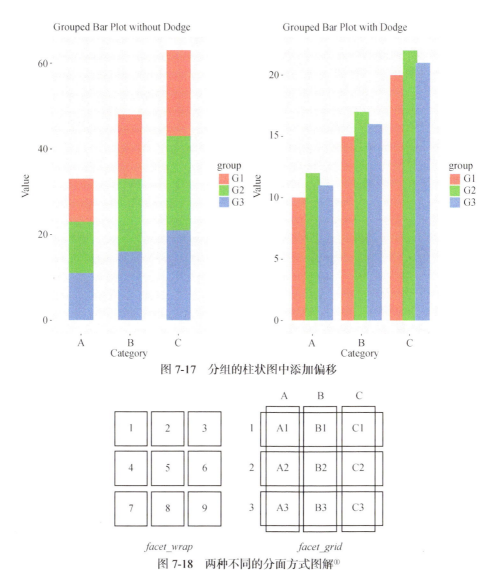

图 7-17　分组的柱状图中添加偏移

图 7-18　两种不同的分面方式图解①

7.2.9.1　*facet_wrap* 函数

facet_wrap 函数将数据按照指定的变量分割成不同的子集, 并进行分面展示, 在每个小块上绘制相同类型的图形, 并且根据分面数量与子图布局对其大小进行自动调整, 其具体语法如下:

```
facet_wrap(~variable)
```

① 出自: https://ggplot2-book.org/diagrams/position-facets.png.

其中 variable 是用来分割数据的因子或类别变量.

在下面的示例代码中, 在绘制 WHHP 数据中的地均 GDP (GDP_per_Land)和地均固定资产投入 (FAI_per_Land) 两个变量间的散点图过程中, 根据平均房价水平 (HP_level) 进行分面绘制, 并将布局设置为两行, 效果如图 7-19 所示.

```
ggplot(WHHP, aes(x = GDP_per_Land, y = FAI_per_Land)) +
  geom_point() +
  facet_grid(HP_level ~ Green_level)
```

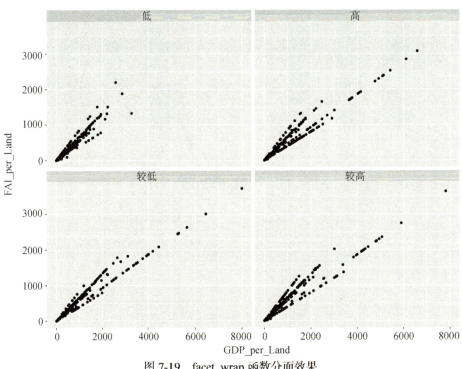

图 7-19　facet_wrap 函数分面效果

7.2.9.2　*facet_grid* 函数

facet_grid 函数将数据按照两个分类或因子变量之间的交叉组合进行分组, 并将分组数据进行分面展示. 该函数允许在一个网格中以行和列的形式组织数据, 每个格子对应一个图形绘制, 用户可自定义行列的分面布局, 用于探索两个因子变量约束下的分组数据. 其基础语法如下:

```
facet_grid(row_var ~ col_var)
```

其中 row_var 和 col_var 分别指用来分割数据的行、列因子变量.

在下面的示例代码中，首先将 WHHP 数据根据平均房价水平 (HP_level) 和绿化水平 (Green_level) 进行交叉组合分组，并绘制分组对应的地均 GDP (GDP_per_Land) 和地均固定资产投入 (FAI_per_Land) 之间的散点图，效果如图 7-20 所示.

```
ggplot(WHHP, aes(x = GDP_per_Land, y = FAI_per_Land)) +
   geom_point() +
   facet_wrap(~ HP_level, nrow = 2)
```

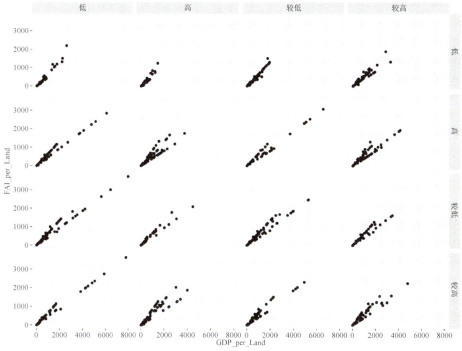

图 7-20　*facet_grid* 函数分面效果展示

7.2.10　主题

为了更加便捷地进行制图与可视化，**ggplot2** 函数包提供了丰富的主题 (theme) 选项，用于控制图形的外观和布局，包括背景颜色、坐标轴样式、标题字体、图例等视觉元素样式，很大程度上决定了图形的整体样式、美观度和风格.

具体来说，在使用 *ggplot* 函数可视化过程，通过 *theme* 函数实现对主题视觉原色样式的设置，如通过 *labs* 函数中的 *title*、*subtitle* 和 *caption* 参数分别设置图形的主标题、副标题和图注；通过参数 x 和 y 指定横纵坐标轴的标签；通

过 *theme* 函数的 *axis.title*、*axis.text*、*plot.title* 和 *legend.text* 参数分别修改坐标轴标签、坐标轴刻度字体大小、图形标题的字体大小样式以及图例标签字体. 运行下面代码, 体验 *theme* 函数及相关参数的用法, 效果如图 7-21 所示.

```
ggplot(WHHP, aes(GDP_per_Land, FAI_per_Land, color = HP_level)) +
  geom_point() +
  labs(x = "地均GDP",
       y = "地均固定资产投入",
       color = "房价水平",
       title = "地均固定资产投入随地均GDP的变化图",
       subtitle = "武汉市2015年数据, 点颜色表示不同平均房价水平",
       caption = "制图时间: 2024-08-08")+
  theme(axis.title = element_text(size=9),
        axis.text = element_text(size=8),
        plot.title = element_text(size=13, face = "bold"),
        legend.text = element_text(size = 8))
```

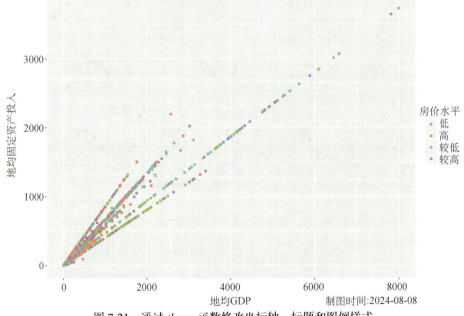

图 7-21　通过 *theme* 函数修改坐标轴、标题和图例样式

此外, *theme* 函数中提供了其他参数, 用于设置与调整更加详细的视觉元素样式, 如坐标轴刻度线的样式、几何形状、图例样式、大小、字体等. 在 **ggplot2** 函数包官网 (https://ggplot2.tidyverse.org/) 给出主题美学规范参数示

例, 更利于读者理解如何对应的参数, 以调整图件主题细节. 运行下面示例代码, 效果如图 7-22 所示.

```
lty <- c("solid", "dashed", "dotted", "dotdash", "longdash",
"twodash")
  linetypes <- data.frame(
    y = seq_along(lty),
    lty = lty
  )
  p1 <- ggplot(linetypes, aes(0, y)) +
    geom_segment(aes(xend = 5, yend = y, linetype = lty)) +
    scale_linetype_identity() +
    geom_text(aes(label = lty), hjust = 0, nudge_y = 0.2) +
    scale_x_continuous(NULL, breaks = NULL) +
    scale_y_reverse(NULL, breaks = NULL)

  shapes <- data.frame(
    shape = c(0:19, 22, 21, 24, 23, 20),
    x = 0:24 %/% 5,
    y = -(0:24 %% 5)
  )
  p2<- ggplot(shapes, aes(x, y)) +
    geom_point(aes(shape = shape), size = 5, fill = "red") +
    geom_text(aes(label = shape), hjust = 0, nudge_x = 0.15) +
    scale_shape_identity() +
    expand_limits(x = 4.1) +
    theme_void()

  df <- data.frame(x = c(1, 1, 1, 2, 2, 2, 2), y = c(1:3, 1:4),
fontf = c("plain", "plain", "plain", "plain", "bold", "italic",
"bold.italic"),
    fam = c("sans", "serif", "mono", "serif", "serif", "serif",
"serif"))
  p3 <- ggplot(df, aes(x, y), xlim = c(0, 3)) +
    geom_text(aes(label = c(fam[1:3], fontf[4:7]), fontface =
fontf, family = fam))

  sizes <- expand.grid(size = (0:3) * 2, stroke = (0:3) * 2)
  p4 <- ggplot(sizes, aes(size, stroke, size = size, stroke =
stroke)) +
    geom_abline(slope = -1, intercept = 6, colour = "white",
linewidth = 6) +
```

```
geom_point(shape = 21, fill = "red") +
scale_size_identity()

(p1|p2)/(p3|p4)
```

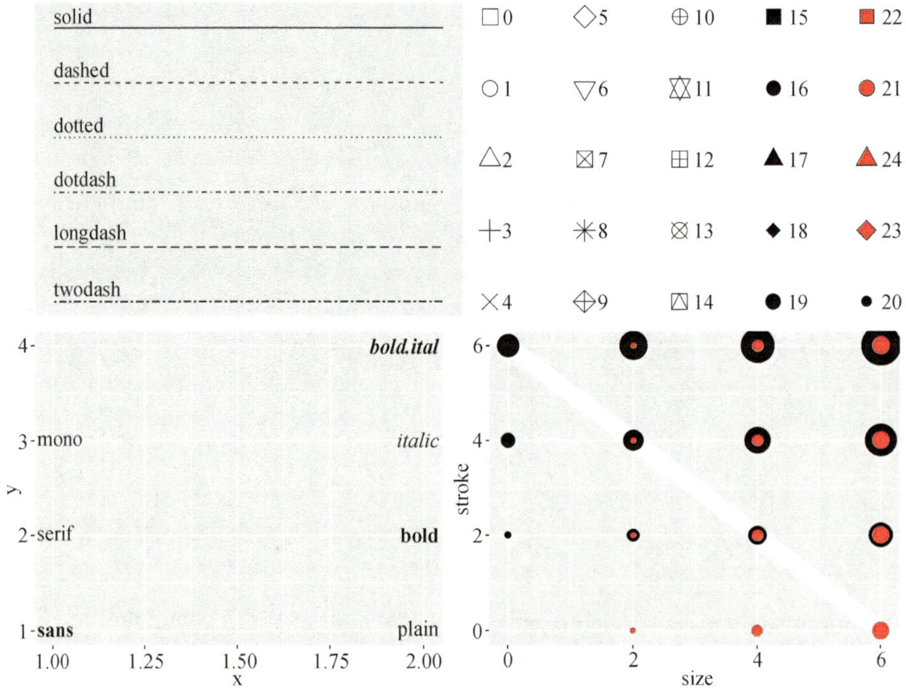

图 7-22 主题美学规范参数设置效果示例

而更为重要的是，**ggplot2** 函数包中提供了若干预设的主题样式，使读者绘图过程更为便捷，常用的主题函数及对应效果如表 7-5 所示.

表 7-5 常用的 **ggplot2** 主题函数及其效果

ggplot2 主题函数	效果
theme_gray	使用灰色背景与默认文本样式
theme_bw	简洁的黑白主题，使用白色背景和黑色文本
theme_minimal	最小化的主题，去除背景格线和多余的元素，更加注重数据展示
theme_classic	空白主题，没有背景和坐标轴线，适用于自定义绘图元素，由读者自行添加其他要素
theme_void	经典主题，灰色背景和黑色文本，包括背景格线和较粗的坐标轴线

运行下面的示例代码, 展示了前四种预设主题的效果, 如图 7-23 所示.

```
p1 <- ggplot(WHHP, aes(x = GDP_per_Land, y = FAI_per_Land)) +
  geom_point() + labs(title ="theme_gray") +
  theme_gray()

p2<- ggplot(WHHP, aes(x = GDP_per_Land, y = FAI_per_Land)) +
  geom_point() + labs(title ="theme_bw") +
  theme_bw()

p3<- ggplot(WHHP, aes(x = GDP_per_Land, y = FAI_per_Land)) +
  geom_point() + labs(title ="theme_minimal") +
  theme_minimal()

p4<- ggplot(WHHP, aes(x = GDP_per_Land, y = FAI_per_Land)) +
  geom_point() + labs(title ="theme_classic") +
  theme_classic()

p<- (p1|p2)/(p3|p4)
p
```

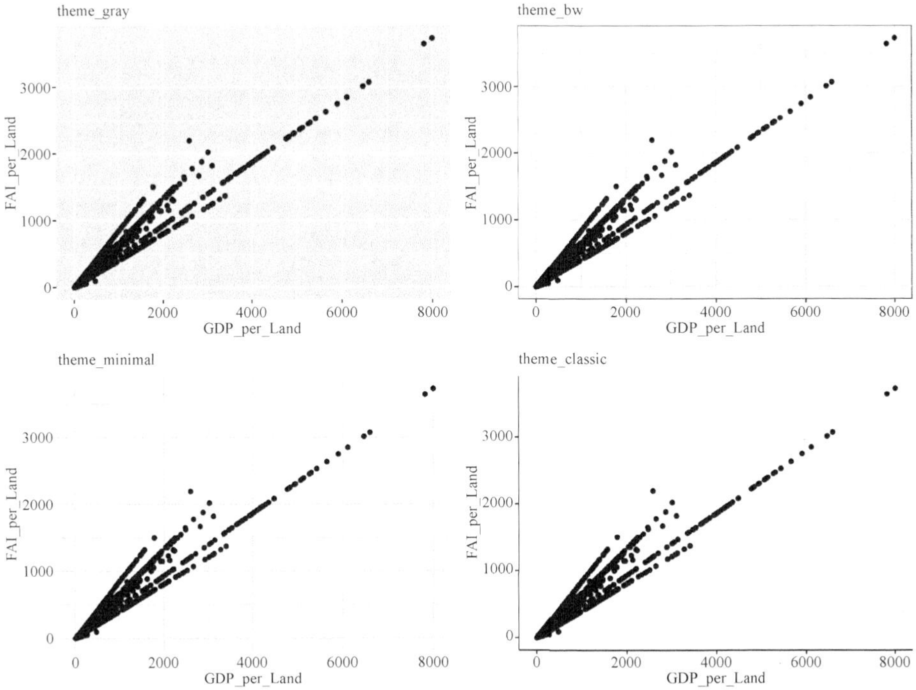

图 7-23　四种不同的主题表现

此外, **ggthemes** 函数包专门为 *ggplot* 可视化提供了多个主题, 如模仿《经济学人》杂志以及 Tableau、Excel、Stata 等常用软件, 运行下面示例代码, 体会不同主题风格及其效果, 如图 7-24 所示.

```
library(ggthemes)
p1 <- ggplot(WHHP, aes(x = GDP_per_Land, y = FAI_per_Land)) +
  geom_point() + labs(title ="theme_economist") +
  theme_economist()

p2<- ggplot(WHHP, aes(x = GDP_per_Land, y = FAI_per_Land)) +
  geom_point() + labs(title ="theme_fivethirtyeight") +
  theme_fivethirtyeight()

p3<- ggplot(WHHP, aes(x = GDP_per_Land, y = FAI_per_Land)) +
  geom_point() + labs(title ="theme_solarized") +
  theme_solarized()

p4<- ggplot(WHHP, aes(x = GDP_per_Land, y = FAI_per_Land)) +
  geom_point() + labs(title ="theme_stata") +
  theme_stata()

p5<- ggplot(WHHP, aes(x = GDP_per_Land, y = FAI_per_Land)) +
  geom_point() + labs(title ="theme_tufte") +
  theme_tufte()

p6<- ggplot(WHHP, aes(x = GDP_per_Land, y = FAI_per_Land)) +
  geom_point() + labs(title ="theme_excel") +
  theme_excel()

p<- (p1|p2)/(p3|p4)/(p5|p6)
p
```

7.2.11 输出

输出 (output) 是指将绘制的图形保存为图像文件的过程. 在 **ggplot2** 函数包中, 通过 *ggsave* 函数可将当前绘制的图形保存为常见的图像格式, 例如 PNG、JPEG、PDF 等. ggsave 函数的基本语法如下:

```
ggsave(filename, plot = last_plot(), device = NULL, path =
NULL, scale = 1, width = NA, height = NA, units = c("in", "cm",
"mm"), dpi = 300, limitsize = TRUE)
```

其中各个参数的说明如表 7-6 所示.

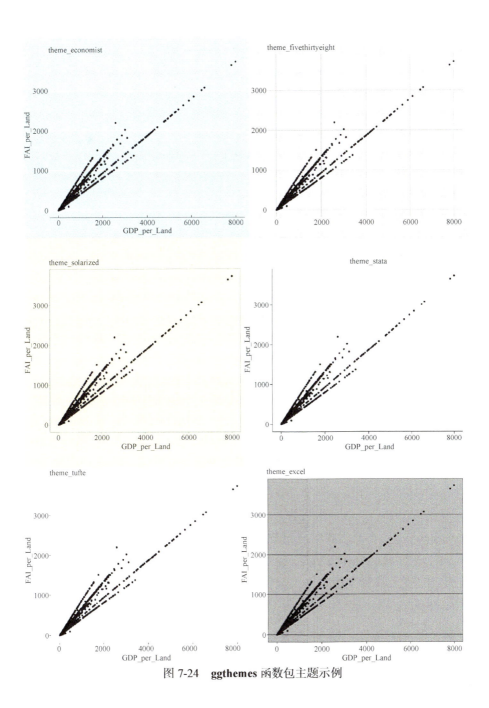

图 7-24　**ggthemes** 函数包主题示例

表 7-6 *ggsave* 函数的参数说明

参数	说明
filename	以字符向量声明的文件名 (包含文件扩展名), 如"plot.png"或"path/to/plot.png"
plot	待保存的 ggplot2 图形对象, 默认为最后一个绘制的图形 (通过 *last_plot* 函数获取)
device	使用的可视化设备, 如果未指定, 则根据保存的文件扩展名自动选择设备
path	文件保存路径, 默认为当前工作目录
scale	图形缩放比例, 默认为 1
width、*height*	图形宽度和高度, 默认为图形对象大小
units	图形宽度和高度单位, 可赋值为英寸 ("in")、厘米 ("cm") 或毫米 ("mm")
dpi	输出文件的分辨率 (每英寸点数), 默认值为 300 dpi
limitsize	逻辑值, 指示是否限制输出图像的最大尺寸, 默认为 TRUE

下面的示例代码使用 *ggsave* 函数将 7.2.10 节中绘制的图 7-21 保存至当前工作空间下, 并命名为 "scatterplot.png", 运行完成后, 可在当前工作空间目录下找到该图片文件.

```
ggsave("scatterplot.png", p, width = 24, height = 24, dpi =
300)
```

7.3 ggplot2 空间可视化

ggplot2 函数包在提供丰富统计可视化功能的同时, 同样可以用于空间数据可视化. 沿用 7.2 节中介绍的基础可视化语法, 本节将介绍面向 Spatial、Simple Feature 等不同格式的空间数据如何进行空间可视化操作, 分别介绍包括 *geom_sf*、*geom_point*、*geom_line* 和 *geom_path* 等函数的使用方法, 通过 *aes* 函数将空间数据属性变量映射为颜色、填充、形状等美学属性, 实现对空间几何对象 (如点、线、多边形等) 及其属性变量的地图绘制.

7.3.1 空间几何数据绘图

本节将分别针对 Simple Feature 对象、data.frame 对象和 Spatial 对象 (包含经纬度坐标) 三种不同格式的空间数据, 介绍如何绘制其对应的几何图形.

7.3.1.1　Simple Feature 对象

针对 Simple Feature 对象, 在 *ggplot* 函数的基础上, 常使用 *geom_sf* 函数对其几何对象进行可视化. *geom_sf* 函数接受 Simple Feature 对象作为输入, 并自动获取空间数据坐标系信息. 以武汉市房价点数据、路网数据 (线数据) 和面数据为例, 采用 *geom_sf* 函数以及 **ggplot2** 函数包中的主题函数, 采用不同的主题风格对点、线、面数据的几何对象进行可视化. 运行下面的示例代码, 结果如图 7-25 所示.

```
WHHP_cen<-st_centroid(WHHP)
ggplot(data=WHHP_cen)+
  geom_sf()+ labs(title ="点数据") +
 theme_minimal()


WHRD<-read_sf("WHRD.shp")
ggplot(data=WHRD)+
  geom_sf()+ labs(title ="线数据") +
  theme_bw()


ggplot(data=WHHP)+
  geom_sf()+labs(title ="面数据") +
  theme_gray()
```

(a) 点数据对象

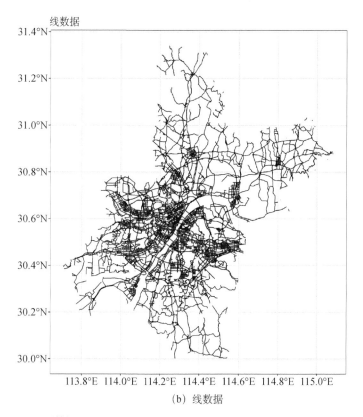

（b）线数据

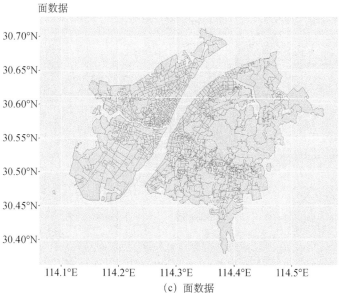

（c）面数据

图 7-25　Simple Feature 空间对象绘制

7.3.1.2　data.frame 对象

针对带经纬度坐标的 data.frame 对象, **ggplot2** 函数包提供了 *geom_point*、*geom_polygon* 和 *geom_path* 函数针对坐标信息进行可视化. 下面分别通过两个例子介绍每个函数的具体使用方法.

首先利用 **maps** 包提供的 *map_data* 函数获取世界地图作为底图, 创建一个包含城市经纬度信息的 data.frame 数据, 通过 *geom_polygon* 函数绘制世界地图, 在此基础上利用 *geom_point* 函数将城市点数据叠加绘制到世界地图上并设置显示范围为北美洲区域, 运行如下示例代码, 请读者自行尝试.

```
library(maps)
library(ggplot2)

world <- map_data("world")
cities <- data.frame(
    city = c("New York", "Los Angeles", "Toronto", "Mexico
City"),
    lon = c(-74.006, -118.2437, -79.3832, -99.1332),
    lat = c(40.7128, 34.0522, 43.6532, 19.4326)
)

ggplot() +
    geom_polygon(data = world, aes(x = long, y = lat, group =
group), fill = "lightblue", color = "black") +
    geom_point(data = cities, aes(x = lon, y = lat), color =
"red", size = 3) +
    labs(title = "Map of North America with Cities", x =
"Longitude", y = "Latitude") +
    coord_cartesian(xlim = c(-170, -50), ylim = c(0, 50))
```

此外, 通过 **maps** 函数包还可以获取世界各国、美国各州以及一些其他地理区域的边界轮廓信息, 感兴趣的读者可自行查阅相关资料以备不时之需, 此处不再详述.

在下面例子中, 首先创建包含一组坐标的 data.frame 对象, 代表一条航线, 使用 *geom_path* 函数将其进行绘制. 运行如下示例代码, 结果如图 7-26 所示.

```
flight_path <- data.frame(
    lon = c(-74.006, -0.1278, 139.6917),
    lat = c(40.7128, 51.5074, 35.6895)
)
```

```
ggplot(flight_path, aes(x = lon, y = lat)) +
  geom_path(color = "red") +
  geom_point() +
  labs(title = "Flight Path",
       x = "Longitude", y = "Latitude")
```

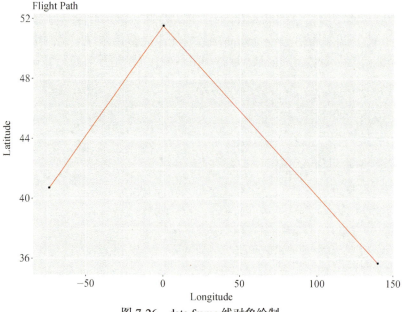

图 7-26　data.frame 线对象绘制

7.3.1.3　Spatial 对象

针对另一种常见的 Spatial 对象，一方面其与 **ggplot2** 函数包所处的 **tidyverse** 工具包集合是不兼容的，另一方面 **ggplot2** 函数包无法直接针对 Spatial 对象进行直接绘图. 因此，本节提供两种方法对其进行可视化:

(1) 采用 *st_as_sf* 函数将 Spatial 对象转化为 Simple Feature 对象，之后利用 *geom_sf* 函数进行地图绘制;

(2) 获取 Spatial 对象的几何信息，并将其转化为 data.frame 对象，利用 *geom_point*、*geom_polygon* 和 *geom_path* 函数进行可视化.

通过下面简单的示例，读者可观察其效果，如图 7-27 所示.

```
library(maptools)
WHHP_sp<-readShapePoly("WHHP_2015.shp", verbose=T,
                    proj4string = CRS("+proj=tmerc +lat_0=0
+lon_0=114  +k=1  +x_0=500000 +y_0=0 +ellps=GRS80 +units=m +no_
defs"))
```

```
WHHP_sf<-st_as_sf(WHHP_sp)
ggplot(WHHP_sf)+
  geom_sf()
```

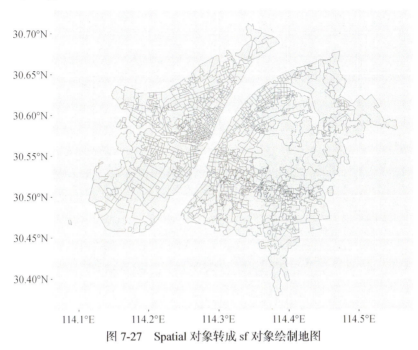

图 7-27　Spatial 对象转成 sf 对象绘制地图

7.3.2　空间属性数据可视化

如前章所述, 针对空间数据的属性信息进行可视化、制作专题地图是空间数据可视化的核心手段. 本节将分别针对空间点、线和多边形数据, 介绍如何利用 **ggplot2** 函数包进行空间属性数据可视化, 添加比例尺、指北针、图例等地图制图要素, 最终制作对应的专题地图图件. 注意, 由于 **ggplot2** 函数包和 **sf** 函数包同属 **tidyverse** 框架, 本节使用空间数据仅为 Simple Feature 对象.

7.3.2.1　空间点属性数据可视化

在下面的例子中, 针对武汉市房价中心点数据, 针对 Avg_HP 属性 (平均房价) 进行可视化, 通过点形状颜色及大小反映其值变化, 其中 *scale_size* 函数控制点符合尺寸范围, 而来自于 **ggspatial** 函数包的 *annotation_scale* 函数和 *annotation_north_arrow* 函数分别添加比例尺和指南针. 运行如下示例代码, 结果如图 7-28 所示.

```
library(ggspatial)
WHHP_cen<-st_centroid(WHHP)
```

```
ggplot(WHHP)+
  geom_sf()+
  geom_sf(data = WHHP_cen, pch=16, aes(color=Avg_HP, size=Avg_
HP))+
    scale_size(range = c(1, 3))+scale_color_gradient(trans =
"reverse") +
    annotation_scale(location = "bl", width_hint = 0.1) +
    annotation_north_arrow(location = "tr", which_north = "true",
                    pad_x = unit(0.1, "in"), pad_y = unit
(0.1, "in"),
                    style = north_arrow_fancy_orienteering)
```

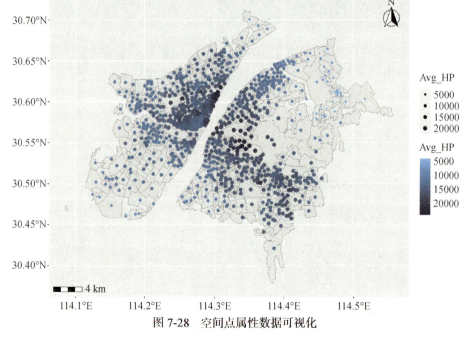

图 7-28　空间点属性数据可视化

7.3.2.2　空间线属性数据可视化

此处以武汉市道路数据为例, 首先为不同类型的道路重新建立类别变量
"*new_fclass*", 将属性映射为不同的颜色与线型, 进行专题图制作, 运行如下
示例代码, 结果如图 7-29 所示.

```
WHRD<-read_sf("WHRD.shp")
WHRD <- WHRD %>%
  mutate(new_fclass = case_when(
    fclass == "trunk_link" | fclass == "trunk" ~ "trunk",
    fclass == "primary_link" | fclass == "primary" ~ "primary",
```

```
        fclass == "motorway_link" | fclass == "motorway" ~
"motorway",
        fclass == "secondary_link" | fclass == "secondary" ~
"secondary",
        fclass == "tertiary_link" | fclass == "tertiary"~
"tertiary"
    ))
  ggplot(WHRD)+
    geom_sf(aes(col=new_fclass, linetype=new_fclass))+
    annotation_scale(location = "bl", width_hint = 0.1) +
    annotation_north_arrow(location = "tr", which_north = "true",
                   pad_x = unit(0.1, "in"), pad_y = unit
(0.1, "in"),
                   style = north_arrow_fancy_orienteering)
```

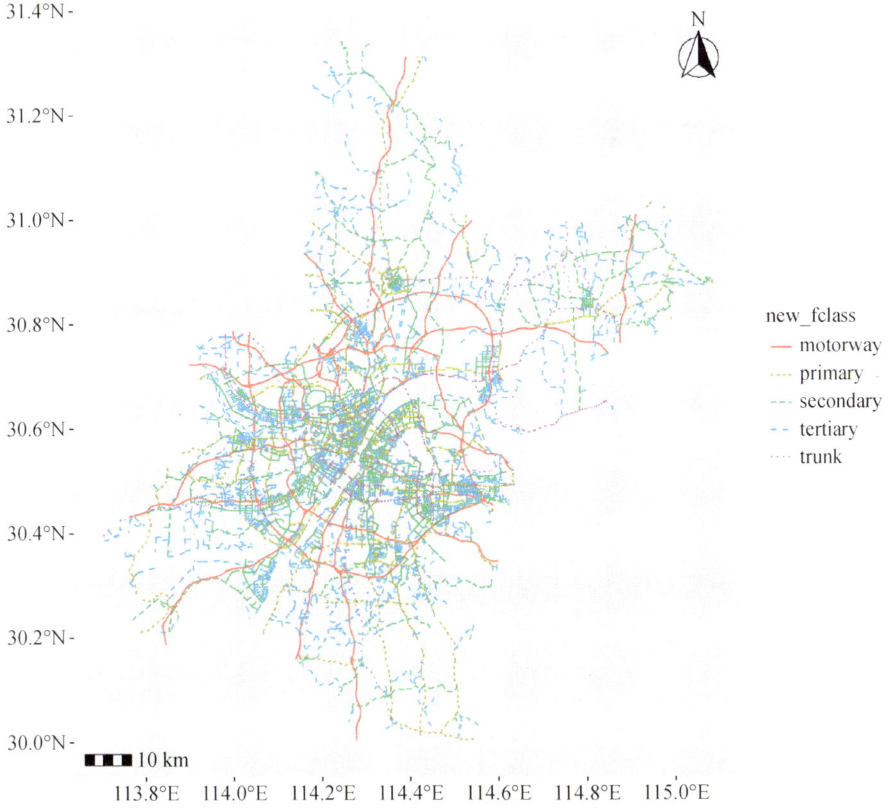

图 7-29　空间线属性数据可视化

7.3.2.3　空间面属性数据可视化

针对武汉市房价数据 WHHP，将 Avg_HP 属性 (平均房价) 映射为面单元的填充颜色变化, 添加比例尺和指南针, 制作专题图结果, 如图 7-30 所示.

```
ggplot(WHHP)+
    geom_sf(aes(fill=Avg_HP))+   scale_fill_gradient(trans =
"reverse") +
    annotation_scale(location = "bl", width_hint = 0.1) +
    annotation_north_arrow(location = "tr", which_north = "true",
                    pad_x = unit(0.1, "in"), pad_y = unit
(0.1, "in"),
                    style = north_arrow_fancy_orienteering)
```

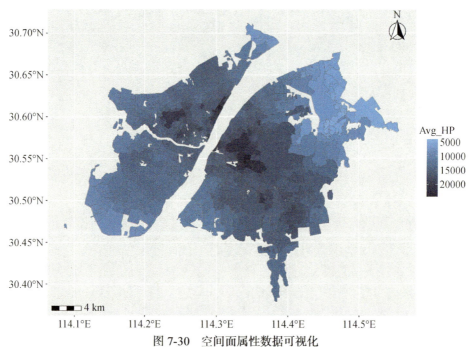

图 7-30　空间面属性数据可视化

7.4　本章练习与思考

本章介绍了 **ggplot2** 的基本可视化方法, 需要掌握如何针对不同类型数据以及可视化的目的, 选用合适的工具函数对进行可视化. 在完成本章内容学习后, 请完成以下练习:

(1) 通过 *theme* 函数修改本章所展示的基础可视化图件中的视觉元素样式, 实现图件质量改进.

(2) 通过 **maps** 包获取某区域的轮廓数据, 并尝试以其为背景图层, 添加点、线等对象制作地图.

(3) 对本章示例数据 WHHP 的其他属性, 利用 **ggplot2** 函数包绘制 2 幅以上的专题图.

(4) 请读者思考, 除了呈现数据本身之外, 如何在可视化图件中加入其他元素, 以增强图件的可读性与可解释性?

第 8 章

R 语言空间统计分析

空间数据往往具有复杂性, 既包含地理位置, 又包含非空间属性数据. 在前面的章节中, 系统介绍了空间数据处理、基础分析与可视化, 多集中于对空间数据进行相对基础的处理分析, 无法满足针对空间数据进行复杂、系统的定量分析需求. 空间统计技术可以帮助读者从更深层次发掘空间数据变量分布规律及其量化关系特征, 是空间数据科学技术进阶的关键, 以更好地支持地理分析、空间预测与决策规划. 本章将围绕空间自相关分析、空间插值、空间回归与空间点模式分析等空间统计技术, 介绍如何利用 **R** 语言的相关函数包工具, 对空间数据进行深层次的空间统计分析操作.

8.1　本章 R 函数包准备

8.1.1　gstat 函数包

函数包 **gstat** 由 Edzer Pebesma 等开发和维护 (https://cran.r-project.org/package=gstat), 是一个空间和时空地质统计建模、预测和模拟的库. 同时它也可以进行变异函数建模, 进行简单、普通和通用的点或块克里金以及时空克里金建模, 进行连续高斯或者指示器模拟以及利用变异函数和变差函数绘制效用函数.

8.1.2　automap 函数包

函数包 **automap** 由 Paul Hiemstra 开发和维护 (https://cran.r-project.org/package=automap), 用于辅助插值, 与 **gstat** 函数包结合使用. 它主要的作用是通过自动估算变差函数, 再调用 *gstat* 对象来执行自动插值.

8.1.3　spdep 函数包

函数包 **spdep** 由 Roger Bivand 等开发和维护 (https://cran.r-project.org/package=spdep), 是进行加权方案、统计以及建模的函数包. 它可以通过一组函数, 用于根据多边形邻接创建空间权重矩阵对象; 并通过距离和镶嵌从点模式进行归纳, 以汇总这些对象; 此外, 它还允许将这些对象用于空间数据分析, 包括使用最小生成树进行空间聚合, 全局 Moran's I, Geary's C 等统计计量, 此外也包含了空间自回归 (SAR)、空间滞后和空间误差模型等空间回归分析技术.

8.1.4　GWmodel 函数包

函数包 **GWmodel** 由本书作者开发和维护 (https://CRAN.R-project.org/package=GWmodel), 囊括了地理加权汇总统计 (Geographically Weighted Summary

Statistics)、地理加权主成分分析 (Geographically Weighted Principal Components Analysis)、地理加权判别分析 (Geographically Weighted Discriminant Analysis) 技术和地理加权回归分析技术 (Geographically Weighted Regression, GWR) 等丰富的地理加权建模技术, 在充分考虑空间数据变量及其关系的异质性或非平稳性特征的基础上, 提供了强大的精细尺度空间统计分析工具, 由于篇幅有限, 本书仅介绍其关于 GWR 技术的函数, 其他功能函数由读者自行探索.

8.1.5 spatstat 函数包

函数包 **spatstat** 是由 Adrian Baddeley 等开发和维护 (https://CRAN.R-project.org/package=spatstat), 专门用于空间点数据分析的强大工具箱. 它提供了密度估计、聚集性测试、最近邻分析、Ripley 的 K 函数、核密度估计等强大的空间点数据分析工具函数. 它不仅支持常用的二维空间数据, 同时支持三维点数据、时空点模式以及网络数据中的点模式分析, 能够用来处理、模拟、分析和可视化空间点模式特征.

在本章的学习过程中, 按照以上函数包, 并在 **R** 中载入它们.

```
install.packages("gstat")
install.packages("automap")
install.packages("spdep")
install.packages("GWmodel")
install.packages("spatstat")

library(gstat)
library(automap)
library(spdep)
library(GWmodel)
library(spatstat)
```

为了更好地对后面的技术进行展示, 首先导入本章所需的数据, 并进行必要的变量整理, 运行下面的代码:

```
setwd("D:Chapter8/Data")  #修改为存放示例数据的文件路径
getwd()
require(sf)
require(dplyr)
WHHP<-read_sf("WHHP_2015.shp")
WHHP$Pop_Den <- WHHP$Avg_Pop/WHHP$Avg_Shap_1
names(WHHP)
WHHP <- WHHP[, -c(1:9, 19, 22:23)]
names(WHHP)
```

```
names(WHHP) <- c("Pop", "Annual_AQI", "Green_Rate", "GDP_per_
Land", "Rev_per_Land", "FAI_per_Land",
    "TertI_Rate", "Avg_HP", "Den_POI", "Length", "Area", "geometry",
"Pop_Den")
```

8.2　空间插值

插值 (Interpolation) 是数据科学领域常用的一种数值分析方法, 其核心思想是通过已知的离散数据点来推测其他未知点数据. 在数学上, 插值的目的是通过构建特定函数, 通过已知数据实现函数参数的拟合, 以估计其他未知点数值, 常用的方法包括线性插值、多项式插值、样条插值等技术, 而本书将重点关注空间插值技术, 即结合已知的空间位置点数据推测其他未知空间位置点数据的技术方法. 地理学第一定律中所描述的空间依赖性原理, 即地理事物及其空间属性在空间上呈现关于空间距离衰减的关联性特征, 常用技术主要包括最临近插值 (Nearest Neighbor Interpolation)、反距离加权插值 (Inverse Distance Weighting, IDW) 和克里金插值 (Kriging) 技术.

8.2.1　最临近插值

最临近插值是一种最为简单且直接的插值方法, 在对一个未知点的值进行估计时, 直接将该点的值设为距离最近的已知点的值. 该方法无需假设特定的空间数据变量趋势或关系, 仅基于地理空间上的距离进行插值. 下面将通过一个简单的例子展示如何利用最临近插值技术实现格网数据插值.

首先, 针对武汉市房价数据, 将其利用 **terra** 函数包中的 *rast* 函数进行栅格处理, 以生成后续用来插值计算的格网单元数据.

```
require(terra)
WHHP.rast <- rast(nrows = 50, ncols = 60, ext = ext(WHHP))
WHHP.rast <- rasterize(WHHP, WHHP.rast, field = "Avg_HP")
```

针对上面生成的网格数据, 计算各格网单元与数据点之间的空间距离, 而后将距离格网单元最近的位置点对应的值赋值给对应格网单元. 为了使用 *st_distance* 函数计算距离矩阵, 需要将栅格数据由 SpatRaster 对象转为 Simple Feature 点对象, 计算距离矩阵并找出每个栅格单元对应的最近距离数据点, 运行下面的代码实现此步骤:

```
grid <- as.points(WHHP.rast, na.rm = TRUE)
grid.sf <- st_as_sf(grid)
```

```
st_crs(grid.sf) <- st_crs(WHHP)
dist_matrix <- st_distance(grid.sf, WHHP)
nearest_dat <- apply(dist_matrix, 1, which.min)
```

在此基础上, 针对所有的格网单元进行最临近插值, 并将数据进行栅格化制图, 完成最终的插值结果展示, 如图 8-1 所示.

```
grid$nn <- WHHP$Avg_HP[nearest_dat]
grid_raster <- rasterize(grid, WHHP.rast, field = "nn")
plot(grid_raster, main = "Average price in Wuhan (Nearest-neighbor interpolation)")
```

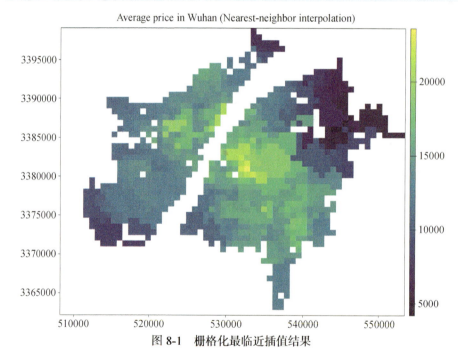

图 8-1　栅格化最临近插值结果

8.2.2　IDW 插值

IDW 是一种常用而简便的空间插值方法, 它基于插值点与数据样本间距离按照反距离加权规则计算权重, 之后针对插值点进行加权平均赋值, 通过遍历所有插值点实现研究区域内的未知点赋值. 其计算公式如下:

$$\hat{z}(s) = \sum_i \frac{z(s_i)}{d(s, s_i)^\beta} \bigg/ \sum_i \frac{1}{d(s, s_i)^\beta} \tag{8-1}$$

其中 $z(s_i)$ 为数据样本点 s_i 处的值, $d(s, s_i)$ 为待估计点 s 与样本点 s_i 之间的距离, β 为 IDW 插值技术幂次参数 (Power Parameter), 用于控制权重变化特征,

β 越小, 权重衰减速率越低, 得到的估计值表面更趋于平滑; 反之, 距离较近的点的影响越大, 导致不同数值点的影响区域之间边界更加清晰. IDW 方法要求插值点相对离散均匀分布, 并且密度程度能够反映数据变量的局部表面变化.

首先, 为了实现格网尺度的插值, 提取武汉市房价数据的中心点数据, 并创建 gstat 对象. 其中, 为了使读者能够更加清晰地了解 β 参数, 我们分别选择了 0.3 和 10 的两种取值以进行结果比较, 运行如下示例代码:

```
WHHP_centroids <- st_centroid(WHHP)
g1 <- gstat(formula = Avg_HP ~ 1, locations = WHHP_centroids,
set = list(idp = 0.3))  # idp = 0.3
g2 <- gstat(formula = Avg_HP ~ 1, locations = WHHP_centroids,
set = list(idp = 10))  # idp = 10
WHHP_grid <- as.data.frame(xyFromCell(WHHP.rast, 1:ncell(WHHP.
rast)))
colnames(WHHP_grid) <- c("x", "y")
WHHP_grid <- st_as_sf(WHHP_grid, coords = c("x", "y"), crs =
st_crs(WHHP_centroids))
```

利用 **gstat** 函数包中的 *predict* 函数, 对示例区域栅格单元 WHHP_grid 进行预测, 并在预先构建的格网数据 WHHP.raster 进行变量预测赋值:

```
z1 <- predict(g1, newdata = WHHP_grid)
z2 <- predict(g2, newdata = WHHP_grid)
WHHP.rast[] <- z1$var1.pred
z1_raster <- WHHP.rast
WHHP.rast[] <- z2$var1.pred
z2_raster <- WHHP.rast
```

接下来运用掩膜方法去除不需要的部分, 并将最终的插值结果进行可视化, 结果如图 8-2 所示, 可明显看出, 参数 β 的取值大小对 IDW 插值结果有比较大的影响, 这也是读者在使用此技术时需要注意的地方.

```
crs(z1_raster) <- st_crs(WHHP)$proj4string
crs(z2_raster) <- st_crs(WHHP)$proj4string
z1_raster <- mask(z1_raster, WHHP)
z2_raster <- mask(z2_raster, WHHP)
plot(z1_raster, main = "IDW Interpolation (beta = 0.3)")
plot(z2_raster, main = "IDW Interpolation (beta = 10)")
```

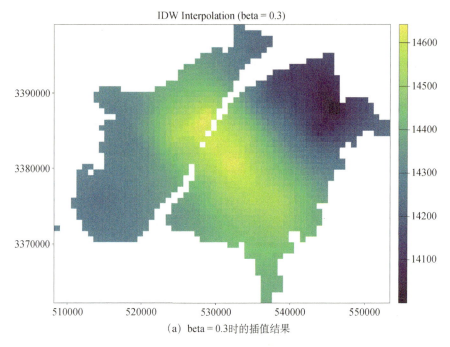

（a）beta＝0.3时的插值结果

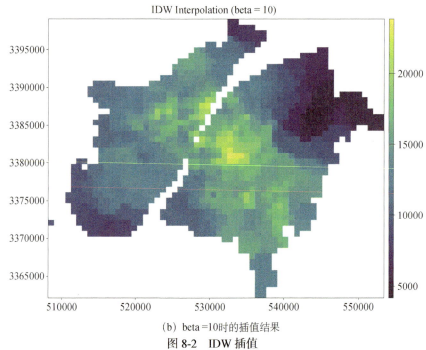

（b）beta＝10时的插值结果

图 8-2　IDW 插值

8.2.3　克里金插值

克里金插值 (Kriging) 是地统计学 (Geostatistics) 中核心空间插值方法，在考虑距离因素的同时，考虑了空间数据的自相关性 (即相邻点之间的相似性)，从而提供更精确的预测. 克里金插值公式一般可表达如下:

$$\hat{z}(s) = \sum_i \lambda_i z(s_i) \tag{8-2}$$

其中 λ_i 是位置 s_i 处的权重，是克里金插值技术的关键因素，综合反映了空间距离与相关性特征，通常由半变异函数 (Variogram) 决定. 针对两两数据点之间的距离，半变异函数用于量化随着空间距离的增加，数据点之间的相关 (相似) 性特征如何变化，其公式如下:

$$\gamma(h) = \frac{1}{2N(h)} \sum_{i=1}^{N(h)} [z(s_i) - z(s_i + h)]^2 \tag{8-3}$$

其中 h 表示滞后距离 (Lag Distance)，$\gamma(h)$ 表示距离 h 处的半变异函数或半方差值，$N(h)$ 表示间距为 h 的点对数量. 通过半变异函数理论模型，如球形模型、指数模型或高斯模型，拟合半变异函数模型参数，进而实现权重计算.

根据地理变量空间结构性质不同，克里金插值发展为不同的技术，包括满足二阶平稳性假设的普通克里金插值 (Ordinary Kriging) 和简单克里金插值 (Simple Kriging)、非平稳假设的泛克里金插值 (Universal Kriging)、面向多变量的协同克里金插值 (Co-Kriging) 等技术. 但其中涉及的理论与算法浩如烟海，本书无法囊括所有的技术，仅以常用的普通克里金插值技术为例进行展示，其他的克里金插值技术读者可自行进行探索.

首先使用变差函数 *variogram* 基于 gstat 对象计算经验半方差，结果如图 8-3 所示，可以发现房屋价格随着距离增加，这意味着价格在空间上是自相关的.

```
g = gstat(formula = WHHP_centroids$Avg_HP~ 1, data = WHHP_
centroids)
ev = variogram(g)
plot(ev, cex=1.5, pch="*")
```

使用函数包 **automap** 中的 *autofitVariogram* 函数，可以对上述经验变差函数进行拟合，拟合结果如图 8-4 所示.

```
v = autofitVariogram(formula = WHHP_centroids$Avg_HP~ 1, input_
data = WHHP_centroids)
plot(v, pch="*", lwd=1.5, cex=2)
```

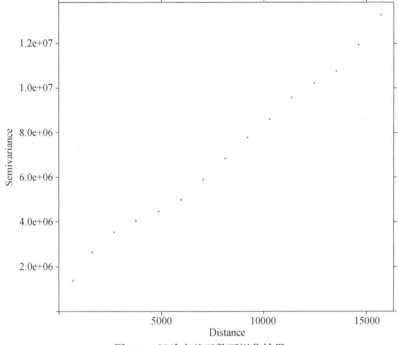

图 8-3　经验变差函数可视化结果

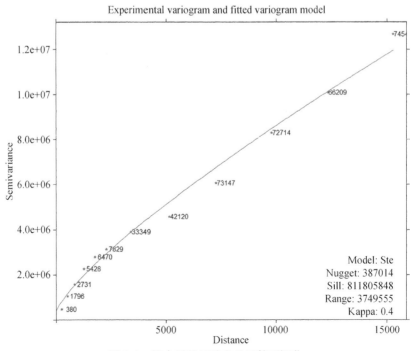

图 8-4　拟合后的经验变差函数可视化

将半变异函数模型拟合结果传递给 *gstat* 函数, 以用于后续克里金插值计算过程, 并将插值结果赋值给指定的栅格对象:

```
g_OK = gstat(formula = WHHP_centroids$Avg_HP~1, data = WHHP_
centroids, model = v$var_model)
z <- predict(g_OK, newdata = WHHP_grid)
WHHP.rast <- rast(nrows = 50, ncols = 60, ext = ext(WHHP))
WHHP.rast[] <- z$var1.pred
z_raster <- WHHP.rast
```

针对插值结果进行掩膜操作后, 最终结果如图 8-5 所示.

```
crs(z_raster) <- st_crs(WHHP)$proj4string
z_raster <- mask(z_raster, WHHP)
plot(z_raster, main= "Ordinary Kriging")
```

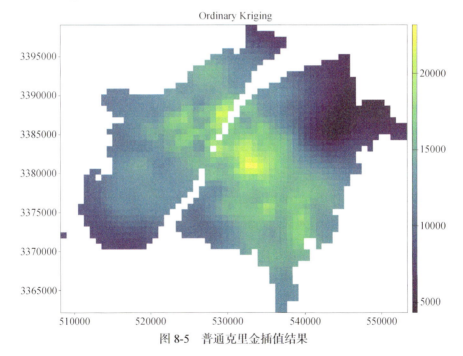

图 8-5　普通克里金插值结果

8.3　空间自相关

空间自相关指空间属性变量在空间上的分布是否呈现潜在的相互依赖性特征, 具体表现为在空间上相邻或接近的区域是否具有相似或相异的属性值. 地理数据由于受到空间相互作用和空间扩散的影响, 彼此之间多存在空间依赖性 (Spatial Dependence) 特征. 空间自相关分析是检验特定要素属性值是否与其相邻空间点上的属性值关联特征的重要指标, 正相关表明相邻单元的属性值具有相同或近似的变化趋势, 呈现了一定的空间集聚分布; 反之, 负相关则表明相邻空间单元具有相异的属性值, 呈现了一定的竞争格局分布. 从分析角度来说, 空间自相关分析可以分为全局空间自相关和局部空间自相关, 全局空间自相关通过单一的度量值探测整个研究区域的空间模式, 而局部空间自相关则通过计算空间位置对应的自相关统计量反映局部区域内的空间自相关程度.

8.3.1　全局空间自相关

在描述全局空间自相关时, 莫兰指数 (Moran's I) 是最常用的指标, 其计算公式如下:

$$I = \frac{n}{\sum\limits_{i=1}^{n} x_i - \overline{x}} \cdot \frac{\sum\limits_{i=1}^{n}\sum\limits_{j=1}^{n} w_{ij}(x_i - \overline{x})(x_j - \overline{x})}{\sum\limits_{i=1}^{n}\sum\limits_{j=1}^{n} w_{ij}} \tag{8-4}$$

其中, x_i, x_j 分别为对应属性值, $\overline{x}$ 表示属性均值, n 为样本个数, w_{ij} 表示空间单元 i 与 j 之间对应的空间权重, 一般对应为空间邻接矩阵, 即若 i 与 j 为邻接关系, 则 w_{ij} 等于 1, 否则等于 0. 莫兰指数取值一般在[-1, 1]之间, 小于 0 表示负相关, 等于 0 表示不相关, 大于 0 表示正相关.

为了计算空间数据点邻接矩阵, 首先需要计算每个点的 k 个最邻近点 (参数 k 表示邻近点的个数), 每个点的邻接情况如图 8-6 所示.

```
WHHPnb <- knn2nb(knearneigh(WHHP_centroids, k = 4))
WHHPnb_s <- make.sym.nb(WHHPnb)
plot(st_geometry(WHHP))
plot(nb2listw(WHHPnb_s), st_coordinates(WHHP_centroids), add=T,
col= "blue")
```

在此基础上, 可计算莫兰指数, 运行示例代码, 结果如图 8-7 所示.

```
col.W<-nb2listw(WHHPnb_s, style = "W")
str(moran(WHHP$Avg_HP , col.W, length(WHHP$Avg_HP), Szero(col.
W)))
```

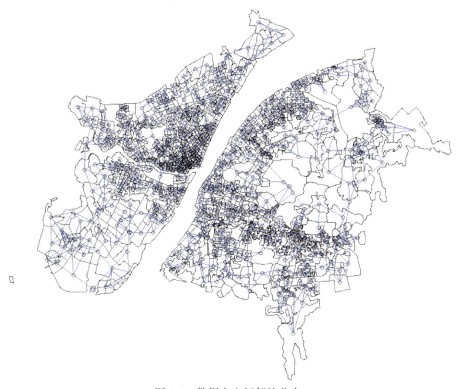

图 8-6　数据点空间邻接分布

```
List of 2
 $ I: num 0.916
 $ K: num 4.76
```

图 8-7　莫兰指数计算

由图 8-7 可以看到全局莫兰系数为 0.916, 这说明武汉市房价存在明显的正向空间自相关, 即房价分布呈现明显的高值或低值集聚特征. K 值 4.76 代表的是样本 X 的峰度.

作为重要的空间统计量, 需要检验莫兰指数是否统计显著, 即该数据变量是否存在显著的空间相关性特征. 莫兰指数的显著性特征有两种检验方法: 基于随机假设的检验和基于正态性假设的检验.

8.3.1.1　基于随机假设的检验

当假设空间属性值服随机分布时, 可采用标准化统计量 Z_{score} 来检验空间自相关的显著性

$$Z_{score} = \frac{I - E(I)}{\sqrt{var(I)}} \tag{8-5}$$

其中 $E(I)$ 表示莫兰指数期望值, $var(I)$ 表示莫兰指数方差.

通过 *moran.test* 函数实现莫兰指数显著性检验, 图 8-8 展示了基于随机假设的检验结果, 通过计算莫兰指数期望与方差, 进而通过标准差计算 p 值, 结果呈现了武汉市平均房间呈现了显著的空间正相关特征.

```
moran_WHHP_rn  <-  moran.test(WHHP$Avg_HP, listw = nb2listw
(WHHPnb_s))
moran_WHHP_rn

        Moran I test under randomisation

data:  WHHP$Avg_HP
weights: nb2listw(WHHPnb_s)

Moran I statistic standard deviate = 44.791, p-value < 2.2e-16
alternative hypothesis: greater
sample estimates:
Moran I statistic       Expectation            Variance
    0.9161419278       -0.0010277492       0.0004192927
```

图 8-8　基于随机检验性检验的 Moran's I

8.3.1.2　基于正态性假设的检验

当假设数据变量符合正态分布时, 基于随机化的莫兰指数检验不同, 该检验假设观测值服从正态分布过程, 需要采用不同的方法进行莫兰指数期望值与方差计算.

运行下面代码, 结果如图 8-9 所示. 可以看到检验时得到的结果与前述结果是一致的, 均为统计显著, 进一步验证武汉市房价分布呈现显著的正向空间自相关特征.

```
moran_WHHP_nor  <-  moran.test(WHHP$Avg_HP, listw = nb2listw
(WHHPnb_s), randomisation = FALSE)
moran_WHHP_nor
```

除了莫兰指数之外, Geary's C 比 (简称 GR) 是另一个用来度量空间自相关的全局型统计指标, 其计算公式如下:

$$C = \frac{\sum_{i=1}^{n}\sum_{j=1}^{n} w_{ij}(x_i - x_j)^2}{2\sum_{i=1}^{n}\sum_{j=1}^{n} w_{ij}\sigma^2} \tag{8-6}$$

```
       Moran I test under normality

data:   WHHP$Avg_HP
weights: nb2listw(WHHPnb_s)

Moran I statistic standard deviate = 44.75, p-value < 2.2e-16
alternative hypothesis: greater
sample estimates:
Moran I statistic          Expectation              Variance
     0.9161419278         -0.0010277492          0.0004200581
```

图 8-9 基于正态性假设的莫兰指数检验

其中 $\sigma^2 = \sum_{i=1}^{n}(x_i-\overline{x})^2/(n-1)$ 为空间变量的方差. 注意, 莫兰指数的交叉乘积项所比较的是邻接位置观察值与均值偏差的乘积, 而 Geary's C 比较的是邻接位置观察值之间的差异. Geary's C 统计量的取值范围一般为[0, 2]之间, 当 $0<C<1$ 时, 表示正相关特征; 当 $1<C<2$ 时, 表示负空间自相关特征; 而当 $C\approx1$ 时, 表示空间属性变量趋于随机分布. 运行如下代码, 通过 *geary* 函数计算 Geary's C 统计量, 结果如图 8-10 所示.

```
str(geary(WHHP$Avg_HP, col.W, length(WHHP$Avg_HP), length(WHHP$Avg_
HP)-1, Szero(col.W)))
```

```
List of 2
 $ C: num 0.0833
 $ K: num 4.76
```

图 8-10 Geary's C 统计量结果

从图 8-10 中, 可以看到 Geary's C 为 0.0833, 同样表明武汉市房价存在明显的正空间自相关特征, 与前面莫兰指数得到的结果是一致的. K 值峰度为 4.76, 与莫兰指数得出的结果也相同.

同样, Geary's C 统计量显著性检验也有两种方法: 基于随机假设和基于正态性假设的假设检验. 运行如下代码, 结果如图 8-11 和图 8-12 所示, 能够观察到结果与莫兰指数检验结果也是相符的. 这说明一般情况下这两个统计量的结果是基本一致的, 也验证了在描述空间自相关特征时二者是可以相互替代的.

```
GR_WHHP_rn <- geary.test(WHHP$Avg_HP, listw = nb2listw(WHHPnb_
s))
```

```
   GR_WHHP_rn
   GR_WHHP_nor<- geary.test(WHHP$Avg_HP, listw = nb2listw(WHHPnb_
s), randomisation = FALSE)
   GR_WHHP_nor
```

```
        Geary C test under randomisation

data:  WHHP$Avg_HP
weights: nb2listw(WHHPnb_s)

Geary C statistic standard deviate = 42.859, p-value < 2.2e-16
alternative hypothesis: Expectation greater than statistic
sample estimates:
Geary C statistic          Expectation              Variance
      0.0833225720          1.0000000000          0.0004574517
```

图 8-11 Geary's C 统计量基于随机假设的检验结果

```
        Geary C test under normality

data:  WHHP$Avg_HP
weights: nb2listw(WHHPnb_s)

Geary C statistic standard deviate = 43.706, p-value < 2.2e-16
alternative hypothesis: Expectation greater than statistic
sample estimates:
Geary C statistic          Expectation              Variance
      0.0833225720          1.0000000000          0.0004398899
```

图 8-12 Geary's C 统计量基于正态性假设的检验结果

8.3.2 局部空间自相关

全局空间自相关分析仅用单一的统计量来反映研究区域内空间自相关模式, 难以应对复杂的地理变量关联分布模式. 1995 年, Anselin 发展了空间自相关的局部分析方法 (Local Indications of Spatial Association, LISA)(Anselin, 1995), 将全局型空间相关系数分解为不同区域或位置对应的空间自相关特征, 以揭示空间单元与其相邻近的空间单元属性特征值之间的相似性或相关性, 可用于识别 "热点区域" 以及数据的异质性. 在众多领域中得到了广泛应用. 莫兰指数与 Geary's C 统计量均对应有局部版本, 针对空间位置 i, 它们的计算公式分别如下:

局部莫兰指数: $I_i = \dfrac{x_i - \bar{x}}{S^2} \sum_{j=1}^{n} w_{ij}\left(x_j - \bar{x}\right)$ (8-7)

局部 Geary's C 统计量：$C_i = \dfrac{(x_i - \overline{x})^2}{\sum_j w_{ij}(x_j - \overline{x})^2}$ 　　　　　　　　　(8-8)

其中 $S^2 = \sum\limits_{j=1, j\neq i}^{n} \dfrac{(x_i - \overline{x})^2}{n-1}$．

局部莫兰指数的基础特点是能够进行地图可视化，由于部分数据超出[-1, 1]区间，此处直接将其去掉，结果如图 8-13 所示，可以看到房价之间存在着明显的正向空间自相关特征，呈现出高房价与高房价、低房价与低房价聚集的空间分布模式．

```
require(ggplot2)
require(ggspatial)
require(spdep)
require(sf)

# 计算局部莫兰统计量
lm_WHHP <- localmoran(WHHP$Avg_HP, listw = nb2listw(WHHPnb_s,
style = "W"))
WHHP$lm <- lm_WHHP[, 1]

# 删除局部莫兰统计量不在区间 [-1, 1] 范围的数据
WHHP_del <- WHHP %>% filter(lm > -1 & lm <= 1)
ggplot() + geom_sf(data = WHHP_del, aes(fill = lm)) +
    scale_fill_gradient2(low = "blue", mid = "white", high =
"red", midpoint = 0, name = "Local Moran I") +
    theme_minimal() + labs(title = "Local Moran Statistic") +
    theme(legend.position = "right") +
annotation_scale(location = "bl") +
    annotation_north_arrow(location = "tr", which_north = "true",
style = north_arrow_fancy_orienteering)
```

通过绘制莫兰散点图查看局部莫兰指数的显著性水平，如图 8-14 中，能够发现武汉市房价呈现典型的高-高、低-低分布模式．

```
moran.plot(WHHP$Avg_HP, col.W, pch = 19)
```

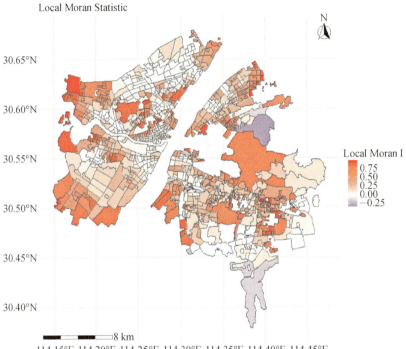

图 8-13　局部莫兰指数可视化

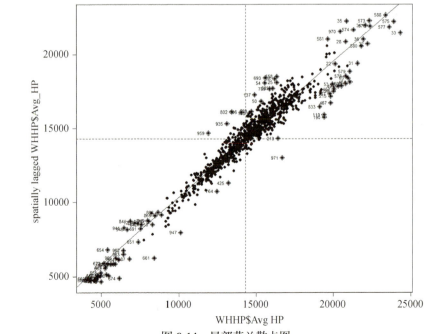

图 8-14　局部莫兰散点图

同样，可以对局部 Geary's C 统计量进行计算，并将其结果进行可视化，结果如图 8-15 所示.

```
G_WHHP <- localG(WHHP$Avg_HP, listw = nb2listw(WHHPnb_s, style
= "W")) lenData <- length(G_WHHP)
WHHP$G<- G_WHHP[1: lenData]
WHHP_del <- WHHP %>% filter(G >= 0 & G <= 2)
ggplot() +
geom_sf(data = WHHP_del, aes(fill = G)) +
   scale_fill_gradient2(low = "red", mid = "white", high =
"blue", midpoint = 0, name = "Local Local Geary's C") +
   theme_minimal() + labs(title = "Local Geary's C statistic") +
   theme(legend.position = "right") +
   annotation_scale(location = "bl") +
    annotation_north_arrow(location = "tr", which_north =
"true",   style = north_arrow_fancy_orienteering)
```

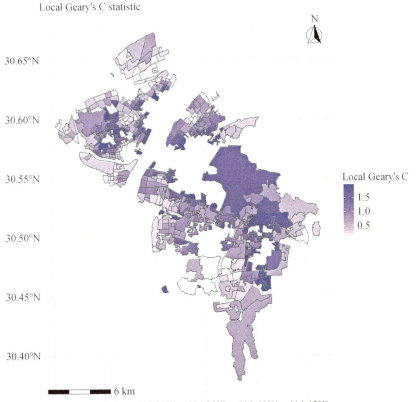

图 8-15　局部 Geary's C 统计量可视化

8.4 空间回归分析

在空间数据科学中, 空间回归分析有助于揭示多元空间变量之间的计量关系, 是空间数据科学的重要技术. 尤其在考虑空间依赖性 (Spatial Dependence) 和空间异质性 (Spatial Heterogenity), 在传统线性回归分析的基础上, 衍生了空间滞后模型 (Spatial Lag Model, SLM)、空间误差模型 (Spatial Error Model, SEM) 和地理加权回归分析 (Geographically Weighted Regression, GWR) 等技术, 以更加合理与科学地揭示空间数据量化关系. 本节将结合 **R** 语言中相关的函数包, 介绍上述几种空间回归分析技术.

为了更好地理解后续示例, 首先需要初步掌握示例数据中多元变量之间的相关关系, 借助第 5 章中介绍的 **psych** 函数包, 将后续参与回归分析的变量进行相关关系可视化, 运行下面代码, 结果如图 8-16 所示.

```
require(psych)
par(family = "serif", pch = 16, cex = 1.5, cex.axis = 1.5,
cex.lab = 1.5)
pairs.panels(st_drop_geometry(WHHP),
            method = "pearson",
            smooth = FALSE,
            hist.col = "#00AFBB",
            density = TRUE,
            ellipses = TRUE,
            lm = TRUE,
            stars = TRUE,
            ci = TRUE,
            cor.cex = 2)
```

8.4.1 线性回归

首先通过一组简单的数据来说明一元线性回归分析的数学模型原理与公式. 使用前文读取的武汉市房价数据 WHHP 进行一元线性回归, 其中自变量为地均 GDP (GDP_per_Land), 因变量为房屋平均价格 (Avg_HP). 在 **R** 语言中, *lm* 函数可以用来实现线性回归分析建模, 运行如下简单的代码, 结果如图 8-17 所示.

```
lm_WH<-lm(Avg_HP~GDP_per_Land, data=WHHP)
summary(lm_WH)
```

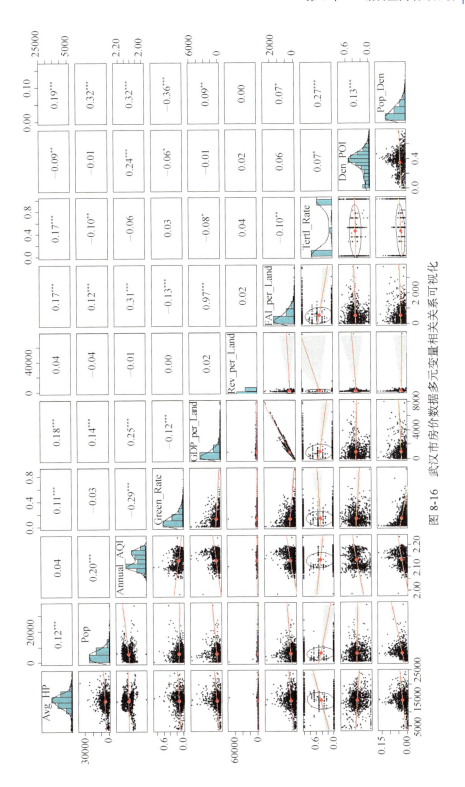

图 8-16　武汉市房价数据多元变量相关关系可视化

```
Call:
lm(formula = Avg_HP ~ GDP_per_Land, data = WHHP)

Residuals:
     Min       1Q    Median       3Q      Max
-10017.6  -1610.2     193.2   1821.6   9973.0

Coefficients:
                Estimate Std. Error t value Pr(>|t|)
(Intercept)    1.383e+04  1.283e+02 107.724  < 2e-16 ***
GDP_per_Land   4.983e-01  8.839e-02   5.638 2.26e-08 ***
---
Signif. codes:  0 '***' 0.001 '**' 0.01 '*' 0.05 '.' 0.1 ' ' 1

Residual standard error: 2980 on 972 degrees of freedom
Multiple R-squared:  0.03166,   Adjusted R-squared:  0.03067
F-statistic: 31.78 on 1 and 972 DF,  p-value: 2.257e-08
```

图 8-17　一元线性回归分析结果示例

在上述结果中, Residuals 表示的是残差项汇总统计, 给出了残差的最小值、25%分位数、中位数、75%分位数和最大值. Coefficients 部分给出了系数估计结果, 其中标记为 "Estimate" 的列为通过最小二乘法得到的回归系数估计; "Std.Error" 列表示回归系数估计对应的标准差; "t value" 表示 t 检验统计量; "Pr(>|t|)" 表示系数估计对应的 P-value 值, 用于表示 T 假设检验的显著性水平, 辅以 "*" 匹配标记显著性水平 (如 "Signif. codes" 行解释标记). "Residual standard error" 即模型残差项标准差, 它表明残差的标准差是 2980, 自由度为 972. "Multiple R-squared" 表示模型决定系数 (Coefficient of Determination), 显示为 0.03166, 表明仅有 3.166%的房价变化归因于地均 GDP 的变化. "F-statistic" 为 F 统计量, 在 $F_{(1, 972)}$ 的分布的统计量是 31.78, "p-value" 用于 F 检验判定是否显著, 并辅以 "*" 匹配显著性标记.

根据上述结果, 可以得到一元线性回归公式:

$$Avg\_HP = 13830 + 0.4983 * GDP\_per\_Land$$

以地均 GDP 为 x 轴、房屋平均价格为 y 轴绘制散点图, 并绘制通过一元线性回归获得的线性方程, 运行下面代码, 结果如图 8-18 所示.

```
plot(WHHP$GDP_per_Land, WHHP$Avg_HP, pch="+",
     xlab = "GDP per Land",
     ylab = "Average HP",
     main = "Scatterplot with Regression Line")
abline(lm_WH, col = "blue")
```

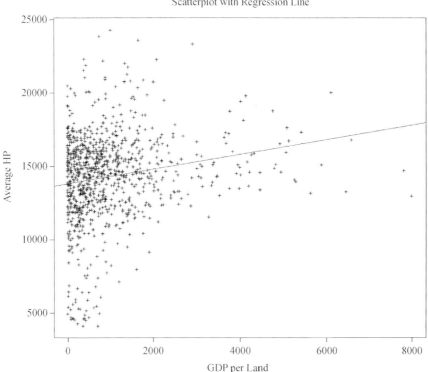

图 8-18 散点图与一元线性回归拟合线绘制

在诸多实际问题中, 特定变量往往对应多个影响因素, 需要更为常用的多元线性回归分析. 类似于一元线性回归分析, 同样能够使用 *lm* 函数来实现多元线性回归的建模与系数估计. 同样, 为了探索武汉市房价与环境要素 (Annual_AQI、Green_Rate)、经济要素 (GDP_per_Land、Rev_per_Land、FAI_per_Land 和 TertI_Rate) 和其他要素 (Den_POI、Pop_Den), 建立多元线性回归模型, 运行如下代码, 结果如图 8-19 所示.

```
lm_WH<-lm(Avg_HP~Annual_AQI + Green_Rate + GDP_per_Land + Rev_
per_Land + FAI_per_Land + TertI_Rate + Den_POI + Pop_Den, data=
WHHP)
    summary(lm_WH)
```

通过多元线性回归我们可以发现, 相比于一元线性回归, 虽然残差项标准差一定程度减小, 模型决定系数由原来的 0.03166 上升为 0.1345, 一定程度上来说显示了一定的优越性, 但当前的模型决定系数仍然非常小, 其中缘由将在后续的章节中进行介绍. 而且能够发现, 在模型系数的估计结果中, 仅有

Green_Rate、TertI_Rate、Den_POI、Pop_Den 呈现了统计显著性特征, 即显著拒绝了线性回归分析中系数估计值零假设推论, 也进一步说明了在进行多元线性回归分析过程中, 需要进行必要的模型变量选择. 为了更好地展示其他模型, 后续将使用一个经验选择模型, 仅将 Green_Rate、GDP_per_Land、Rev_per_Land、Den_POI、Pop_Den 作为自变量包含到模型.

```
Call:
lm(formula = Avg_HP ~ Annual_AQI + Green_Rate + GDP_per_Land +
    Rev_per_Land + FAI_per_Land + TertI_Rate + Den_POI + Pop_Den,
    data = WHHP)

Residuals:
    Min     1Q  Median     3Q     Max
-9455.2 -1529.2   124.9  1664.1  8813.8

Coefficients:
               Estimate Std. Error t value Pr(>|t|)
(Intercept)   1.235e+04  6.707e+03   1.841   0.0659 .
Annual_AQI    2.098e+02  3.174e+03   0.066   0.9473
Green_Rate    5.503e+03  8.815e+02   6.243 6.44e-10 ***
GDP_per_Land -3.283e-02  3.427e-01  -0.096   0.9237
Rev_per_Land  4.555e-02  3.623e-02   1.257   0.2091
FAI_per_Land  1.165e+00  7.019e-01   1.660   0.0972 .
TertI_Rate    8.160e+02  2.062e+02   3.958 8.11e-05 ***
Den_POI      -2.559e+03  6.196e+02  -4.131 3.92e-05 ***
Pop_Den       2.782e+04  4.187e+03   6.644 5.11e-11 ***
---
Signif. codes:  0 '***' 0.001 '**' 0.01 '*' 0.05 '.' 0.1 ' ' 1

Residual standard error: 2828 on 965 degrees of freedom
Multiple R-squared:  0.1345,    Adjusted R-squared:  0.1274
F-statistic: 18.75 on 8 and 965 DF,  p-value: < 2.2e-16
```

图 8-19　WHHP 多元线性回归分析结果

8.4.2　空间滞后/误差/杜宾模型

1970 年, Waldo Tobler 博士的地理学第一定律揭示了空间变量所呈现的空间自相关特征, 即空间临近的地理对象, 其属性和现象往往更相似或相关性更强, 反之距离较远的地理对象之间的相互作用关系或相似性则较弱, 也被称为空间依赖性特征, 是地理空间数据分析过程中基础属性之一. 因此, 不同于传统的线性回归分析, 为了更好地进行空间数据建模, 需要考虑空间依赖性特征, 也衍生了专门面向地理空间数据的空间滞后模型 (Spatial Lag Model, SLM)、空间误差模型 (Spatial Error Model, SEM) 和空间杜宾模型 (Spatial Durbin Model, SDM) 等空间回归分析模型.

SLM 主要考虑因变量间存在的空间依赖性特征, 通过引入滞后因子对其进行建模, 其数学表达式如下:

$$y = \rho Wy + X\beta + \varepsilon \tag{8-9}$$

其中 y 为因变量向量, W 表示空间权重矩阵, 一般为地理单元间的空间邻接矩阵, X 为自变量矩阵, β 为回归分析系数向量, ε 表示误差项向量, ρ 表示空间滞后系数, 用来衡量临近位置之间因变量观测值的空间依赖性程度. ρ 的估计值越接近 1 或−1, 表示相邻空间单元之间的相关性越强; 越接近 0, 则表示空间依赖性较弱, 而正的 ρ 值表面邻近区域的高值对目标区域的观测值起到促进作用, 反之则代表抑制作用.

利用 **spdep** 函数包 (同时存在于 **spatialreg** 函数包) 中的 *lagsarlm* 函数, 基于武汉市房间数据 WHHP 实现 SLM 求解, 运行下面代码, 在构建邻接矩阵与空间权重矩阵的基础上, 实现模型求解, 结果如图 8-20 所示. 能够发现, 武汉市平均房价 Avg_HP 呈现了显著的正向相关性特征 ($\rho = 0.93054$), 这也与前面空间自相关分析的结果相符. 而从赤池信息准则 (Akaike Information Criterion, AIC)(Akaike, 1973) 来看, SLM(AIC=16511) 显著优于线性回归分析模型 (AIC=18268). 但从残差的拉格朗日乘数法 (Lagrange Multiplier, LM) 检验结果来看, 仍然呈现了显著空间自相关性特征, 说明模型未完全消除空间依赖性, 值得尝试其他空间回归模型.

```
require(spdep)
require(spatialreg)
# 构建邻接矩阵和空间权重矩阵
nb <- poly2nb(WHHP)
listW <- nb2listw(nb, zero.policy = TRUE)
# 空间滞后模型 (SLM)
slm <- lagsarlm(Avg_HP ~ Green_Rate + GDP_per_Land + Rev_per_
Land + Den_POI + Pop_Den, data = WHHP, listw = listW, zero.policy
= TRUE)
summary(slm)
```

SEM 是另一种常用的空间回归模型, 通过引入空间自相关的误差项来调整模型, 处理误差项中存在空间依赖性特征的情形, 其基本数学表达式如下:

$$y = X\beta + \varepsilon \tag{8-10}$$
$$\varepsilon = \lambda W\varepsilon + \xi \tag{8-11}$$

其中 λ 为空间误差项自相关系数, ξ 表示独立同分布的随机误差项.

从 SLM 结果中能够看出，误差项仍存在显著的空间自相关性特征，因此运行下面代码，进行 SEM 求解，结果如图 8-21 所示. 结果表明，误差项具有显著的正向空间自相关特征（$\lambda = 0.97927$），而且模型（AIC=16368）显著优于 SLM 与线性回归分析模型. 虽然 SEM 能够有效地处理误差项中的空间依赖性特征，但它不能直接反映因变量之间的相互影响，难以解释因变量间存在的空间溢出效应.

```
# 空间误差模型 (SEM)
sem <- errorsarlm(Avg_HP ~ Green_Rate + GDP_per_Land +
Rev_per_Land + Den_POI + Pop_Den, data = WHHP, listw = listW,
zero.policy = TRUE)

# 输出空间误差模型结果
summary(sem)
```

```
Residuals:
      Min        1Q     Median         3Q        Max
-8770.818  -483.130   -45.346    384.714   9826.160

Type: lag
Regions with no neighbours included:
 438 842
Coefficients: (asymptotic standard errors)
                 Estimate  Std. Error  z value   Pr(>|z|)
(Intercept)    8.0858e+02  1.8302e+02   4.4181  9.959e-06
Green_Rate     9.1727e+02  3.1011e+02   2.9579   0.003098
GDP_per_Land   7.0316e-02  3.0549e-02   2.3017   0.021350
Rev_per_Land  -2.8681e-03  1.2999e-02  -0.2206   0.825377
Den_POI       -2.0075e+02  2.1092e+02  -0.9518   0.341198
Pop_Den        1.5815e+03  1.3801e+03   1.1459   0.251834

Rho: 0.93054, LR test value: 1759.1, p-value: < 2.22e-16
Asymptotic standard error: 0.011248
    z-value: 82.727, p-value: < 2.22e-16
Wald statistic: 6843.8, p-value: < 2.22e-16

Log likelihood: -8247.327 for lag model
ML residual variance (sigma squared): 1032200, (sigma: 1016)
Number of observations: 974
Number of parameters estimated: 8
AIC: 16511, (AIC for lm: 18268)
LM test for residual autocorrelation
test value: 31.401, p-value: 2.099e-08
```

图 8-20　WHHP 空间滞后模型结果

```
Residuals:
      Min        1Q     Median        3Q       Max
-8896.132  -389.912     18.265   419.908  4666.192

Type: error
Regions with no neighbours included:
 438 842
Coefficients: (asymptotic standard errors)
                Estimate   Std. Error z value Pr(>|z|)
(Intercept)    9.6626e+03  5.9507e+02 16.2377   <2e-16
Green_Rate     5.4070e+02  2.9915e+02  1.8074   0.0707
GDP_per_Land   1.5976e-02  3.5706e-02  0.4474   0.6546
Rev_per_Land  -6.1714e-03  1.1270e-02 -0.5476   0.5840
Den_POI        2.8852e+01  2.6293e+02  0.1097   0.9126
Pop_Den       -2.8294e+03  1.9327e+03 -1.4640   0.1432

Lambda: 0.97927, LR test value: 1902.1, p-value: < 2.22e-16
Asymptotic standard error: 0.0052612
    z-value: 186.13, p-value: < 2.22e-16
Wald statistic: 34645, p-value: < 2.22e-16

Log likelihood: -8175.8 for error model
ML residual variance (sigma squared): 836550, (sigma: 914.63)
Number of observations: 974
Number of parameters estimated: 8
AIC: 16368, (AIC for lm: 18268)
```

图 8-21　WHHP 空间误差模型结果

　　如前所述, SLM 和 SEM 分别针对因变量与误差项存在的空间依赖性特征进行处理, 均存在一定局限性. 相比之下, SDM 能够同时捕捉因变量和自变量的空间溢出效应, 通过引入因变量和因变量空间滞后项构建空间回归分析模型, 全面反映空间单元之间的相互影响, 其基础表达式如下:

$$y = \rho Wy + X\beta + WX\theta + \varepsilon \tag{8-12}$$

其中 θ 表示自变量对应的空间滞后系数, 反映相邻区域内各自变量对目标区域因变量的影响程度.

　　针对上面的模型, 运行下面代码进行 SDM 求解, 结果如图 8-22 所示. 从结果能够发现, 因变量 (Avg_HP) 与自变量 (Den_POI、Pop_Den) 呈现了显著的空间溢出效应, 其结果 (AIC=16508) 也显著优于 SLM 模型和线性回归分析模型, 但劣于 SEM 模型, 通过观察残差项的空间自相关性特征, 仍然存在显著的空间自相关性, 也印证了针对这个数据模型, SEM 是最优选择.

```
sdm <- lagsarlm(Avg_HP ~ Green_Rate + GDP_per_Land + Rev_per_
Land + Den_POI + Pop_Den, data = WHHP, listw = listW, zero.policy
= TRUE, type = "mixed")
```

```
# 输出空间杜宾模型结果
summary(sdm)

Residuals:
      Min        1Q     Median        3Q       Max
 -8760.313  -508.224    -43.497   400.664  9523.101

Type: mixed
Regions with no neighbours included:
 438 842
Coefficients: (asymptotic standard errors)
                    Estimate   Std. Error  z value  Pr(>|z|)
(Intercept)        9.6107e+02  2.1282e+02   4.5158  6.308e-06
Green_Rate         8.9053e+02  3.3607e+02   2.6499  0.008052
GDP_per_Land       3.8699e-02  3.9960e-02   0.9684  0.332823
Rev_per_Land      -4.2196e-03  1.2993e-02  -0.3248  0.745361
Den_POI            2.7917e+02  2.9086e+02   0.9598  0.337160
Pop_Den           -2.2339e+03  2.1604e+03  -1.0340  0.301125
lag.Green_Rate     5.0025e+02  6.1676e+02   0.8111  0.417315
lag.GDP_per_Land   3.0019e-02  5.5394e-02   0.5419  0.587871
lag.Rev_per_Land   3.4692e-02  4.2716e-02   0.8122  0.416701
lag.Den_POI       -1.0416e+03  4.0025e+02  -2.6024  0.009259
lag.Pop_Den        7.4004e+03  2.8013e+03   2.6418  0.008246

Rho: 0.92302, LR test value: 1629.5, p-value: < 2.22e-16
Asymptotic standard error: 0.011908
    z-value: 77.509, p-value: < 2.22e-16
Wald statistic: 6007.7, p-value: < 2.22e-16

Log likelihood: -8240.782 for mixed model
ML residual variance (sigma squared): 1026100, (sigma: 1012.9)
Number of observations: 974
Number of parameters estimated: 13
AIC: 16508, (AIC for lm: 18135)
LM test for residual autocorrelation
test value: 37.087, p-value: 1.1298e-09
```

图 8-22 WHHP 空间杜宾模型结果

8.4.3 地理加权回归

由于现实地理空间的复杂性与多样性特征, 在空间变量、关系、过程或格局建模的过程中存在典型的不均匀性和分异性特征, 即空间异质性特征.《晏子春秋·内篇杂下》中曾曰 "橘生淮南则为橘, 生于淮北则为枳, 叶徒相似, 其实味不同. 所以然者何? 水土异也. " 体现了古人对地理世界复杂性和异质性特征的初始认知. 2004 年, Goodchild 提出了空间异质性定理, 亦被称为地理学第二定律, 指出了在空间统计建模和分析的过程中地理变量往往呈现固有的空间异质性或非平稳性特征.

区别于展示"单一普适关系"的传统空间分析方法, 研究如何对空间异质性进行精确描述的局部空间分析方法越来越多地受到重视. 1996 年, Brunsdon 等提出了地理加权回归分析 (Geographically Weighted Regression , GWR) 技术, 在研究区域中抽样回归分析点, 按照"距离衰减"的规律计算空间权重, 即回归分析点与周围数据点之间距离越近, 那么赋予的权重值也就越高; 反之, 权重值越低. 针对每个位置分别进行回归模型解算, 得到与空间位置一一对应的空间回归系数. GWR 提供了直观、实用的空间异质性和多相性分析手段, 已发展成为重要的局部空间统计分析方法之一 (卢宾宾等, 2020). 本节将分别介绍基础 GWR 模型及最新的多尺度 GWR 模型.

8.4.3.1　基础 GWR 模型

相比于传统的多元线性回归分析模型, GWR 模型更加强调关于特定空间位置的局部求解. 基础 GWR 模型一般可表达为式 (8-13) :

$$y_i = \beta_0\left(u_i, v_i\right) + \sum_{k=1}^{m} \beta_k\left(u_i, v_i\right) x_{ik} + \varepsilon_i \tag{8-13}$$

式中, y_i 为位置 i 处的因变量值, $x_{ik}\left(k=1,2,\cdots,m\right)$ 为位置 i 处的自变量值, $\left(u_i, v_i\right)$ 为位置 i 点的坐标, $\beta_0\left(u_i, v_i\right)$ 为截距项, $\beta_k\left(u_i, v_i\right)\left(k=1,2,\cdots,m\right)$ 为回归分析系数.

针对上述 GWR 模型, 在指定空间位置 $\left(u_i, v_i\right)$ 采用加权线性最小二乘方法对模型进行求解, 其公式如式 (8-14) 所示:

$$\hat{\beta}\left(u_i, v_i\right) = \left(\boldsymbol{X}^{\mathrm{T}} \boldsymbol{W}\left(u_i, v_i\right) \boldsymbol{X}\right)^{-1} \boldsymbol{X}^{\mathrm{T}} \boldsymbol{W}\left(u_i, v_i\right) \boldsymbol{y} \tag{8-14}$$

式中, $\boldsymbol{X}$ 为自变量抽样矩阵, 第一列全为 1(用以估计截距项), $\boldsymbol{y}$ 为因变量抽样值向量, $\hat{\boldsymbol{\beta}}\left(u_i, v_i\right) = \left(\beta_0\left(u_i, v_i\right), \cdots, \beta_m\left(u_i, v_i\right)\right)^{\mathrm{T}}$ 为在位置点 $\left(u_i, v_i\right)$ 处的回归分析系数向量, $\boldsymbol{W}\left(u_i, v_i\right)$ 为对角矩阵, 其中对角线上的值代表每个数据点到回归分析点 $\left(u_i, v_i\right)$ 的空间权重值, 定义为式 (8-15) :

$$\boldsymbol{W}\left(u_i, v_i\right) = \begin{bmatrix} w_{i1} & 0 & \cdots & 0 \\ 0 & w_{i2} & \cdots & 0 \\ \vdots & \vdots & & \vdots \\ 0 & 0 & \cdots & w_{in} \end{bmatrix} \tag{8-15}$$

式中, $\boldsymbol{W}\left(u_i, v_i\right)$ 的对角线值 $w_{ij}\left(j=1,2,\cdots,n\right)$ 表示第 j 个数据点到回归分析点的权重值, 可通过关于两个位置之间的空间邻近度量的核函数计算得到, 两点之间距离越大, 权重值越小.

一般意义上来说, 定义域为 $[0, +\infty)$ 、值域为 $[0, 1]$ 的单调减函数均可用作为体现距离衰减规律的核函数, 以基于空间邻近度或距离度量计算空间权重. 为了便于模型求解运算, 在 GWR 模型的解算过程中通常明确了常用核函数, 包括 Gauss 函数 (式 8-16)、Exponential 函数 (式 8-17)、Box-car 函数 (式 8-18)、Bi-square 函数 (式 8-19) 和 Tri-cube 函数 (式 8-20).

Gauss 函数:
$$W_{ij} = e^{\frac{\left(\frac{d_{ij}}{b}\right)^2}{2}} \tag{8-16}$$

Exponential 函数:
$$W_{ij} = \exp\left(-\frac{|d_{ij}|}{b}\right) \tag{8-17}$$

Box-car 函数:
$$W_{ij} = \begin{cases} 1, & d_{ij} \le b \\ 0, & \text{其他} \end{cases} \tag{8-18}$$

Bi-square 函数:
$$W_{ij} = \begin{cases} \left(1 - \left(\frac{d_{ij}}{b}\right)^2\right)^2, & d_{ij} \le b \\ 0, & \text{其他} \end{cases} \tag{8-19}$$

Tri-cube 函数:
$$W_{ij} = \begin{cases} \left(1 - \left(\frac{d_{ij}}{b}\right)^3\right)^3, & d_{ij} \le b \\ 0, & \text{其他} \end{cases} \tag{8-20}$$

式中, d_{ij} 表示位置 i 与位置 j 之间的空间距离度量, b 为带宽 (Bandwidth) 值.

可以看出, 核函数是关于空间距离的单调减函数. 但是针对多样的核函数选择, 在 GWR 模型的实际应用过程中, 并未明确指出需要使用哪一种核函数, 一般较为常用的是 Gauss 函数和 Bi-square 函数. 根据核函数的值域分布特征, 又可分为两种: 连续型 (如 Gauss 函数、Exponential 函数) 和截断型 (Box-car 函数、Bi-square 函数和 Tri-cube 函数). 虽然核函数均遵循距离衰减的权重计算规则, 但不同的核函数对应了不同衰减速率与规律, 如表现为不同形状的曲线特征.

核函数的定义涉及另一个重要参数, 即带宽 (Bandwidth) b. 在实际应用过程中, 带宽的参数定义可分为固定型 (Fixed Bandwidth) 和可变 (自适应) 型 (Adaptive Bandwidth) 两种类型. 固定型带宽是最直接的定义方法, 即将其定义为一个固定的距离阈值 b; 自适应型带宽通过定义最近邻域个数 N, 将回归分析点与第 N 个最近邻域之间的距离作为对应模型解算的带宽值, 从而确保每个回归分析点位置上的局部 GWR 模型求解过程至少有 N 个数据点有效地 (即权重不为 0) 参与运算. 带宽是控制核函数形状的重要参数, 决定了权重随距离衰减的速率, 带宽越小, 权重衰减越快, 反之亦然. 由于带宽大小对权重计算的重要性, 对 GWR 模型的求解结果也影响显著. 而为了能够达到估计值方差与实际偏差之间的 "最优" 平衡, 对带宽值进行优选已成为 GWR 模型求解的必要程序. 针对特定 GWR 模型, 可通过交叉验证 (Cross Validation, CV) 或信息量准则, 如 AIC 或贝叶斯信息准则 (Bayesian Information Criterion, BIC) 对带宽值进行优选, 其表达式分别如式 (8-21)、式 (8-22) 和式 (8-23) 所示:

$$\mathrm{CV}(b) = \sum_{i=1}^{n}\left[y_i - \hat{y}_{\neq i}(b) \right]^2 \tag{8-21}$$

$$\mathrm{AICc}(b) = 2n\log_e(\hat{\sigma}) + n\log_e(2\pi) + n\left\{ \frac{n + \mathrm{tr}(\boldsymbol{S})}{n - 2 - \mathrm{tr}(\boldsymbol{S})} \right\} \tag{8-22}$$

$$\mathrm{BIC}(b) = 2n\log_e(\hat{\sigma}) + \mathrm{tr}(\boldsymbol{S})^* \ \log_e(n) \tag{8-23}$$

式中, $\hat{y}_{\neq i}(b)$ 为在数据点 i 处, 将其本身排除后进行模型求解所得到的因变量预测值; $\hat{\sigma}$ 为模型标准差估计; $\mathrm{tr}(\boldsymbol{S})$ 为帽子矩阵 $\boldsymbol{S}$ 的迹; AICc 表示校正 AIC 值 (Corrected AIC). 通过最小化 CV、AICc 或 BIC, 选取对应的 "最优" 带宽值. 一般来说, AICc 或 BIC 值相对于 CV 优化程度较好, 但计算复杂度也更高.

接下来通过武汉市房价数据 WHHP, 了解如何利用函数包 **GWmodel** 求解 GWR 模型 (Lu et al., 2014; Golini et al., 2015). 为了更加准确地进行建模, 可利用 *gwr.model.selection* 函数进行模型选择, 利用 AICc 值的变化选择合适的变量. 运行如下代码, 优选过程和结果分别如图 8-23(a)和(b)所示.

```
require(GWmodel)
DeVar <- "Avg_HP"
InDeVars<- c("Pop",  "Annual_AQI", "Green_Rate", "GDP_per_Land",
          "Rev_per_Land", "FAI_per_Land", "TertI_Rate", "Den_
POI", "Pop_Den" )
model.sel<-gwr.model.selection(DeVar,  InDeVars,  data=WHHP,
kernel = "gaussian", adaptive=TRUE, bw=10000000000000)
sorted.models <- gwr.model.sort(model.sel, numVars = length
(InDeVars), ruler.vector = model.sel[[2]][, 2])
model.list <- sorted.models[[1]]
gwr.model.view(DeVar, InDeVars, model.list = model.list)
plot(sorted.models[[2]][, 2], col = "black", pch = 20, lty =
5, main = "Alternative view of GWR model selection procedure",
ylab = "AICc", xlab = "Model number", type = "b")
abline(v=c(9, 17, 24, 30, 35, 39, 42, 44), lty=3, col="grey")
```

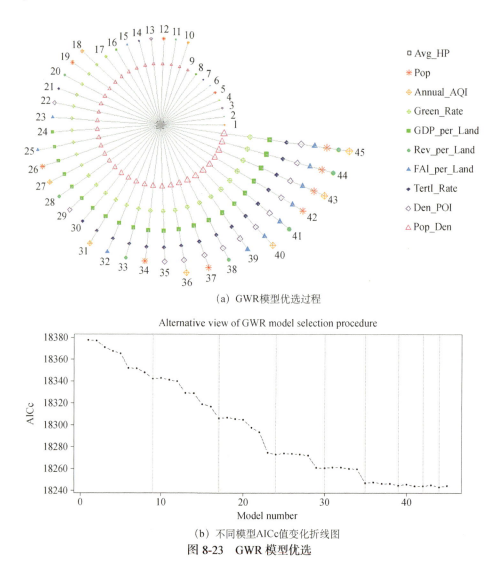

(a) GWR模型优选过程

(b) 不同模型AICc值变化折线图

图 8-23　GWR 模型优选

　　图 8-23(a)展示了模型变量的选择过程, 不同的颜色与符号代表不同的变量, 而每一条线代表一个具体的模型, 其中中心节点为因变量 (Avg_HP). 选择过程包括不断尝试不同数量的自变量组合, 每次保留表现最好的变量作为下一个层次的模型固定变量. 图 8-23(b)展示了不同模型对应的 AICc 值, 其中横坐标表示的模型编号 (Model number) 与图 8-23(a)中标注的数字对应. 从结果可以看出, 当模型包含 5 个以上的自变量时, AICc 值不再显著改变, 按照回归分析模型尽量简单化的原则, 可保留 5 个变量作为自变量, 即 8.4.2 节中的示例模型.

　　在确定模型的基础上, 可通过下面的示例代码, 首先通过 *bw.gwr* 函数进行带宽优选, 进而采用 *gwr.basic* 函数对 GWR 模型进行求解:

```
bw1 <- bw.gwr(Avg_HP~ Green_Rate + GDP_per_Land + Rev_per_Land + Den_
POI + Pop_Den, WHHP, kernel="bisquare", adaptive=T, approach= "AIC")
    gwr.res <- gwr.basic(Avg_HP~ Green_Rate + GDP_per_Land + Rev_per_
Land + Den_POI + Pop_Den, WHHP, kernel="bisquare", adaptive=T, bw=
bw1)
    print(gwr.res)
```

　　图 8-24(a)和(b)展示了 *gwr.basic* 函数的模型求解结果, 为了便于用户进行模型效果对比, 结果中同时输出了线性回归分析 (Global Regression) 和 GWR 模型结果, 尤其诊断信息对应 (Residual sum of squares、Multiple R-squared、Adjusted R-squared、AIC①、AICc、BIC), 在读者使用此函数时, 可进行制表对比全局回归分析与 GWR 模型表现, 以说明 GWR 模型是否具有显著的优势, 如表 8-1 所示. 从结果中可以看出, 相比于传统的线性回归分析, GWR 模型呈现了碾压性的优势, 证实了模型选择的正确性.

```
***********************************************************
*                Results of Global Regression             *
***********************************************************

Call:
 lm(formula = formula, data = data)

Residuals:
   Min      1Q  Median      3Q     Max
-9692.9 -1535.2   119.2  1670.1  9431.1

Coefficients:
                Estimate Std. Error t value Pr(>|t|)
(Intercept)    1.297e+04  2.924e+02  44.369  < 2e-16 ***
Green_Rate     5.837e+03  8.682e+02   6.723 3.03e-11 ***
GDP_per_Land   4.958e-01  8.526e-02   5.815 8.21e-09 ***
Rev_per_Land   5.300e-02  3.645e-02   1.454  0.14624
Den_POI       -2.172e+03  5.909e+02  -3.676  0.00025 ***
Pop_Den        3.177e+04  3.857e+03   8.236 5.71e-16 ***

---Significance stars
Signif. codes:  0 '***' 0.001 '**' 0.01 '*' 0.05 '.' 0.1 ' ' 1
Residual standard error: 2849 on 968 degrees of freedom
Multiple R-squared: 0.1189
Adjusted R-squared: 0.1143
F-statistic: 26.12 on 5 and 968 DF,  p-value: < 2.2e-16
***Extra Diagnostic information
Residual sum of squares: 7856055677
Sigma(hat): 2842.949
AIC:  18267.75
AICc:  18267.87
BIC:  17376.09
```

(a) 线性回归分析模型结果部分

───────────

　　① 值得注意的是, 在基础函数包 **stats** 中的 *AIC* 函数所返回的 AIC 值采用了不同的计算方法, 无法与此函数返回的 AIC 或 AICc 值进行对比.

```
*****************************************************************************
*               Results of Geographically Weighted Regression               *
*****************************************************************************

********************Model calibration information********************
Kernel function: bisquare
Adaptive bandwidth: 45 (number of nearest neighbours)
Regression points: the same locations as observations are used.
Distance metric: Euclidean distance metric is used.

*****************Summary of GWR coefficient estimates:*****************
                  Min.       1st Qu.      Median      3rd Qu.      Max.
Intercept      5.0537e+03   1.2293e+04   1.4167e+04   1.6246e+04   3.0913e+04
Green_Rate    -2.0075e+04  -1.0697e+03   1.0624e+03   3.7496e+03   1.7787e+04
GDP_per_Land  -5.6990e+00  -3.8452e-01  -6.4946e-02   2.1742e-01   1.7063e+00
Rev_per_Land  -1.3097e+01  -8.1973e-02   4.3708e-01   1.9244e+00   1.6483e+01
Den_POI       -2.0747e+04  -1.6569e+03   9.7773e+01   2.2951e+03   1.6423e+04
Pop_Den       -2.0990e+05  -2.0138e+04  -3.4573e+03   1.3559e+04   1.0927e+05
*****************Diagnostic information*****************
Number of data points: 974
Effective number of parameters (2trace(S) - trace(S'S)): 357.8429
Effective degrees of freedom (n-2trace(S) + trace(S'S)): 616.1571
AICc (GWR book, Fotheringham, et al. 2002, p. 61, eq 2.33): 16729.83
AIC (GWR book, Fotheringham, et al. 2002,GWR p. 96, eq. 4.22): 16214.23
BIC (GWR book, Fotheringham, et al. 2002,GWR p. 61, eq. 2.34): 16896.1
Residual sum of squares: 724889146
R-square value:  0.9186987
Adjusted R-square value:  0.8714049

*****************************************************************************
Program stops at: 2024-09-24 01:25:35
```

(b) GWR 模型结果部分

图 8-24 *gwr.basic* 函数求解结果

表 8-1 模型诊断信息对照表

诊断信息	线性回归分析模型	GWR 模型
Residual sum of squares	7856055677	724889146
R-squared value	0.1189	0.9186987
Adjusted R-squared	0.1143	0.8714049
AIC	18267.75	16214.23
AICc	18267.87	16729.83
BIC	17376.09	16896.1

    为了更好地观察 GWR 模型与传统线性回归分析模型的区别, 对两个模型结果的残差项 (Residuals) 进行可视化, 运行如下代码, 结果如图 8-25 所示. 相比于全局的线性回归分析模型 (Linear Model, LM), GWR 模型残差项大幅度减少, 而且呈现了近随机的无规律分布, 反观 LM 模型的残差项数值较

大，且呈现明显的聚集性特征，与前面讲述空间回归分析时得到的结论类似，也进一步验证了 GWR 模型的优越性.

```
require(maps)
gwr.res$SDF$lm_residual <- gwr.res$lm$residuals
p1<- ggplot(gwr.res$SDF)+
  geom_sf(aes(fill=lm_residual))+
   scale_fill_gradient2(low = "blue", mid = "white", high =
"red", midpoint = 0, name = "Residuals of LM") +
   annotation_scale(location = "bl", width_hint = 0.1) +
   annotation_north_arrow(location = "tr", which_north = "true",
pad_x = unit(0.1, "in"), pad_y = unit(0.1, "in"), style = north_
arrow_fancy_orienteering)
  p2<- ggplot(gwr.res$SDF)+
  geom_sf(aes(fill=residual))+
   scale_fill_gradient2(low = "blue", mid = "white", high =
"red", midpoint = 0, name = "Residuals of GWR")  +
  annotation_scale(location = "bl", width_hint = 0.1) +
   annotation_north_arrow(location = "tr", which_north = "true",
pad_x = unit(0.1, "in"), pad_y = unit(0.1, "in"),  style = north_
arrow_fancy_orienteering)
  require(patchwork)
  p1 / p2
```

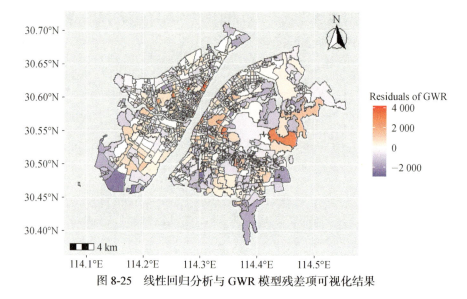

图 8-25　线性回归分析与 GWR 模型残差项可视化结果

GWR 模型最大优势在于其估计的系数是关于空间位置的函数, 因而天然能够进行地图专题图制图, 而且也是应用该技术的核心价值. 因此, GWR 模型应用的关键就是对其系数进行空间可视化, 并对其呈现的变化进行解读, 量化描述空间数据变量关系的空间异质性特征.

利用第 7 章中介绍的 **ggplot2** 函数包, 能够对上述示例中 GWR 模型的系数估计结果进行可视化, 运行如下代码, 便可得到系数可视化结果, 如图 8-26 所示. 能够发现, 部分系数呈现了与传统认知迥异的现象, 如 Green_rate, 即绿化率在大部分区域对房价呈现了正向促进作用, 但在部分核心区域或居民聚集区域呈现了负向抑制作用, 具体原因请读者思考.

```
p1<- ggplot(gwr.res$SDF)+
  geom_sf(aes(fill=Intercept)) +
  scale_fill_gradient(trans = "reverse", name="Est.Intercept") +
  annotation_scale(location = "bl", width_hint = 0.1) +
  annotation_north_arrow(location = "tr", which_north = "true",
pad_x = unit(0.1, "in"), pad_y = unit(0.1, "in"),
  style = north_arrow_fancy_orienteering)

p2<- ggplot(gwr.res$SDF)+
  geom_sf(aes(fill=Green_Rate))+
  scale_fill_gradient2(low = "green", mid = "white", high =
"red", midpoint = 0, name = "Est. Green_Rate") +
  annotation_scale(location = "bl", width_hint = 0.1) +
```

```
        annotation_north_arrow(location = "tr", which_north = "true",
pad_x = unit(0.1, "in"), pad_y = unit(0.1, "in"),
        style = north_arrow_fancy_orienteering)
    p3<- ggplot(gwr.res$SDF)+
      geom_sf(aes(fill=GDP_per_Land))+
      scale_fill_gradient2(low = "blue", mid = "white", high =
"red", midpoint = 0, name = "Est. GDP_per_Land")  +
      annotation_scale(location = "bl", width_hint = 0.1) +
      annotation_north_arrow(location = "tr", which_north = "true",
    pad_x = unit(0.1, "in"), pad_y = unit(0.1, "in"),
      style = north_arrow_fancy_orienteering)

    p4<- ggplot(gwr.res$SDF)+
      geom_sf(aes(fill=Rev_per_Land))+
      scale_fill_gradient2(low = "blue", mid = "white", high =
"red", midpoint = 0, name = "Est. Rev_per_Land")  +
      annotation_scale(location = "bl", width_hint = 0.1) +
      annotation_north_arrow(location = "tr", which_north = "true",
    pad_x = unit(0.1, "in"), pad_y = unit(0.1, "in"),
      style = north_arrow_fancy_orienteering)

    p5<- ggplot(gwr.res$SDF)+
      geom_sf(aes(fill=Den_POI))+
      scale_fill_gradient2(low = "blue", mid = "white", high =
"red", midpoint = 0, name = "Est. Den_POI")  +
      annotation_scale(location = "bl", width_hint = 0.1) +
      annotation_north_arrow(location = "tr", which_north = "true",
      pad_x = unit(0.1, "in"), pad_y = unit(0.1, "in"),
      style = north_arrow_fancy_orienteering)

    p6<- ggplot(gwr.res$SDF)+
      geom_sf(aes(fill=Pop_Den))+
      scale_fill_gradient2(low = "blue", mid = "white", high =
"red", midpoint = 0, name = "Est. Pop_Den")  +
      annotation_scale(location = "bl", width_hint = 0.1) +
      annotation_north_arrow(location = "tr", which_north = "true",
      pad_x = unit(0.1, "in"), pad_y = unit(0.1, "in"),
      style = north_arrow_fancy_orienteering)

  p<- (p1 | p2) / (p3 | p4) / (p5 | p6)
  ggsave("coefficient_GWR.png", p, width = 16, height = 16, dpi
= 300)
```

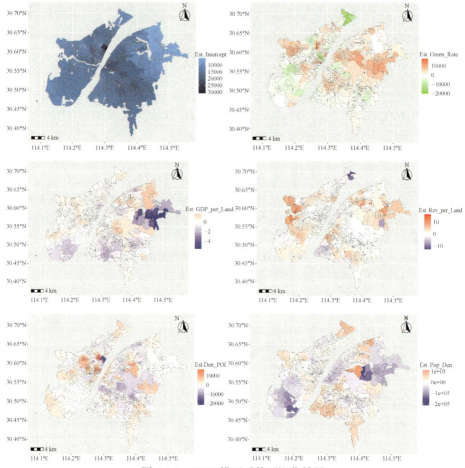

图 8-26   GWR 模型系数可视化结果

8.4.3.2   多尺度 GWR 模型

传统的 GWR 模型及其基础求解过程, 它往往采用单一的核函数与带宽值计算空间权重, 因此针对同一 GWR 模型中的多元变量估计值对应的变化具有相似的空间平滑度, 即统一的空间异质性尺度特征. 但在现实中, 不同类型或不同的变量均可能对应不同尺度意义上的变化特征, 如在房屋价格的众多影响因子中, 近邻类要素 (如基础设施、景观等) 和区位特征具有典型的空间差异性影响, 而政策类要素 (如限购政策、信贷政策等) 在研究区域内仅呈现相对均质化的影响. 但是, 传统 GWR 技术采用单一的带宽和核函数, 进而忽略了多元变量所呈现的估计尺度差异, 即使多元空间数据关系对应不同的尺度特征, 仍以空间关系的 "最佳平均" 尺度反映所有变量参数的空间变化.

多尺度 GWR 技术 (Multiscale GWR) 开始尝试采用与参数一一对应的灵

活带宽值或距离度量对 GWR 模型进行解算 (Lu et al., 2017; Fotheringham et al., 2017)，其一般表达式可表示如下：

$$y_i = \beta_{0i}^{(\mathrm{DM}_0, \mathrm{bw}_0)} + \sum_{j=1}^{m} \beta_{ji}^{(\mathrm{DM}_j, \mathrm{bw}_j)} x_{ij} + \varepsilon_i \tag{8-24}$$

式中，DM_j 和 bw_j $(j = 0, 1, \cdots, m)$ 分别为参数估计对应的距离度量和带宽. 但是，由于非单一的权重矩阵，传统 GWR 模型加权线性最小二乘方法将不再适用，而需要采用后向迭代算法 (Back-fitting Algorithms)，其过程如下：

(1) 对模型系数赋初始值，$\hat{\boldsymbol{\beta}}^{(0)} = \left\{ \hat{\boldsymbol{\beta}}_0^{(0)}, \hat{\boldsymbol{\beta}}_2^{(0)}, \cdots, \hat{\boldsymbol{\beta}}_m^{(0)} \right\}$，计算所有单项估计值 $\hat{y}_0^{(0)} = \hat{\boldsymbol{\beta}}_0^{(0)} \cdot \boldsymbol{X}_0, \cdots, \hat{y}_m^{(0)} = \hat{\boldsymbol{\beta}}_m^{(0)} \cdot \boldsymbol{X}_m$，其中 $\boldsymbol{X}_j$ 表示自变量矩阵 $\boldsymbol{X}$ 的第 j 列 $(j = 1, 2, \cdots, m)$，符号 "·" 代表向量的对应元素乘积.

(2) 求初始的残差平方和 (Residual Sum of Squares, RSS) $\mathrm{RSS}^{(0)}$，设置后向迭代过程最大循环数 N 和迭代收敛阈值 τ，开始后向迭代过程，设置循环序号 $k = 1$.

(3) 针对每一个自变量 x_l $(l = 0, 1, \cdots, m)$，进行以下操作：

(a) 计算 $\xi_l^{(k)} = y - \sum_{j \neq l}^{m} \mathrm{Latestyhat}\left(\hat{y}_j^{(k-1)}, \hat{y}_j^{(k)} \right)$，此处 Latestyhat 为条件函数：

$$\mathrm{Latestyhat}\left(\hat{y}_j^{(k-1)}, \hat{y}_j^{(k)} \right) = \begin{cases} \hat{y}_j^{(k)}, & \hat{y}_j^{(k)} \text{存在} \\ \hat{y}_j^{(k-1)}, & \text{其他} \end{cases} \tag{8-25}$$

(b) 对向量 $\xi_l^{(k)}$ 和 x_l 进行加权回归分析，利用对应的距离矩阵 DM_1 和带宽 bw_1 计算权重矩阵，可得到一组新的系数 $\hat{\boldsymbol{\beta}}_l^{(k)}$；

(c) 更新单项估计 $\hat{y}_l^{(k)} = \hat{\boldsymbol{\beta}}_l^{(k)} \cdot \boldsymbol{X}_l$；

(4) 利用新的参数估计值 $\hat{\boldsymbol{\beta}}^{(k)} = \left\{ \hat{\boldsymbol{\beta}}_0^{(k)}, \hat{\boldsymbol{\beta}}_2^{(k)}, \cdots, \hat{\boldsymbol{\beta}}_m^{(k)} \right\}$ 得到因变量估计值 $\hat{\boldsymbol{y}}^{(k)}$，并计算最新的 RSS 值 $\mathrm{RSS}^{(k)}$；

(5) 计算 RSS 值的绝对或相对变化值 CVR，即

绝对值变化：　　　　　$\mathrm{CVR}^{(k)} = \mathrm{RSS}^{(k)} - \mathrm{RSS}^{(k-1)}$ (8-26)

相对变化值：　　　　　$\mathrm{CVR}^{(k)} = \dfrac{\mathrm{RSS}^{(k)} - \mathrm{RSS}^{(k-1)}}{\mathrm{RSS}^{(k-1)}}$ (8-27)

(6) 当 $\mathrm{CVR}^{(k)}$ 值小于 τ 或者循环次数超过 N 时，终止迭代过程.

在 **GWmodel** 函数包中，提供了 *gwr.multiscale* 函数实现了高度集成化的

多尺度 GWR 模型求解. 针对上述回归分析模型, 运行下面的代码即可实现多尺度 GWR 模型求解, 结果综合描述如图 8-27 所示. 从结果可以发现, 相比于基础 GWR 模型, 多尺度 GWR 模型结果呈现了显著的优势 (AICc=16193.95、Adjust R-square value = 0.95). 值得注意的是, 多尺度 GWR 模型与基础 GWR 模型的核心区别在于其针对不同的变量采用了对应的带宽进行模型估计, 即 Intercept: 11; Green_Rate: 323; GDP_per_Land: 22; Rev_per_Land: 37; Den_POI: 43 和 Pop_Den: 20, 而基础 GWR 模型采用了统一的自适应带宽值 45.

```
mgwr.res <- gwr.multiscale(Avg_HP ~ Green_Rate + GDP_per_Land +
Rev_per_Land + Den_POI + Pop_Den, WHHP, kernel="bisquare", adaptive=T)
 print(mgwr.res)
```

```
**********************************************************************
*                    Package   GWmodel                               *
**********************************************************************
Program starts at: 2024-09-23 18:29:22.851937
Call:
gwr.multiscale(formula = Avg_HP ~ Green_Rate + GDP_per_Land +
 Rev_per_Land + Den_POI + Pop_Den, data = WHHP, kernel = "bisquare",
 adaptive = T)

Dependent (y) variable:  Avg_HP
Independent variables:  Green_Rate GDP_per_Land Rev_per_Land Den_POI Pop_Den
Number of data points: 974
**********************************************************************
*                    Multiscale (PSDM) GWR                           *
**********************************************************************

***********************Model calibration information********************
Kernel function: bisquare
Adaptive bandwidths for each coefficient(number of nearest neighbours):
            (Intercept) Green_Rate GDP_per_Land Rev_per_Land Den_POI Pop_Den
Bandwidth        11         323          22           37         43     20

*************Summary of multiscale GWR coefficient estimates:************
                 Min.      1st Qu.     Median      3rd Qu.      Max.
Intercept     4.6370e+03  1.2804e+04  1.4362e+04  1.5962e+04 23345.6312
Green_Rate   -8.2392e+02 -4.5124e+02  1.9532e+02  8.1236e+02  1420.0173
GDP_per_Land -1.3711e+00 -2.5599e-01 -5.0581e-02  9.6705e-02    0.9191
Rev_per_Land -1.7484e+00 -8.8454e-03  1.8526e-01  7.5069e-01    5.5700
Den_POI      -4.8149e+03 -1.1249e+03 -2.2687e+02  9.1278e+02  8483.2263
Pop_Den      -6.9927e+04 -1.0355e+04 -3.6353e+03  4.8235e+03 86641.8417
*********************Diagnostic information**********************
Number of data points: 974
Effective number of parameters (2trace(S) - trace(S'S)): 566.5454
Effective degrees of freedom (n-2trace(S) + trace(S'S)): 407.4546
AICc value:  16193.95
AIC value:  15003.05
BIC value:  16633.39
Residual sum of squares:  177139731
R-square value:  0.9801326
Adjusted R-square value:  0.9524399

**********************************************************************
Program stops at: 2024-09-23 18:37:13.792846
```

图 8-27　多尺度 GWR 模型求解结果

　　从上述结果能够看出, 多尺度 GWR 模型呈现了匪夷所思的高决定系数 (Adjust R-square value 和 R-square value), 此时模型是否存在过拟合风险值得用户深思. 本节的例子已经通过交叉验证方法, 排除了模型过拟合风险. 此外, 通过笔者最新开发的 **GISTools** 函数包中的 *thematic.map* 函数可视化多尺度 GWR 模型的残差项, 非常直观地体现了其在拟合精度方面的优势, 且服从正态随机分布, 也与 GWR 模型的残差项统计假设相符, 具体如图 8-28 所示.

```
require(GISTools)
thematic.map(mgwr.res$SDF, var.names="residual", horiz = FALSE,
na.pos = "topleft", scaleBar.pos = "bottomright", legend.pos =
"bottomleft", colorStyle = hcl.colors)
```

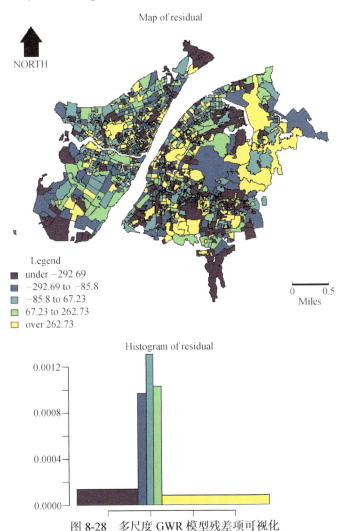

图 8-28　多尺度 GWR 模型残差项可视化

　　为了更好地对多尺度 GWR 模型系数估计进行可视, 本节将介绍如何结合系数的局部显著性检验结果, 首先在系统中写入基于局部 T-value 计算对应 P-value 的代码函数 (此函数并未包含在 **GWmodel** 函数包中):

```
gwr.T.pv<-function(Tvalues, enp)
{
  n<-nrow(Tvalues)
  rdf<-n-enp
  var.n<-ncol(Tvalues)
  pvals<-c()
  for (i in 1:var.n)
  {
    pv<-2*pt(abs(Tvalues[, i]), df=rdf, lower.tail = F)
    pvals<-cbind(pvals, pv)
  }
  colnames(pvals)<-paste(colnames(Tvalues), "pv", sep="_")
  pvals
}
tv.df <- st_drop_geometry(mgwr.res$SDF)[, 15:20]
pval <- gwr.T.pv(tv.df, mgwr.res$GW.diagnostic$enp)
```

　　结合第 6 章的内容, 以及本书作者维护的 **GISTools** 函数包进行更专业的定制化可视化, 运行如下示例代码, 结果如图 8-29 所示. 在此图中, 如果空间单元对应的系数统计显著, 则用黑色边框进行标注; 否则则用浅灰色边框进行标注, 但此种标注并不影响整体的图件阅读. 通过仔细观察, 能够发现图 8-26 与图 8-29 之间的区别, 前者系数的变化尺度趋于相似, 而后者则呈现了明显的变化尺度差异, 尤其由于 Green_rate 对应的带宽较大, 其呈现了近乎全局的平滑性特征. 通过此例, 相信读者能够发现多尺度 GWR 的先进性, 并能够掌握其详细的用法.

```
user.cuts <- function(x, n = 5, params = NA)
{
    aa <- params
}
mypalette1 <- c(brewer.pal(3, "Blues")[c(2, 1)], brewer.pal(5,
"YlOrRd"))
par(family = "serif")

indx.Pop_Den<- which(pval[, "Pop_Den_TV_pv"]<=0.05)
png("Pop_Den.png", res=300, width=24, height=18, unit="cm")
```

```
    shades <- auto.shading(mgwr.res$SDF$Pop_Den,
          cutter =user.cuts, params=c(-20000, -10000, 0, 5000,
10000, 20000), n=7, cols=mypalette1)
    choropleth(mgwr.res$SDF, "Pop_Den", shades, border="grey")
    plot(st_geometry(mgwr.res$SDF)[indx.Pop_Den], border="black",
lwd=1, add=T)
    choro.legend(545000, 3376163, shades, title="Est. Pop_Den")
    map.scale(525000, 3363000, km2ft(5), "Kilometers", 4, 0.5)
    north.arrow(550000, 3394566, km2ft(0.35), col="white")
    dev.off()


    indx.Den_POI<- which(pval[, "Den_POI_TV_pv"]<=0.05)
    png("Den_POI.png", res=300, width=24, height=18, unit="cm")

    shades <- auto.shading(mgwr.res$SDF$Den_POI,
          cutter =user.cuts, params=c(-4000, -1000, 0, 1000, 4000,
8000),
          n=7, cols=mypalette1)
    choropleth(mgwr.res$SDF, "Den_POI", shades, border="grey")
    plot(st_geometry(mgwr.res$SDF)[indx.Den_POI], border="black",
lwd=1, add=T)
    choro.legend(545000, 3376163, shades, title="Est. Den_POI")
    map.scale(525000, 3363000, km2ft(5), "Kilometers", 4, 0.5)
    north.arrow(550000, 3394566, km2ft(0.35), col="white")
    dev.off()


    indx.Rev_per_Land<- which(pval[, "Rev_per_Land_TV_pv"]<=0.05)
    png("Rev_per_Land.png", res=300, width=24, height=18, unit=
"cm")

    shades <- auto.shading(mgwr.res$SDF$Rev_per_Land,
          cutter =user.cuts, params=c(-1, -0.5, 0, 0.5, 0.75, 1),
          n=7, cols=mypalette1)
    choropleth(mgwr.res$SDF, "Rev_per_Land", shades, border="grey")
    plot(st_geometry(mgwr.res$SDF)[indx.Rev_per_Land],
border="black", lwd=1, add=T)
    choro.legend(545000, 3376163, shades, title="Est. Rev_per_Land")
    map.scale(525000, 3363000, km2ft(5), "Kilometers", 4, 0.5)
    north.arrow(550000, 3394566, km2ft(0.35), col="white")
    dev.off()


    indx.GDP_per_Land<- which(pval[, "GDP_per_Land_TV_pv"]<=0.05)
```

```r
png("GDP_per_Land.png", res=300, width=24, height=18, unit="cm")

shades <- auto.shading(mgwr.res$SDF$GDP_per_Land,
       cutter =user.cuts, params=c(-1, -0.5, 0, 0.5, 0.75, 1),
       n=7, cols=mypalette1)
choropleth(mgwr.res$SDF, "GDP_per_Land", shades, border="grey")
plot(st_geometry(mgwr.res$SDF)[indx.GDP_per_Land],
border="black", lwd=1, add=T)
choro.legend(545000, 3376163, shades, title="Est. Green_Rate")
map.scale(525000, 3363000, km2ft(5), "Kilometers", 4, 0.5)
north.arrow(550000, 3394566, km2ft(0.35), col="white")
dev.off()


indx.Green_Rate<- which(pval[, "Green_Rate_TV_pv"]<=0.05)
png("Green_Rate.png", res=300, width=24, height=18, unit="cm")

shades <- auto.shading(mgwr.res$SDF$Green_Rate,
        cutter = user.cuts, params=c(-500, -200, 0, 200, 500,
1000),
        n=7, cols=mypalette1)
choropleth(mgwr.res$SDF, "Green_Rate", shades, border="grey")
plot(st_geometry(mgwr.res$SDF)[indx.Green_Rate],
border="black", lwd=1, add=T)
choro.legend(545000, 3376163, shades, title="Est. Green_Rate")
map.scale(525000, 3363000, km2ft(5), "Kilometers", 4, 0.5)
north.arrow(550000, 3394566, km2ft(0.35), col="white")
dev.off()


indx.intercept <- which(pval[, "Intercept_TV_pv"]<=0.05)
png("Intercept_2015.png", res=300, width=24, height=18, unit="cm")

mypalette1 <- c(brewer.pal(3, "Blues")[c(2, 1)], brewer.pal(6,
"YlOrRd"))
shades <- auto.shading(WHHP$Avg_HP, cutter =user.cuts, params
= c( 6000, 10000, 14000, 18000, 22000, 26000), n=8, cols=
mypalette1)
choropleth(mgwr.res$SDF, "Intercept", shades, border="grey")
plot(st_geometry(mgwr.res$SDF)[indx.intercept],
border="black", lwd=1, add=T)
choro.legend(545000, 3376163, shades, title="Intercept")
map.scale(525000, 3363000, km2ft(5), "Kilometers", 4, 0.5)
north.arrow(550000, 3394566, km2ft(0.35), col="white")
dev.off()
```

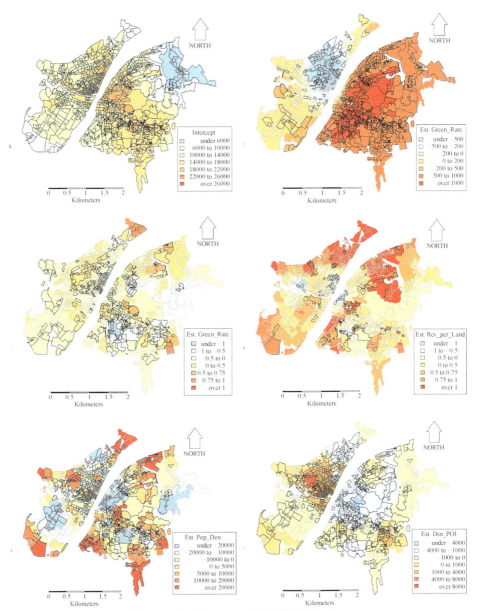

图 8-29　多尺度 GWR 模型系数估计可视化

8.5　空间点模式分析

空间点模式分析 (Point Pattern Analysis) 通过研究地理空间中点数据的统计分布特征揭示其空间分布结构, 探讨空间点位置数据呈现随机分布或某种聚集、分散的模式, 在地理学、生态学、流行病学、城市规划等领域均有广泛应用.

最近邻分析 (Nearest Neighbor Analysis) 是检测空间点模式的基础统计方法之一, 通过计算空间点之间的最近邻距离, 判断点分布呈现聚集、分散或随机分布的特征. 具体通过计算最近邻比值 R:

$$R = \frac{d_{\text{observed}}}{d_{\text{expected}}} \tag{8-28}$$

其中 d_{observed} 表示最临近距离观测值, d_{expected} 表示最临近距离期望值. $R=1$ 表示空间点随机分布, $R<1$ 表示最近邻距离小于随机分布下的期望值, 呈现聚集分布, $R>1$ 表示最近邻距离大于随机分布下的期望值, 呈现离散分布.

本节将采用武汉市房价数据的中心点展示如何计算最近邻比值 R, 如图 8-30 所示. 首先通过如下代码可视化其空间分布, 请读者观察其分布特征, 并通过后续的计算结果进行验证.

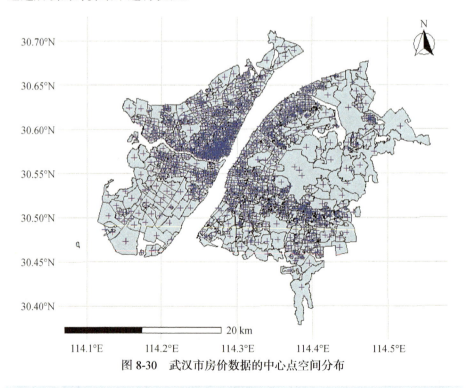

图 8-30　武汉市房价数据的中心点空间分布

```
ggplot() +
  geom_sf(data = WHHP, fill = "#d9e6f2", color = "black", lwd
= 0.5) +
  geom_sf(data = WHHP_centroids, shape = 3, color = "blue",
```

```
size = 2) +
    theme_minimal() +
    annotation_scale(location = "bl", width_hint = 0.5) +
    annotation_north_arrow(location = "tr", which_north = "true",
                           style = north_arrow_fancy_orienteering)
```

接下来, 利用 **spatstat** 函数包中的 *nndist* 函数计算最近邻距离, 并计算在 Poisson 过程随机分布下的最近邻距离期望, 最终得到最近邻比值 R 为 0.8620639, 趋于聚集分布, 但聚集程度是否与读者的观察情况相符呢?

```
WHHP_centroids_ppp <- as.ppp(st_coordinates(WHHP_centroids), W
= as.owin(st_bbox(WHHP_centroids)))
    nearest_neighbor_distances <- nndist(WHHP_centroids_ppp)
    mean_nn_distance <- mean(nearest_neighbor_distances)
    lambda <- intensity(WHHP_centroids_ppp)
    expected_nn_distance <- 1 / (2 * sqrt(lambda))
    R <- mean_nn_distance / expected_nn_distance
    cat("最近邻比值 R:", R, "\n")
```

多距离空间聚类分析 (Ripley's K-function) 是另一种常用的多尺度空间点模式分析工具, 它通过不同距离下描述研究区域内空间点的聚集性或离散性特征. 针对特定距离 s, 其基本定义如下:

$$K(s) = \frac{A}{n^2} \sum_{i=1}^{n} \sum_{j \neq i} I \left(d_{ij} \leqslant s \right) \tag{8-29}$$

其中 A 表示研究区域面积, n 为点数量, d_{ij} 为第 i 个点与第 j 个点之间的距离, $I\left(d_{ij} \leqslant s\right)$ 表示指数函数, 当 $d_{ij} \leqslant s$ 其值为 1, 否则为 0.

为了更加便于解释结果, 常用其标准化版本, 即 L 函数 (L-function), 其表达式如下:

$$L(s) = \sqrt{\frac{K(s)}{\pi}} - s \tag{8-30}$$

当上述函数值 $L(s)$ 为正时, 表示空间点趋于聚集模式, 反之表示趋于离散模式.

在 **spatstat** 函数包中, 可采用 *Kest* 函数进行计算并可视化, 观察空间点数据在不同距离下的聚集或离散性特征, 运行如下代码, 计算结果如图 8-31 所示. 由结果能够发现, 随着距离不断增大, 武汉市房价中心点数据呈现了不断增强的聚集性特征.

```
K <- Kest(WHHP_centroids_ppp)
L <- Lest(WHHP_centroids_ppp)
```

```
par(mfrow=c(1, 2))
plot(K, main="Ripley's K-function", ylab="K(r)", xlab="Distance
r")
   plot(L, main="Ripley's L-function", ylab="L(r) - r", xlab=
"Distance r")
```

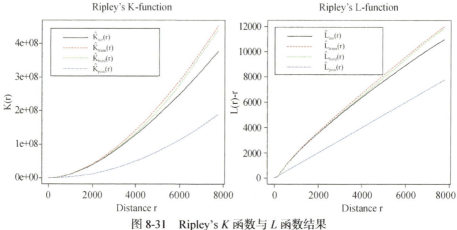

图 8-31　Ripley's K 函数与 L 函数结果

8.6　本章练习与思考

本章介绍了 **R** 语言空间统计分析方法. 需要掌握如何使用 **R** 工具进行插值、自相关分析、回归分析等常用的空间统计方法, 并理解分析结果意义. 在学习完本章内容后, 请完成以下练习:

(1) 针对本章的每一个可视化图件, 结合文中示例代码, 通过调整函数参数或其他可视化函数, 制作表现主题一致但展示不同的可视化图件.

(2) 在针对 GWR 系数估计可视化的过程中, 能够结合空间插值技术将系数估计结果在空间格网上展示, 请读者结合本章的示例代码进行尝试.

(3) 尝试模拟不同离散或聚集的空间点数据, 并采用本章介绍的工具函数验证所模拟数据的准确性.

| 参考文献 |

卢宾宾, 葛咏, 秦昆, 郑江华. 2020. 地理加权回归分析技术综述[J]. 武汉大学学报 (信息科学版), 45(9): 1356-1366.

Akaike H. 1973. Information Theory and an Extension of the Maximum Likelihood Principle [C]// 2nd International Symposium on Information Theory, Tsahkadsor. Armenian SSR, 2-8 September, pp: 267-281.

Anselin L. 1995. Local indicators of spatial association—LISA [J]. Geographical Analysis, 27: 93-115.

Bivand R S, Pebesma E J, Gómez-Rubio V. 2008. Applied Spatial Data Analysis with R[M]. New York: Springer Science+Business Media.

Brunsdon C, Comber L. 2022. An Introduction to R For Spatial Analysis and Mapping[M]. London: SAGE.

Brunsdon C, Fotheringham A S, Charlton M E. 1996. Geographically weighted regression: A method for exploring spatial nonstationarity[J]. Geographical Analysis, 28(4): 281-298.

Fotheringham A S, Yang W, Kang W. 2017. Multiscale geographically weighted regression (MGWR) [J]. Annals of the American Association of Geographers, 107(6): 1247-1265.

Friendly M. Corrgrams: Exploratory displays for correlation matrices[J]. The American Statistician, 2002, 56(4): 316-324.

Golini I, Lu B, Charlton M, Brunsdon C, Harris P. 2015. Gwmodel: An R package for exploring spatial heterogeneity using geographically weighted models [J]. Journal of Statistical Software, 63(17): 1-50.

Goodchild M F. 2004. The validity and usefulness of laws in geographic information science and geography[J]. Annals of the Association of American Geographers, 2004, 94(2): 300-303.

Gräler B, Pebesma E, Heuvelink G. 2016. Spatio-Temporal Interpolation using gstat[J]. The R Jurnal, 8(1): 204-218.

Harrower M, Brewer C A. 2003. ColorBrewer.org: An online tool for selecting colour schemes for maps[J]. The Cartographic Journal, 40(1): 27-37.

Kenduiywo B, Ghosh A, Hijmans R J. 2023. Processing modis data[OL]. 2023: rspatial.org. p. 1-29.

Lu B, Brunsdon C, Charlton M, Harris P. 2017. Geographically weighted regression with parameter-specific distance metrics [J]. International Journal of Geographical Information Science, 31(5): 982-998.

Lu B, Harris P, Charlton M, Brunsdon C. 2014. The gwmodel R package: Further topics for exploring spatial heterogeneity using geographically weighted models [J]. Geo-spatial Information Science, 17(2): 85-101.

Pebesma E J. 2004. Multivariable geostatistics in S: the gstat package[J]. Computers & Geosciences, 30(7): 683-691.

Pebesma E, Bivand R. 2023. Spatial Data Science: With Applications in R[M]. Boca Raton: Chapman and Hall/CRC.

Wickham H. 2016. ggplot2: Elegant Graphics for Data Analysis[M]. New York: Springer-Verlag.

| 附录 |
本书相关 R 函数包

R 包名称	作者	函数包资源链接
automap	Paul Hiemstra 等	https://CRAN.R-project.org/package=automap
circlize	Zuguang Gu	https://CRAN.R-project.org/package=circlize
ComplexHeatmap	Zuguang Gu	https://bioconductor.org/packages/release/bioc/html/ComplexHeatmap.html
corrplot	Taiyun Wei 等	https://CRAN.R-project.org/package=corrplot
devtools	Hadley Wickham 等	https://CRAN.R-project.org/package=devtools
dplyr	Hadley Wickham 等	https://CRAN.R-project.org/package=dplyr
echarts4r	John Coene 和 David Munoz Tord 等	https://CRAN.R-project.org/package=echarts4r
echarts4r.assets	John Coene 等	https://github.com/JohnCoene/echarts4r.assets
echarts4r.maps	John Coene 等	https://github.com/JohnCoene/echarts4r.maps
GGally	Barret Schloerke 等	https://CRAN.R-project.org/package=GGally
ggplot2	Hadley Wickham 等	https://CRAN.R-project.org/package=ggplot2
ggspatial	Dewey Dunnington 等	https://CRAN.R-project.org/package=ggspatial
ggthemes	Jeffrey B. Arnold 等	https://CRAN.R-project.org/package=ggthemes
GISTools	Chris Brunsdon 和 Binbin Lu 等	https://CRAN.R-project.org/package=GISTools
gstat	Edzer Pebesma 等	https://CRAN.R-project.org/package=gstat
GWmodel	Binbin Lu 等	https://CRAN.R-project.org/package=GWmodel
haven	Hadley Wickham 等	https://CRAN.R-project.org/package=haven
jsonlite	Jeroen Ooms 等	https://CRAN.R-project.org/package=jsonlite
lattice	Deepayan Sarkar 等	https://CRAN.R-project.org/package=lattice
leaflet	Joe Cheng 等	https://CRAN.R-project.org/package=leaflet
linkET	Houyun Huang	https://github.com/Hy4m/linkET
lubridate	Vitalie Spinu 等	https://CRAN.R-project.org/package=lubridate

续表

R 包名称	作者	函数包资源链接
magrittr	Stefan Milton Bache 和 Hadley Wickham 等	https://CRAN.R-project.org/package=magrittr
maps	Alex Deckmyn 等	https://CRAN.R-project.org/package=maps
maptools	Roger Bivand 等	https://CRAN.R-project.org/package=maptools
MASS	Brian Ripley 等	https://CRAN.R-project.org/package=MASS
patchwork	Thomas Lin Pedersen	https://CRAN.R-project.org/package=patchwork
psych	William Revelle	https://CRAN.R-project.org/package=psych
RcolorBrewer	Erich Neuwirth	https://CRAN.R-project.org/package=RColorBrewer
readr	Hadley Wickham 等	https://CRAN.R-project.org/package=readr
readtext	Kenneth Benoit 等	https://CRAN.R-project.org/package=readtext
readxl	Hadley Wickham 等	https://CRAN.R-project.org/package=readxl
REmap	Dawei Lang 等	https://github.com/lchiffon/REmap
rgdal	Roger Bivand 等	https://CRAN.R-project.org/package=rgdal
rgeos	Roger Bivand 等	https://CRAN.R-project.org/package=rgeos
rlist	Kun Ren	https://CRAN.R-project.org/package=rlist
sf	Edzer Pebesma 等	https://CRAN.R-project.org/package=sf
sp	Edzer Pebesma 等	https://CRAN.R-project.org/package=sp
spatstat	Adrian Baddeley 等	https://CRAN.R-project.org/package=spatstat
spdep	Roger Bivand 等	https://CRAN.R-project.org/package=spdep
terra	Robert J. Hijmans 等	https://CRAN.R-project.org/package=terra
tibble	Kirill Müller 等	https://CRAN.R-project.org/package=tibble
tidyr	Hadley Wickham 等	https://CRAN.R-project.org/package=tidyr
tidyverse	Hadley Wickham 等	https://CRAN.R-project.org/package=tidyverse
tmap	Martijn Tennekes 等	https://CRAN.R-project.org/package=tmap